U0382142

師道师说

中国文化书院八秩导师文集

名誉主编 汤一介
主　　编 王守常

吴良镛卷

吴良镛 著

人民东方出版传媒
東方出版社

图书在版编目（CIP）数据

师道师说．吴良镛卷 / 吴良镛 著．— 北京：东方出版社，2019.11
（中国文化书院八秩导师文集）
ISBN 978-7-5207-1030-5

Ⅰ.①师…　Ⅱ.①吴…　Ⅲ.①社会科学—文集②自然科学—文集③建筑学—文集　Ⅳ.① Z427 ② TU-53

中国版本图书馆 CIP 数据核字（2019）第 093707 号

师道师说：吴良镛卷
（SHIDAO SHISHUO: WU LIANGYONG JUAN）

作　　者：吴良镛
责任编辑：张永俊
责任审校：谷铁波
出　　版：东方出版社
发　　行：人民东方出版传媒有限公司
地　　址：北京市朝阳区西坝河北里 51 号
邮　　编：100028
印　　刷：北京市大兴县新魏印刷厂
版　　次：2019 年 11 月第 1 版
印　　次：2019 年 11 月第 1 次印刷
开　　本：700 毫米 ×960 毫米　1/16
印　　张：23.5
字　　数：248 千字
书　　号：ISBN 978-7-5207-1030-5
定　　价：52.00 元
发行电话：（010）85924663　85924644　85924641

如有印装质量问题，我社负责调换，请拨打电话：（010）85924602　85924603

《中国文化书院导师文集》
编辑出版工作委员会

中国文化书院简介

中国文化书院由著名学者梁漱溟、冯友兰、张岱年、季羡林、朱伯昆、汤一介、庞朴、李泽厚、乐黛云、李中华、魏常海、王守常等共同发起，以及杜维明、傅伟勋、陈鼓应等港台及海外著名学者共同创建，于1984年10月在北京正式成立。

中国文化书院的宗旨：通过对中国传统文化的研究和教学活动，继承和阐扬中国的优秀文化遗产；通过对海外文化的介绍、研究以及国际性学术交流活动，提高对中国传统文化的研究水平，并促进中国文化的现代化，为推动中国文化走向世界、世界文化走向中国作贡献。

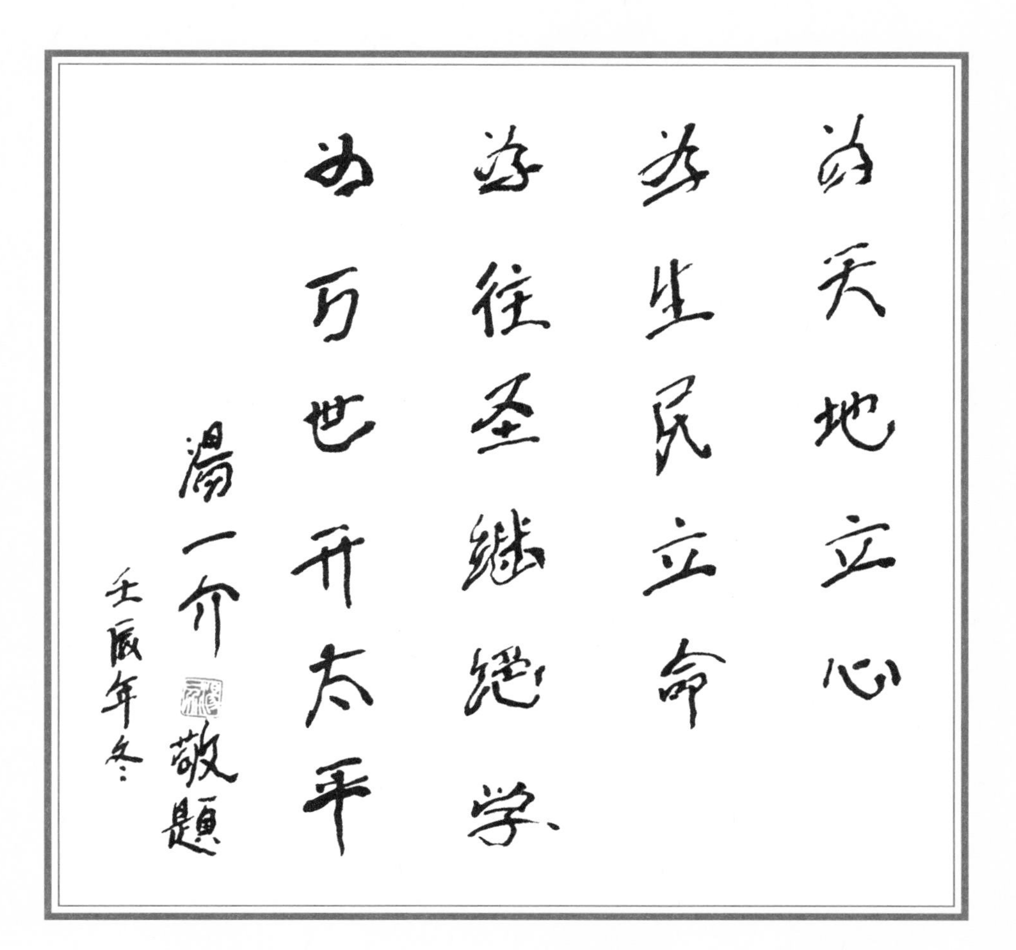

著名学者、北京大学资深教授、中国文化书院创院院长汤一介先生为《中国文化书院导师文集》题词：

北宋张载“横渠四句”——“为天地立心，为生民立命，为往圣继绝学，为万世开太平”。

著名学者、北京大学教授、中国文化书院院长王守常先生为《中国文化书院导师文集》题词：

“返本开新”。

总序一

中国文化书院创办于1984年，是一所在老一代著名学者梁漱溟、冯友兰、张岱年、邓广铭、周一良、任继愈等先生的支持下，由一批中青年学者办起来的民间学术文化团体。到今年（2011）已经有二十七年的历史，一个纯民间的学术团体在艰难的情况下，能坚持下来，而且对推动中国学术文化的建设多多少少出了点力，是可以感到欣慰的。

自1949年后，民办的书院在中国大陆逐渐消失了，1984年中国文化书院的建立也可以算是一件新事物。据我所知，即便中国文化书院不能算1949年后第一个颇有影响的纯民间学术文化团体，大概也是最早办起来的少数几个中的一个了。自中国文化书院建立后，全国各地出现了众多的新办书院，并恢复了多所在历史上有影响的书院。因此，说中国文化书院对民办书院起了个带头作用，大概也不为过吧！

我认为，对中国文化书院来说，最为宝贵的也许是，书院集合了一批有志发展和创新中国文化的老中青三代学者。老一代学者如梁漱溟、冯友兰、张岱年、邓广铭、周一良、任继愈等，他们的学术风范，无疑是当时维系书院的精神力量。1984年底，文化书院在中国社会科学院近代史所开会，当时我们没有院址，也没有什么经费。任继愈先生说："草棚大学可以办，我们连草棚都没有也要办。"因此，1985年3月中国文化书院借青年干部学院场地举办了第一期"中国传统文化讲习班"。这次讲习班是梁漱溟先生自1953年后的第一次公开演讲，当时梁先生已经88岁了。我们请他坐着讲，而梁先生一定要站着讲，他说这是一种规范。梁先生在演讲中高声地说："我是一个拼命干的人，我一生都是拼命干。"这对在场二百多名听众是极大的鼓舞，也给了中国文化书院在风风雨雨艰难的环境中得以支持下去的一种精神力量。

一个希望在中国发生良好作用的学术团体，应该是一个"思想自由、兼容并包"的开放型群体。中国文化书院在走过的二十多年中虽然存在过这样那样的问题，但它却是一个能容纳不同学术观点，无门户之见，有良好学术风气的团体。例如，在中国文化书院中，对中国传统文化，既有持激进批判态度的青年学者，也有被视为致力复兴中国传统文化的大师，还有努力寻求使中国传统文化与西方文化接轨的中坚力量。这些在文化问题上具有不同认识的学者集合在一起，虽然对中国文化发展路向的考虑有所不同，但他们所抱有的一种推动中国文化从传统走向现代、走向世界的愿望则是一致的。在这一时期，中国文化书院也和国内外的许多学术团体和非学术团体建立了良好的合作关系。在中国文化书院导师队伍中不仅有众多的我国第一流学者，而且还聘请了一批美国、加拿大、日本、德国、澳大利亚、新加坡以及中国台湾和中国香港地区的著名学者作为导师。

中国文化书院的“宗旨”是：“通过对中国文化的教学和研究，继承和发扬中国文化的优良传统；通过对海外文化的研究、介绍和学术交流，提高对中国文化的研究水平，促进中国文化的现代化。”我们有一个共同的认识：弘扬中国文化在世界走向全球化的时刻要有一个观照全球的眼光，我们一方面要坚持自身文化的主体性，另一方面我们也要有吸收和融化其他民族文化的开放性。根据这样的认识，中国文化书院一直在努力使它成为一个更加有主体精神、更加开放、能容纳多元趋向的有朝气的学术团体。

回顾中国文化书院二十多年的历史，在它将进入“而立”之年时，我们从2010年起开始筹备编辑出版一套已故去的和现仍在世的九十岁以上导师每人一册的“文集”。在这套“文集”中，收入他们有代表性的论文和他们的子女、学生的纪念文章。这套“文集”不仅为了表示对他们的怀念和尊敬，而且它也从一个侧面反映出现代中国文化走过的历程。

在我们编辑的过程中，江力同志出力颇多，东方出版社的同人给予大力支持，并由东方出版社出版，特此致谢。

汤一介

2011年12月1日

注：此序为汤一介先生为《中国文化书院九秩导师文集》所作。

总序二

斗转星移，历史沧桑，时间过得真快，去年编辑出版了《中国文化书院九秩导师文集》，而今年就着手编辑《八秩导师文集》。我们在编辑这两部丛书的时候，似乎在重新认识、理解20世纪的“学人生活史”。

我曾经多次谈过，中国文化书院已逝去的90岁以上的导师，他们用生命写就了20世纪中国学术史上最恢宏的著作，指引着后辈学者的学术前行。

我想，如没有这辈学者融会中学与西学，从而在20世纪30年代于人文、社会学科建构了中国学术范式，我不知道21世纪中国学术该如何发展。

19世纪末或20世纪初，在欧风浸荡下的国难中，他们以一己之学术良知与社会担当去拯救中国，他们有过幸福、有过迷茫、有过痛苦、有过期盼，相继于20世纪80年代带着“这个世界还会好吗”的追问，离开了这个让他们梦牵不舍的祖国。

读其书，念其人，思其学，心会痛！

而今编辑《八秩导师文集》时，我熟悉的这代学者在这寒冷的深夜一一呈现眼前！

他们大多生于20世纪30年代，又在21世纪前十年相继去世。今天，健在学者已是花果飘零。读这代学人的学术生活史，更令我有扼腕之叹！

他们在中学毕业时代满怀喜悦且自责的心态去迎接新中国的建设。尔后在“左”倾思潮的一浪接一浪中，不断否定自我价值，努力改造自己心中的“小资产阶级王国”。在那求新求变的荒诞年代，没有一座安静的书房可容纳他们承接前辈父辈的学业，以便更好地投身于新中国的建设大潮中。纠结且痛苦，让他们在中年时代，荒废了他们的学识智慧。

好在充满“思想启蒙”“文艺复兴”气象的梦幻般的20世纪80年代，又燃起他们的文化自觉。

他们像孩子似的夜以继日地“补课”。他们在思考西方学术的理论与方法，并理性地批评扬弃；他们在各自的学术领域承继前贤的学术成果，且又开创了新的研究课题方向。同时他们针对社会丧失文化的主体性及自我价值的根源，作出深刻反思并发出肺腑之言。

作为学生的我，在课堂、在各讲座中经常听到他们最爱张载的四句教：“为天地立心，为生民立命，为往圣继绝学，为万世开太平。”我们深切地知道，他们矢志不渝地践行他们的人文关怀。

我不禁要问，如果没有这一辈学者，21世纪学术如何延续与发展？我开始思考，在今天全球化思潮中的中国人，如何“返本开新”，如何做到文化自觉、自信、自强？

在中国文化书院成立三十周年之际，编辑《八秩导师文集》，每每想到这辈导师的声容与教诲，我不敢懈怠！

唯有坚持，唯有努力，唯有守正，让中国文化书院面向历史，立足现在，走向未来。

谢谢我敬爱的导师！谢谢你们带着我们，带着温暖的光明的信仰，找到自己，“找到了家”。

让我们可以告慰——“这个世界会好起来的！”

王守常

2014 年 12 月 10 日深夜谨识

目录

人居

人居环境与审美文化（上）

一、美即生活，人居环境的审美文化是综合集成

美即生活，中国人自古以来就热爱现世生活，向往并追求生活中的审美品质，中国美学从根本上就具有生活化的倾向。中国历史上的人居环境是以人的生活为中心的美的欣赏和艺术创造，因此人居环境的审美文化也是规划、建筑、园林及各种艺术的美的综合集成，包括书法、文学、雕塑、绘画、工艺美术等等。

——书法。这是中国独特的艺术门类。一幢宏大的建筑常有精心书写的匾额，如长城山海关城楼上就悬有“天下第一关”五个大字榜书，笔力遒劲，光芒四射，远近都能欣赏，书法艺术与环境融为一体，塑造了山海关雄浑壮阔的整体气势。碑刻、题记等也往往会成为人居环境的主心骨，东岳泰山堪称摩崖碑刻的博物馆，岱庙秦时李斯碑、岱顶唐代纪泰山铭、宋之天齐仁圣帝碑、金之重修东岳庙碑、元之天门铭、明之金阙碑，凡此种种，不一而足。还有历代文人名士如孔子、司马迁、杜甫、苏东坡等遗留之佳作。刻于北齐的经石峪石刻，书法

遒劲雄奇，号称“大字鼻祖”“榜书第一”，更加绝妙的是其将岩石、流水、石亭等与书法熔于一炉，形成别具特色的人居环境。

——文学。一般建筑的楹联是文人墨客从不轻易放弃的舞文弄墨的创作天地。如昆明大观楼，面对西山、滇池，视野开阔，风景宜人，楼有一长联，先讴歌此地山川形胜，次韵及千古名人，气势豪放，读之令人胸襟为之一畅，楹联之艺术创作远比大观楼之建筑名气要大。济南大明湖之“四面荷花三面柳，一城山色半城湖”，杭州观海亭之“楼观沧海日，门对浙江潮”也与此相类。许多千古名胜更是因脍炙人口的千古名篇而享有盛名，世代相传。例如王羲之的《兰亭集序》、王勃的《滕王阁序》、范仲淹的《岳阳楼记》等等，不可胜数。还有很多人居环境的营造源自文学作品的意境，例如拙政园的“与谁同坐轩”便取自苏轼之句“与谁同坐，明月清风我”，沧浪亭之名取自《渔父》中之名句“沧浪之水清兮，可以濯吾缨。沧浪之水浊兮，可以濯吾足”。

——雕塑。雕塑可以成为人居环境的“主角”，主导整个空间。如乐山大佛坐像、洛阳龙门石窟奉先寺大佛坐像、大足宝顶山石窟卧像、敦煌莫高窟大佛、蓟县观音阁观音像等等，气魄宏伟，蔚为大观。有些雕塑是人居环境的“点睛之笔”，如陕西霍去病墓前之马踏匈奴、山西永济唐代蒲津渡铁牛、济南灵岩寺罗汉（被梁启超誉为“海内第一名塑”）、曲阜孔庙大成殿盘龙柱、北京卢沟桥石狮子等等，气韵生动、技艺高超。还有一些雕塑装饰点缀着人居环境，提升了其质量与品位，包括：装饰构件（如徽州砖雕、东阳木雕）、假山盆景（如太湖石、岭南盆景）、日常器物（如铜镜、石玩），等等。

——绘画。绘画是记录古代人居环境的重要载体，汉画像石被誉为“形象汉代史”，其内容涉及大量汉代建筑、城市及日常生活场景，诸如门、阙、庭院、建筑群、市肆、城池、装饰图案、日常活动等等。王希孟的《千里江山图》、张择端的《清明上河图》、徐扬的《姑苏繁华图》等精美长卷也都是记录当时人居环境的珍贵视觉资料。同时，绘画也可以成为人居环境的主角，现存的一些佛寺就因其壁画的卓绝艺术造诣而闻名遐迩，例如山西繁峙岩山寺壁画（金代）、芮城永乐宫壁画（元代）以及北京法海寺壁画（明代）等。

中国古代人居环境的美是有机的组合，甚至是杂合，丰富多彩，并无一定之规。用“审美文化”这一概念来探讨人居环境之美，不失为一种更加全面的视角。审美文化的综合集成是人居环境的最高艺术境界。

二、人居环境的审美文化多种多样，是时间—空间—人间的交织

在我们生活的环境里，万事万物无不是“时间—空间—人间”之交织。时间：古往今来，百代过客；空间：绵延变化，整体生成；人间：大千世界，生趣盎然。无论是“念天地之悠悠，独怆然而涕下”的悲怆，还是“纳千顷之汪洋，收四时之烂漫”的自得，都是三者之交融。

人居环境的审美文化融合“时间—空间—人间”。首先，时间。人居环境审美文化的形成需要较长的时间，各时期均有自己的时代特

色，经过长期的增补积累，不断丰富而形成一地之胜。其次，空间（地点）。包括地理条件、自然环境等物质资源。各处自有其山川草木，人居环境之美必然各有特色。最后，人间（条件）。人居环境审美文化离不开人的创造。这之中起主要作用的是“能主之人”与“哲匠”，他们通过适宜的手段创造出可供人们从中进行欣赏的宜居环境。王维之绝句“独坐幽篁里，弹琴复长啸。深林人不知，明月来相照”，描绘了“竹里馆”的幽美意境——时间：明月夜；空间：幽篁、深林；人间：独坐、弹琴、长啸。形成“时间—空间—人间”的交织融贯，境界特出，自成高格。

各艺术门类在中国相当齐全，多种艺术创造统一在一个整体中，但并不是等量齐观，而是因时间、地点、条件的不同而各有侧重。这就使得中国人居环境的审美文化多种多样、异彩纷呈，兼具时代特色、地方特色与人文特色。潮州城市主轴线上建有四十余座精美的石牌坊，成为举世罕见的牌坊街；昆明城市中轴线上的金马、碧鸡两坊，则因特定时间可能出现的“金碧交辉”的景象而誉满天下。同样是位于城市中轴线上的雕饰精美的牌坊，在不同的时间、地点下有不同的创造，各有千秋，不相伯仲。清代李斗《扬州画舫录》中有云：“杭州以湖山胜，苏州以市肆胜，扬州以园亭胜，三者鼎峙不可轩轻。”[①] 便是此意。这样的例子比比皆是。

① 《扬州画舫录》卷六。

潮州牌坊街

昆明金马坊与碧鸡坊

例如，兰亭文化。它产生于东晋衣冠南渡的特殊时代背景之下，在绍兴周边“崇山峻岭，茂林修竹，又有清流激湍，映带左右”的优美自然环境中，更为重要的是有以王羲之为代表的人的活动，故柳宗元谓“兰亭也，不遭右军，则清湍修竹，芜没于空山矣”，王羲之的书法与文章为绝代佳作，当时与会者亦是“群贤毕至，少长咸集”，是文人的盛会。因此，即使今日“世殊事异”，兰亭已数易其地，人们到了绍兴，即景生情，仍神往不止。

又如，秦淮河。自六朝时起，秦淮河地区便活跃着无数文人名士，留下不尽千古佳话。杜牧之《泊秦淮》，刘禹锡之《乌衣巷》，文天祥题字明德堂，张僧繇“点睛”安乐寺，《桃花扇》等文学作品又为其增添了几分凄婉动人之色。所谓“六朝金粉，秦淮明月”，应成于此。

元 · 钱选《兰亭观鹅图》

再如，西湖。今日名满天下的西湖风景区也是经由历代地方领导者的创造、维护才逐步形成的。白居易立西湖利用之准则，钱镠定杭州发展与西湖之关系，苏轼在杭期间两次上书皇帝疏浚和保护西湖，并积极实践。数代的不断努力使得西湖渐成佳境，号为“天堂”。

三、人居环境的审美文化雅俗共赏

审美文化有雅俗之分，前者往往是指文人士大夫的审美趣味（Taste），后者则指市井大众的爱好取向，二者的内涵都是多种多样的。雅与俗似乎是两个对立的艺术标准，事实上人居环境的审美文化是俗中有雅、雅中有俗，雅俗共赏的。社会不同阶层对美有可以互相认同的标准，共融共生形成了和谐的美学环境。

例如，戏台。中国传统的古戏台就是一个雅俗共赏的典例。宁波宁海县清潭古村保留有三座建于清代的古戏台，即孝友堂、飞凤祠、双枝庙戏台，戏台是戏剧演出的场所，供村民日常娱乐，可谓“俗”之代表，雕梁画栋，绚丽多彩，极尽装饰之能事。同时，戏台也是实施教化的场所，每个戏台均有含义隽永的楹联，如双枝庙联“一曲阳春，唤醒古今梦；二段面目，演尽忠奸情”，飞凤祠联“借虚事指点实事，托先人提醒今人；有声画谱描人物，无字文章写古今”。既紧密结合环境又给人以深刻的启迪，不失为“雅”的典范。戏台额枋上的彩画也以精忠报国、三娘教子、苏武牧羊等具备传统文化内涵的故事为蓝本。雅中有俗、俗中有雅，雅与俗同时得到大众的认可。

飞凤祠戏台

藻井与彩绘

又如，茶馆。茶馆肇始于唐，普及于宋，兴盛于清，是中国古代城市中各阶层市民活动的公共空间。喝茶、会友、听书、唱曲、卖货、斗鸟、乞讨、算命等种种社会活动都在此发生，三教九流、俗世百相汇聚一堂。但茶馆往往又有“雅”的一面，取名都力图高雅自然，如“访春”“访鹤”“雅叙”等。很多茶馆还有发人深省的楹联，如：“为名忙，为利忙，忙里偷闲，吃杯茶去。劳心苦，劳力苦，苦中作乐，斟碗酒来。”[①]“南南北北，总须历此关头；且望断铁门限，备夏水冬汤，应接过去现在未来三世诸佛上天下地。东东西西，那许瞒了脚跟；试竖起金刚拳，击晨钟暮鼓，唤醒眼耳鼻舌心意六道众生吃饭穿衣。”[②]似家常，如佛偈，雅俗共融，雅俗共赏。

四、“能主之人”与哲匠的难能可贵

“能主之人”（计成《园冶》语）与哲匠是中国传统人居环境的创造者，其中有大手笔创造的巨匠往往不以代出，非常难得。

人民大会堂的创作，上有周总理的亲自关怀，下有各部委的紧密配合以及张镈等建筑师的努力，在气势宏伟的大框架下又有统一的细部，形成整体性的杰出建筑作品，而同一时期的毛主席纪念堂、历史博物馆等就没有达到这样的创作水准。可见即使在同一时代，主事之人不同，作品亦有优劣之分。

---

① ［清］王之春《椒生随笔》卷三，茶亭饭肆联。

② ［清］王之春《椒生随笔》卷五，休宁县茶亭联。

这样的人才在漫长的中国历史中也是非常少见的，隋代主持大兴城和洛阳城规划建设的宇文恺正是一例。在隋大兴城的营建中，高颎为总监，宇文恺为副监。宇文恺负责实际工作，他既是总建筑师又是总规划师，全面负责大兴城的城市规划、建筑设计与施工建设。既要有明确的目标与全面的战略，以掌控全局；又要有合理的战术与切实的技艺，以把握细节；同时还要具备多方面的综合素养，例如文学（“铺陈其事”的赋的影响）、哲学（传统宇宙观的影响）等等。在此基础之上，依靠国家强有力的财力与权力保障，仅用十个月就建成了一座辉煌雄壮的崭新城市，创造了至今仍为世界瞩目的奇迹。

一般艺术门类（如书法、绘画、工艺美术等）只要有能工巧匠、适当材料等即可有杰出创作。隋大兴这样的“大型设计”（如城市、风景名胜区等），一方面需要全面系统又匠心独运的“能主之人”，另一方面还需要财力、政治权力作为后盾，因而最易夭折，即便成长起来又有很多成为改朝换代中“杀其王气”的牺牲品。是故精品难得，但每每出现一个又能对时代有重要的启发和引领作用。

五、弊病反思：对工匠的忽视与理论总结的缺乏

中国传统中，向来歧视工匠，不重视工匠的创造。虽然柳宗元有《梓人传》与《种树郭橐驼传》等传世名篇论及匠人，但也不过是借题发挥，抒发政治见解而已。历史上工匠们曾经有过很多杰出的技术与艺术创造却没有获得应有的重视。

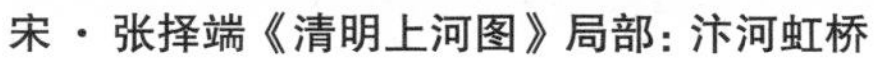

宋 · 张择端《清明上河图》局部：汴河虹桥　　达 · 芬奇临时军事桥梁结构草图

虹桥是宋京汴梁跨越汴河的木构叠梁独拱桥，《东京梦华录》中记述“其桥无柱，皆以巨木虚架……宛若长虹”。《清明上河图》中详尽描绘了其结构与形式，单拱飞跨汴河之上，承载着熙攘的人群，兼具功能与审美之需。20 世纪 50 年代此图被重新发现时，《新观察》杂志曾专门发表文章论证虹桥结构的可行性。我曾在意大利看到达 · 芬奇的手稿，其中也有与虹桥基本一致的桥梁想象图，以及河道上的立交系统、运河体系等设想。达 · 芬奇是享誉世界的科学家、艺术家，但中国古代曾经存在的许多伟大技术与艺术创造却默默无闻，甚至湮没不存了。

中国历史上历来缺少理论的总结。以园林营造为例，中国古代造园活动由来已久，周文王时便有“灵囿”（《孟子》载“文王之囿，方七十里”），饲养兽、鱼、鸟等，既供狩猎，也供游赏。秦汉之大型苑囿已经内容丰富、规模宏大，理水、植树、修建台榭，蔚为壮观，其迹今日仍可寻觅。但是直到明末（1631 年）才出现了第一本造园理论的著作《园冶》，而且还只是文学性的描述。

又如，由明至清的建筑专业世家“样式雷”。其祖先在明代即是营造工匠，保持世业直至清亡共计五百余年。从清康熙年间，雷发达在太和殿的修建中崭露头角，获得世代相承之官职，到光绪时雷廷昌设计修建慈安、慈禧太后之陵寝为止，数百年间建设成就不可胜数。“样式雷”家族积累和传承了大量的经验与技术，其设计方法、构图理论等已经形成一个完整体系，其建设成就也包括多个要素，融会建筑、规划、园林，是人居环境的整体营造，同治年间对圆明园修缮所做之规划设计便是一例。但这笔宝贵的财富却始终无人知晓，直到 1932 年雷氏后裔将其世代相承的数千件图样档案和百十盘烫样公开出卖，才引起世人之重视。

以上种种都说明了中国古代人居环境理论的匮乏，缺少应有的梳理和重视，即使是宋之《营造法式》、清之《工程做法则例》也仅专注于施工规范而并非完整的理论总结。因此需要通过对审美文化的研究来提高人居环境科学的理论水平，引领学科发展。

六、文学是中国人居环境审美文化的精神支柱

中国人居环境的审美文化尽管是多个艺术门类的综合集成，但文

学[1]始终是其精神支柱。美即生活，审美文化源自生活，王国维认为我国之艺术（他统称之为美术）“以诗歌戏曲小说为其顶点，以其目的在描写人生”[2]。文学作品中往往蕴藏着丰富的人居环境思想，如《滕王阁序》《三都赋》《岳阳楼记》等等。文学的创作与人居环境的营造息息相通，“造园如作诗文”[3]，“山水章法，如作文之开合”[4]，它们都是“知识与感情交代之结果”，“苟无敏锐之知识与深邃之感情者，不足与于文学之事”[5]，亦不足以为人居环境营造之事，文人往往就是能主之人。

清人赵翼诗曰：“李杜诗篇万口传，至今已觉不新鲜。江山代有才人出，各领风骚数百年。”每个时代都有自己的人才，风格渐变，即便是经典如李杜之诗篇，仍旧“不新鲜”，故而要求“新鲜”。文学创作如此，审美文化亦是如此。梁思成先生曾经说：“每一座建筑物都忠实地表现了它的时代与地方……总是把当时彼地的社会背景和人们所遵循的思想体系经由物质的创造赤裸裸地表现出来。”建筑永远都具有时代性，人居环境的审美文化也要顺应时代变化，不断推陈出新。人居环境是科学、人文、艺术的综合创造，未来的发展应当超越学科的边界，探索其新的境界，形成“大科学 + 大人文 + 大艺术”的体系，实现更加的壮大和更高的整合。

中国古代的人居环境取得过辉煌的艺术成就，从考古发掘、历史

---

① 文学有广义狭义之分，广义的文学包括一切艺术性或非艺术性的文章典籍，狭义的文学是指作为语言艺术的文学。

② 王国维《红楼梦评论》第一章《人生及美术之概观》。

③ [清] 钱泳《履园丛话》。

④ [清] 蒋骥《读画纪闻》。

⑤ 王国维《文学小言》。

遗迹，到名家画卷、诗词歌赋，美不胜收。神州大地、万古江河构成多少壮观的城市、村镇、市井、通衢，庄子云“至大无外，至小无内”。建筑学人应有俯仰一切的胸怀，从古代画卷，从名城遗迹体会、汲取丰富的美学营养与创作灵感，从实例、从文献提高美学修养，把它作为无限蕴藏。再借鉴西方当今之文明成就，与生活需求进行再创造，从而绘制出代表时代的巨幅画卷。

“纳须弥于芥子”，这是建筑学人应有的美学情怀。

人居环境与审美文化（下）

——2012 年中国建筑学会年会主旨报告

中国人居环境在先秦就做好了思想准备和文化准备，秦汉开始广泛铺开，建立了一个大框架；隋唐继承了秦汉奠定的框架和魏晋的成就，实现了中国人居环境在文化艺术上的飞跃，为中国人居环境奠定了艺术与审美的框架，这为中国人居环境发展的第二个大框架。此后的中国人居环境就在这两大框架下不断充实和完善，在政治、经济、社会等各个领域互相融合，构成了中国人居环境的整体体系。正如钱穆所言："汉代人对政治、社会的种种计画，唐代人对于文学、艺术的种种趣味，这实是中国文化史上两大骨干，后代中国，全在这两大骨干上支撑。"[①] 当前，中国人居环境面临着新的转型与重构的挑战，从历史看，这是中国人居环境的又一次重大变革，必将在原有两个框架的基础上，奠定一个新的大框架。这个框架正在酝酿、形成和建构之中。

人居环境建设既是物质建设，也是文化建设。文化建设的根本目

① 钱穆．中国文化史导论．北京：商务印书馆，1994.

的在于满足人民的精神需求，通过发展各项文化事业，繁荣文化生活，增添文化底蕴。建设“文化强国”，不仅是技术措施，更不仅在文化产业的兴建，其核心是中华文化精神之提倡，中华智慧之弘扬，民族感情之凝聚。中国人居环境的发展总是在保持自身固有传统的基础上，不断吸纳，不断充实，与时俱进，历久弥新，富有传统，充满活力。我们在学习吸取先进的科学技术、创造全球优秀文化的同时，对本土文化要有一种文化自觉的意识、文化自尊的态度、文化自强的精神，共同企望中国文化的伟大复兴！

一、人居环境的审美文化有赖于“艺文”的综合集成

审美文化（Aesthetic Culture）是以艺术文化为核心的具有一定审美特性、审美价值的文化形态[①]。是人类总体文化的组成部分。最早提出这一概念的是德国法兰克福学派（Frankfurt School）[②]。他们主张按照美的规律来建造审美文化，重建审美化、艺术化的世界，使人们在对审美文化的观照中实现精神的升华和对现实的超越。中国在20世纪末开始了对审美文化的研究和探讨。

中国古代的人居环境取得过辉煌的艺术成就，从考古发掘、历史遗迹，到名家画卷、诗词歌赋，美不胜收。神州大地、万古江河构成

① 朱立元．美学大辞典．上海：上海辞书出版社，2010.

② 法兰克福学派是20世纪30年代发源于德国法兰克福大学的“西方马克思主义”的“弗洛伊德的马克思主义”流派。第二次世界大战初传到美国，并在那里流行；战后在西德复兴，60年代末、70年代初广泛地流行于西方世界。

多少壮观的城市、村镇、市井、通衢，人居环境中蕴藏着无限丰富的审美文化。

美即生活，中国人自古以来就热爱现世生活，向往并追求生活中的审美品质。中国历史上的人居环境是以人的生活为中心的美的欣赏

清福州城图

和艺术创造，因此人居环境的美也是各种艺术的美的综合集成，包括书法、文学、绘画、雕塑、工艺美术等等，当然也要包括建筑。如：室内之书画与家具陈设（特别是明式家具流畅简朴的线条空间之处理）、厅堂之匾额、室内外之对联，乃至于庭院之藤萝花木所带来的光影变化，假山怪石的绝妙组合，变化中又有统一，空灵中又有充实，令人心醉，只有心领神会才能领略到这种综合的、流动的美感。这可以中国古人常用的“艺文”一词强以概之。在我国历代的史书、方志中往往将当代有关图书典籍汇编起来，称为“艺文志”，最早见于《汉书》的“艺文志”，历代志书中的“艺文志”都是那一时代各个艺术门类的综合呈现。鲁迅在《科学史教篇》中，把“艺文”和“科学”对举，说：“希腊、罗马科学之盛，殊不逊于艺文。”此处“艺文”的概念主要指以艺术文学为主的人文学的内容。“艺文”一词，已逐渐成为艺术、文学、技艺、音乐、书法等艺术门类的通称。

书法是中国独特的艺术门类，一幢宏大的建筑常有精心书写的匾额，如南京中山陵中轴线上第一重点建筑物为一碑亭，碑刻“中国国民党葬总理孙先生于此　中华民国十八年六月一日”二十四个颜体鎏金大字，是整个墓道的主题，由书法家谭延闿所题，后人经常乐道。一般建筑的楹联是文人墨客从不轻易放弃的舞文弄墨的创作天地。如杭州观海亭之“楼观沧海日，门对浙江潮”等，不可胜举。雕塑可以成为人居环境的“主角”，驾驭整个空间。如乐山大佛坐像、洛阳龙门石窟奉先寺大佛坐像、大足宝顶山石窟卧像、敦煌莫高窟大佛、蓟县观音阁观音像等等，气魄宏伟，蔚为大观；有些雕塑虽然体量不大，但可以点化、提升整体的人居环境；还有一些雕塑装饰点缀着人居环境，提升了其质量与品位。绘画是记录古代人居环境的重要载体，例如汉画像石被誉为“形象汉代史”，后世伴随着绘画艺术的发展，杰作更是数不胜数。

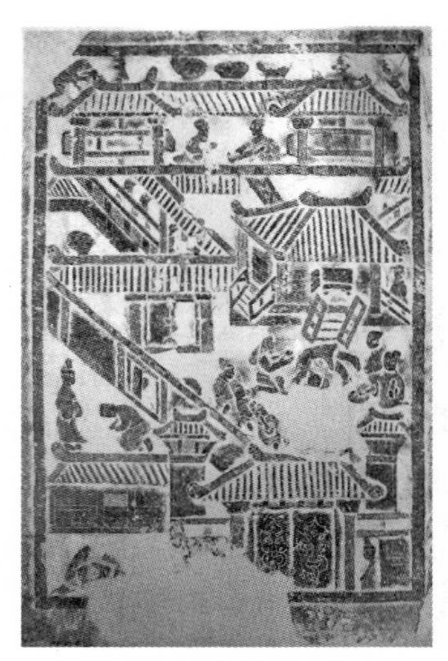

东汉画像石所示庭院图

东汉画像石所示庄园农作图

二、20 世纪 50 年代以来的若干实践

从诸多艺术门类单项的“杰作”到人居环境中的“综合集成”，若在实践中成功地做到这一点，则可以有更高的艺术震撼力，但是非常不易。

例如，中华人民共和国建立初期人民英雄纪念碑创作的过程中，雕塑家与建筑师最初分歧很大，争论是以碑的两面题字为主，还是以碑前后或碑上树立雕塑为主，为此把刘开渠从杭州调到北京来（此后不开大会，遇到问题开小规模的会来讨论解决，推进工作）。另，碑座雕塑内容先由画家起稿，后决定各时期历史人物不出现在画面，达成共识，进入雕塑真正创作，是经多方努力的成果。纪念碑 1958 年竣工，成为 1949 年后第一座划时代的丰碑。

又如，20 世纪 80 年代，雕塑家刘开渠、傅天仇等与我商议在北戴河长寿山创造一系列中国古代神医雕像，名之为“长寿谷”，并共同赴该地寻找合适地形，当时开展了初步的经营，雕刻了李时珍像等。据闻，经过三十年的不断累积，这一地区已经成为名胜景点“神医石窟”。

再如，长春世界雕塑公园，从 1997 年开始，它通过举办 9 届国际雕塑邀请展，汇集了 216 个国家和地区的 448 件雕塑作品，数量规模堪称“国际之最”[①]；它结合自然山水，塑造园林环境，来自世界各地的各类雕塑点缀其间，与环境相融，形成园林艺术与雕塑艺术的统一整体。我曾躬逢邀请展之盛事，令我豪情满怀的是：有了这样的基础，不难憧憬中国雕塑发展之未来。

还有，侵华日军南京大屠杀遇难同胞纪念馆，一、二期都是成功的作品。第二期中建筑师与雕塑家合作，将高大的墙面与一系列的雕塑相配合，将当时的人间浩劫展现在拜谒者的面前，震撼人心，我称

---

① 宋春华 . 长春世界雕塑公园 . 长春：长春出版社，2012.

之为雕塑的史诗。南京是我的家乡，我在这场浩劫的前夕离开，今天目睹这组纪念物，惊心动魄，情不能已。

此外，还有很多成功的典例。以下我举几个个人建筑作品为例，谈一谈对人居环境营建中综合集成“艺文”的尝试。

人民英雄纪念碑

长春世界雕塑公园一景

北戴河长寿谷李时珍雕塑

南京大屠杀纪念馆二期工程雕塑

曲阜孔子研究院

孔子研究院位于曲阜，其设计的指导思想是从中国古代书院得到启示。在主体建筑的中庭设置雕塑时，不以孔子像为中心，而是从《论语·先进》中“四子侍坐”一节取材，内容是孔子与四位弟子畅谈人生社会理想，从中表现出儒家思想的一些基本观点，群雕由钱绍武先生创作。同时，以木浮雕“高山流水”为背景，为“风乎舞雩，浴乎沂”[①]

主体建筑大厅雕塑壁画及天窗

主体建筑正脊“凤吻”

① 《论语·先进·侍坐》。

（研究院即位于小沂河边）点题。雕塑的尺度与位置，精心考虑了在视觉透视中的最佳位置，各个层面都有较好景观。屋顶开天窗，洒下的天光使整个空间具有一种教堂般的神圣感。

中国建筑有重视屋面装饰的传统。孔子研究院的屋面装饰包括主体和附属建筑的正吻脊饰，都是按照凤鸟的样式设计制作的，取义"孔子比凤"的说法增加了这组建筑群轮廓线的秀美。

南通博物苑

南通博物苑于 1905 年由中国早期现代化的先驱张謇创办，是中国最早的博物馆。后为庆祝建馆百年续建了新馆。在设计中，我们将新址选在原址西南侧，创造了一条通往张謇故居"濠南别业"的轴线，使得新旧环境得以交融。在处理入口庭院时，则不采用为张謇立像的惯常手法，而是将从张謇日记夹缝中发现的，他的一首百年前建馆时有感而发的亲笔诗放大，镌刻在墙壁上，作为全馆主题，掩映在水池之上，与一侧的老银杏树遥相配合，遥看别业，自成天地。

营博物苑

张謇

濠南苑囿郁璘彬，风物骈骈与岁新。

证史匪今三代古，尊华是主五洲宾。

能容草木差池味，亦注虫鱼磊落人。

但得诸生勤讨论，征收莫惜老夫频。

入口庭院

金陵红楼梦文化博物苑

金陵红楼梦文化博物苑位于南京江宁织造府西园遗址、曹雪芹诞生地，曹雪芹曾祖曹玺及祖父曹寅的文化活动均以此处之“楝亭”为中心。

前人画论云“意在笔先”，我们在设计中酝酿了“核桃模式”与“盆景模式”以破题，前者意在将清代江宁织造府的历史故事浓缩在有限的空间中，后者则是对《红楼梦》故事中“青埂峰”下顽石的艺术演绎，将小说中大观园的空间意象浓缩于西园这一“盆景”中。这两个模式的要义，事实上是体现了中国传统“纳须弥于芥子”的艺术境界。

楼阁园林是博物苑的重要组成部分，塑造了立体山水画式的园林。在借鉴江南诸园的基础上，参考中国传统山水画，营造大的山水格局，形成以“楝亭”和“有凤来仪厅”为中心的屋顶庭院，以“萱瑞堂”为中心的地面庭院和以“青埂峰”为主题的前庭，三个庭院在不同的标高上展开，同时从视线上相融贯通，形成因“山”就势的山水立轴图画。中央庭院树丛中伫立着的吴为山创作的白大理石曹雪芹像为全馆中心。

自地面庭院看楝亭等建筑群

曹雪芹像

三、理论性的启示

当前，“千城一面”已是不争的事实。其实，艺文的综合集成在当代无论从内容到形式都有更广阔的创新空间，大有可为，其中最为关键的是要有“境界”。何为境界？“‘境界’就是一个人的‘灵明’所照亮了的、他所生活其中的、有意义的世界。”[1] 王国维云：“词以境

① 张世英．哲学导论．北京：北京大学出版社，2002.

界为最上，有境界则自成高格。”[①]不光是文学，境界可谓中国人自我修养、艺术创作等的最高追求，是其中蕴含的深广的精神内涵。人居环境不只是物质建设，也是文化建设；既要创造物质空间，也要创造精神空间，这就要求人居环境的营建要有高超的美学境界。早在1932年，林徽因、梁思成先生就曾有创意地继“诗意”“画意”之后，将建筑赋予人的感情名之为“建筑意”[②]；20世纪70年代，挪威学者诺伯舒兹（Christian Norberg-Schulz）也提出“场所精神”（the Genius Loci）的概念[③]。绍兴兰亭、武汉黄鹤楼、湖南岳阳楼等等，之所以流传千古，至今为人所称颂、神往，并不仅依靠建筑实体本身，而是因为建筑、山水环境、文学创作、人文情怀等，交叉融会为一个境界高远的整体，能够激发世世代代的人们的情感，因而也就具有穿透时空的生命力和魅力。惜此点每为议者所忽略。

从博物馆中的美走向生活中的美。历史上艺术精品往往藏诸宫廷或为民间收藏家所有，当代藏在博物馆中，就成为“博物院的宠儿”（Angel of Museum），可以用我们所谓“镇馆之宝”来理解。我们当然要重视博物馆，设计精湛的博物馆往往也是城市公共建筑文化的“点睛之笔”，但我们还应看到并相信，更多的美散见于人们的生活中，人居环境的美即是生活的美，美应当走向日常的生活环境，走向大众。

---

① 王国维．人间词话．上海：上海古籍出版社，1998.

② “天然的材料经人的聪明建造，再受时间的洗礼，成美术与历史地理之和，使它不能不引起鉴赏者一种特殊的性灵的融汇，神智的感触。”见梁思成、林徽因1932年在《中国营造学社汇刊》上发表的《平郊建筑杂录》一文。

③ 他认为，场所（place）是有明确的特征的空间。建筑令场所精神显现，建筑师的任务是创造有利于人类栖居的有意义的场所。见诺伯舒兹．场所精神：迈向建筑现象学．施植明，译．武汉：华中科技大学出版社，2010.

其中有极为宽阔的艺文中的“大千世界”，作为建设者，更宜寄情于后者，去发掘，去创造。

当代建设者应肩负起时代的重任。对生活之美的追求，就需要我们在人居环境建设中进行更为自觉的创造。“三分匠，七分主人”[①]，这既是建筑师的责任，也是主事者的职责所在，“政绩”不只是在任时的评价，不能忘记“功垂百代，遗爱在民”的传统。全社会宜加强艺文的修养（既包括高雅文化，也包括市井文化），并自觉地在新的领域中开拓、提高，创一代之新风。在实际工作中，愈是重大主题，从酝酿、创意开始就难免众说纷纭，到最后决策都需要时间。这往往需要联合诸艺术门类的大家，以共有的热爱之情、超强的人格魅力、精湛的艺术智慧与崇高的合作精神，抛弃个人固执与偏见，从莫衷一是的迷茫中走出来，从事综合的美学创作。

从艺文精华中提炼中国美学精神。中国传统审美文化是一宽阔的领域，并独具特色。需要发掘整理中国古代已有的思想和理论，进而探索中国建筑美学的独到形式。现实中人居环境建设涉及复杂的客观条件，可以借鉴唐代书法家孙过庭的《书谱》中论述的书法美学法则“违而不犯，和而不同”，即：不同门类的事物掺杂在一起，但仍要不丧失整体的规律；各领域、各时期的人居环境建设要讲求和谐，同时又要发挥个性，既多元又包容。

① ［明］计成《园冶》卷一。

城市

论城市文化[1]

一、从城市的本质谈城市文化的重要性

什么是文化？定义繁多，一时无从深究。一般地说，“一定的文化是一定的社会、政治、经济在观念形态上的反映”。广义的文化，是指人类在社会历史实践过程中所创造的物质财富与精神财富的总和；简言之，即人类社会遗产的总和。狭义的文化是指作为人类意识形态组成部分的文化艺术活动及表现这种活动成果的物质建设，即我们常说的“文化艺术事业”。就这个意义来说，城市文化事业的建设也属于这一范畴，当然它比一般的概念又要宽广得多。

（一）城市的聚集与交往推进了文化的发展

城市的本质是一项非常值得探讨的命题，我们可以从许多角度来定义城市，这也是一个专门的问题。其中有一种理论认为，城市是人

① 本文原为作者1985年在重庆“城市科学研究会”成立大会上所做的学术讲演。1995年重庆《市容报》曾分期刊载，并组织读者讨论。

们聚集的一种形式，人们聚集在一起，可以进行各种交往，既产生物质的产品，也产生精神的产品。恩格斯曾经指出，“英国伦敦250万人聚集在这样一个地方，使这250万人的力量增加了100倍，他们把伦敦变成了全世界的商业中心”[①]，这就是聚集所产生的作用。生产力的发展和经济的繁荣对城市的发展具有重大的推动作用，也对这个社会的文化生活起着决定性的作用；而建立在一定经济基础上的文化活动也反作用于经济基础，对本社区的经济发展有相当大的促进作用。亚里士多德有句关于城市的古老名言，“人们为了生存聚集于城市，为了美好的生活而居留于城市”[②]。这是意味深长的。美好的生活既含有物质需要，也有对精神文化需求的满足。

有人说城市是一种文化形态（the urban as a cultural form），其实城市本身就代表着文化。例如，英文中对“文化”（civilization）的释义之一就是“城市或人口集中居住，区别于分散居住或居于荒漠地区”[③]；英文中的“文明”一词（urbane、urbanity）也是从“城市”（urban）一词演化而来的，当然英国人用这个词很慎重，避免产生对“乡下佬”不敬的误解。城市研究理论家、社会学家路易斯·芒福德（Lewis Mumford）曾指出，“城市文化归根到底是人类文化的高级体现”[④]；他还说，“如果说过去许多世纪中，一些名都大邑，如巴比伦、罗马、雅典、巴格达、北京、巴黎和伦敦，成功地支配了各自国家的历史的话，那只是因为这些城市始终能够代表他们的民族和文化，并

① 见《马克思恩格斯全集》第二卷303页，人民出版社，1972年。

② 亚里士多德引言。

③ 《Collins英汉字典》。

④ 见芒福德《城市文化》一书。

把其绝大部分流传给后代”[①]。因此有人说，“历史上许多王朝的兴衰与其所在的城市的消长有着某种必然的联系；就其真正的含义而言，就是各时代城市遗迹的研究”[②]。这从我国西安、北京等历史名城甚至一些集镇文化延绵、文风久盛不衰、人才辈出也可以看得出来。

城市之所以能具备这种力量，在于聚集，在于交换。城市为人们准备了场所以进行生产、交换、传递信息等不同的交往活动，它是一个地区中各个网络的“结点”，是一种“力量的汇集”，是“人文荟萃”之所。这种“荟萃”往往是多元的，在这里延绵、发展着城市的文明与文化。

（二）城市是教育人的场所

人们聚集在蕴有文化的城市中，不免耳濡目染，潜移默化，文化水平逐渐提高；优良的物质与人文条件更为有志之士提供深入探索研究的多种机会。因此西哲说，“城市者，人师也”[③]，“幸福的第一个条件就是诞生在一个大的城市中”[④]，“城市是一本开启着的书，从中可以读到理想和抱负”[⑤]，这些哲语很耐人深思。

从以上的意义来说，城市具有一个过去不为人所重视的职能，即它是提高人的素质的教育场所。物质文明的建设与生产固非易事，精神文明的建设可能更难。办好一个工厂当然有不同的难度，而办好一

① 芒福德．城市的形式与功能 // 国外城市科学文选．宋俊岭，译．贵阳：贵州人民出版社，1984.
② Gideon Sjoberg 语。
③ Simonides. Putarch: Should Old Man Govern. 457.
④ Euripides 语。
⑤ 沙里宁．论城市：它的生长、衰败与未来．顾启源，译．北京：中国建筑工业出版社，1986.

个中学、一个大学的系科绝不比它简单。优良传统和学风的形成需要时间的积累，同样道理，把一个城市的物质基础建设好要花很大努力；而将城市文化形成特色、发扬光大，可能更为困难，更需要时间。

现代化的任务是多方面的，“四个现代化”的提出对此做了一定的概括，当然是我们新时期努力的方向；但“文化深层的现代化”，培养具有传统文化和美德的现代人，可能是实现上述目标的更根本、更核心的任务。作为现代人的含义也是多方面的，包括观念的现代化，思维的现代化，价值观的现代化，科学与人文的融汇，能够紧跟世界信息，赞成社会变迁并接受新事物，个人的自觉性加强，懂得计划性的益处，等等；其中，全面提高人的文化素质和精神素质应当是培养现代人的关键所在。尽管这些都大大超出了城市文化的内容，但是城市具有推动这一崇高任务的功能。

（三）城市化的进程——城市文化的播散

这些年来，谈论城市化的文章很多，对城市化的认识也逐步深入。这里需要提出的是，城市化不仅是农业人口向城市人口的转移，也是城市文化与城市生活方式的传播（dissemination of urban culture and way of life）。有一时期，学术界曾对“中心城市”进行讨论。当然，我们要重视中心城市在商品、金融方面的流通与辐射作用，但这种辐射效应不仅限于经济物质方面，还应包括精神文化方面。基于这种理解，城市也有将城市文化向城市外围地区播散的作用，只有如此才能全面认识城市化是“社会发展中城市作用提高的历史进程”这一含义。请看下列一段引文：“正因为在文明史的曲折发展过程中，城市曾起过、至今仍然在起着重要作用，城市研究才会引起我们的重视和兴趣。确实，城市和文明是一个事物的两个侧面，如果我们所说的文明是指一种高度发展、广为传播的文化，那么每一种文明就有一个中心，把知识、思想、经验等逐渐累积起来，并整理加工，组织成为一种约定俗成的生活秩序；同时，它还能把这种新的生活秩序逐渐传播到邻近地区去。”①

写到这里，需要进一步明确城市文化的含义，不妨从广义和狭义两个层次加以剖析。广义的城市文化包括：文化的指导系统，主要指对区域、全国乃至世界产生影响的文化指挥功能、高级的精神文化产品和文化活动；社会知识系统，主要指具有知识生产和传播功能的科学文化教育基地，以及具有培养创造力和恢复体力功能的文化娱乐、体育系统等多种内容。狭义的城市文化，在本文中是指城市的文化环境，包括城市建筑文化环境的缔造以及文化事业设施的建设等等。我们的城市建设和发展应当包括上述两个层次的内容；而作为城市规划工作，努力规划和建造具有中国特色的优美的城市文化环境，亦应当作为基本任务之一。

二、从中西方城市与文化的发展论城市文化建设

（一）对中国传统城市文化的反思

中国古代城市是中国古代文化的重要组成部分。在封建社会时

① 艾莫斯·霍利（Amos Hawley）语。

期，中国城市文化灿烂辉煌，中国可以说是当时世界上城市最发达的国家之一。其特点是：城市分布普遍而广泛，遍及黄河流域、长江流域、珠江流域等；城市体系严密规整，国都、州、府、县治体系严明；大城市繁荣，唐长安、北宋开封、南宋临安等地区可能都拥有百万人口；城市规划制度完整，反映了不得逾越的封建等级制度，等等；所有这些都在世界城市史上占有独特的重要地位。它们的形成是和中国长期统一的、封建的、中央集权的国家政治体制相联系的；其中，各级城市不仅是不同等级的统治中心，同时亦具有不同程度的经济职能；而且不可忽略，它们也是封建的文化中心。

中国古代城市具有多种文化内容。首先，它们有发达的文化机构与设施，如太学、书院、宗教庙宇等。

太学初设于汉武帝时，可以说是我国最早的国立大学或皇家学院，历代均有所发展。东汉洛阳在洛河南岸兴太学，太学生多达三万余人；东汉顺帝重修太学，用徒工十一万两千人，并兴建灵台，有相当大的规模，可以说是当时最大的天文台；著名思想家王充、张衡曾就读于太学。书法家蔡邕书写的六书碑刻，四十六通，据称参观者有时车乘千余辆，还造成了洛阳大街的交通堵塞，足见极一时之盛。此后，唐代、宋代等均有太学，太学生多少不等；王安石变法，对太学内容的扩展有所建树，如增加医药内容。除国家在都城举办太学外，西汉蜀郡守文翁在成都设立石室，教郡县子弟学习文化艺术，开国家举办地方官学之先。四川成都文风之盛，当自此时始。这就是历史上所谓“文翁化蜀”，它标志了地方城市兴办教育的普及。

书院始于唐代。宋代城市经济的发展带来了文化教育之普及，书院的创办更加广泛，当时有所谓“四大书院”，讲学之风日盛。这时的书院已是进行专门的学术讲座和学术辩论之所，发挥着对官学教育的补充作用。书院的建设往往“依山林，即闲旷”，“择胜地，立精舍”，在中国城市建设史上与佛教、道教建筑一样占有一定的地位。可惜对书院建筑方面的整理研究还处于开端，这不能不被认为是我国建筑史研究之不足。至明清两代，书院的设立更加增多，清朝书院有三千余所，除了官办的书院外，也有不少由官僚私人出资，延请著名学者任教的私人书院，推动学术文化的传播。书院在历史上形成不同的地方学派，有的留传至今，如长沙的岳麓书院，保定的莲池书院等等；而书院所在的城市则成为文化中心基地，至今仍在为古城散发出历史文化的芬芳。

宗教活动场所如佛寺对思想文化的发展影响很大，它是为群众开放的公共活动场所，通常也是佛教建筑、雕塑、绘画、文学的宝库。宋代佛庙立“丛林”制度，向天下佛门弟子开放，也是士大夫往来的“招待所”，兼起文化交流的作用。明代左光斗就是在寺院中发现史可法这一人才的，当时史还是寄居寺院的书生，这一逸事很能说明上述的论点。

其次，中国古代城市也集中了其他各种文化设施，如首都所在地，皇室常建有珍藏书画、典籍、图书的博物馆之类。印刷术发达后，书院与私人藏书之风历代相传。特别是宋代发明活字印刷、改进造纸方法后，书籍刊印更为发达；如北宋监本大多刊于杭州，而南宋后的杭州更成为刻书业荟萃之地，其他还有平江、绍兴、徽州、婺州等。书籍刊印发达的结果是书肆的兴起，明清时期一些沿运河城市，民间书坊刻书专业尤甚，苏州“民间书坊四十余家”“刻工数百人”，对地区文化的推动自有积极影响。

此外，中国古代城市有高水平的建筑文化环境。中国传统的城市建设独树一帜，“辨方正位”，“体国经野”，有一套独具中国特色的规划结构、城市设计体系和建筑群布局方式，在世界城市史上也占有独特的位置。

尽管中国封建时代创造了灿烂的城市文明，但由于封建社会本身带有重大缺陷，致使中国传统城市文化的发展受到局限，其内容与表现形式是多方面的。

一是封建制度本身的缺陷。在中国集权的统一帝国中，从国都到州县，城市是不同地域范围的“控制中心”，是巩固其政权统治的组成部分。有人认为，我国古代城市的政治意义重于经济意义，在经济制度上主要是重农抑商，以农业与手工业的自然经济作为主体①。唐末宋初之后，商品生产发达起来，大城市的经济社会结构与空间结构有所改变，但直至明清工商业发达，才出现了资本主义的萌芽。总之，一方面，严密的政治体系促成了中国封建城市的发展；另一方面，这种政治统治的过度严密，也束缚了城市本身的自由发展。

二是封建文化本身的局限性。春秋战国时期，百家争鸣，学术思想活跃。位于齐临淄的“稷下学宫”，治官礼、议政事，著书立说，期会谈说，思想开放，派别林立，先生学士多达“数百千人”②，成为当时百家学术争鸣的中心园地。这是我国学术文化史上极其光辉的一

---

① 傅筑夫．中国经济史论丛（下册）．北京：生活·读书·新知三联书店，1980：321—386.

② 见《史记》。

页，在今天临淄故城中仍有遗址可考。汉代“独尊儒术”，从此以后“重义理而轻艺事”，“贵文轻利”，窒息了以“稷下学宫”为代表的早期文化的开放与活跃状态，这是封建政治体制下文化本身的局限性。

另外，由于上述缺陷，城市文化的辐射交往也受到了压制，“甘其食，美其服，安其居，乐其俗，邻国相望，鸡犬之声相闻，使民至老死不相往来”[①]。在古代居住社会的闾里制度中，城镇整套管理方式，如宵禁闾正制度，可以说使居住生活处于严密的管制之下。这种情况，自秦汉至唐一直延续下来，严重地影响了城市内部经济文化的交流，直至宋代商品经济有所发展，废坊里制以后才有所改变。街市发展起来，市民有了夜生活，城市交往开始活跃；戏剧、评话也兴盛起来，“宋之说话人，于小说及讲史皆文高手”[②]，丰富了市民的文化生活，城市文化也从此跃进一步。但即使如此，与欧洲文艺复兴以后的城市相比，还有逊色。再以书院本身来说，宋以后书院发达起来，在内容上或崇程朱之学，或附有一定的政治色彩。在书院的设置上，一般尽量设在城市内，但有些书院受禅宗思想影响，多“近山林”“择胜地”，在郊野风景名胜之区，推动市民文化的作用不能不受局限。我国书院建立甚早，但程朱理学影响所及、局限性很大，它随着封建文化的衰落而停滞不前，直至清末，张之洞于1890年创办两湖书院，才产生具有新式学院规模的书院。

总的说来，封建的政治经济文化是城市文化进一步发展的桎梏。由于中国封建社会上层建筑的极度完善，城市作为封建政治经济文化

① 老子语。
② 鲁迅语。

堡垒的作用特强，巩固了封建统治。就城市本身，尽管有百万人口的城市，也有着较为完整的城镇体系和城市建设制度，城市内有着高度的消费，但它属于封闭性的，并且专断的封建统治还竭尽全力维护城市的封闭性质，剥夺了各阶层人民思维和生活的自由。城市没有能像西欧城市那样形成独立自治的经济文化体系，不能随着经济的发展而发展，也未能形成自由交往的基地；“稷下学宫”之风可惜未能相传下来，因此它没有，也不可能产生思想革命，不能出现西欧那样的文艺复兴。

中国古代有很多光辉的科技成就，都流散在民间，未被广泛地利用和发扬光大，处于自生自灭的状态。北宋沈括也只是到了退隐才定居镇江，写成了他的《梦溪笔谈》而已，并未通过学校或其他方式进行传播。尽管许多科学活动还是在城市中进行，但城市文化基地的作用未得到有引导的发挥。直到 17 世纪明代后期，城市出现资本主义萌芽，青年时代的徐光启先在上海、广东、广西等地教书，后又在北京走上仕途，他“少小游学，经行万里”，有机会与农民、手工业者接触，中年以后又与具有近代科学知识的外国传教士利玛窦、汤若望、熊三拔等人结识，才广泛接触西方科学。李约瑟（Joseph Needham）在《中国科学史》中说，“欧洲在 16 世纪以后就诞生了现代科学，这种科学已被证明是近代世界秩序的基本因素之一，而中国文明却没有能够在亚洲产生出相类似的现代科学，其阻碍的因素又是什么？”[①]，这是颇令人深思的。

---

① 李约瑟（Joseph Needham），“History and Human Values: A Chinese Perspective for World Science and Technology”, Centennial Review, 1976, 20.

（二）文艺复兴后的中西城市文化发展

西欧古代城市，就其性质言，它的政治经济社会结构不同于中国古代城市；它曾经有一个衰落的过程，社会一度处于停滞状态。11世纪后，城市复兴，商业、手工业发达，城市逐步摆脱封建领主庄园经济的羁绊，成为逃避封建主压迫，受到商业行会保护的庇护所。正因如此，城市享有自治权，是相对独立的、开放性的，城市文化也是活跃的，人们在城市中重理性，重研究自然、研究人文，从而使城市能够脱离封建统治独立发展。欧洲许多城市尽管起源很早，不少还保存着古罗马的遗迹，但现代城市大多是17世纪，特别是文艺复兴后，才成为近代产业和科学文化发展的发源地，直至18世纪英国发生产业革命。

工业革命以来，西方城市经历了巨大的发展，或称之为现代城市化的开始。在产业结构上，工业比重上升；在职业结构上，工人迅速增加；城市的大发展带来了前所未有的繁荣，同时也产生严重的问题，如住房缺乏、交通拥挤、环境卫生质量下降等。过去对城市问题记述报道较多，这些也确实是当时城市的症结；但对城市文化的建设和发展叙述分析较少，这不能不说是个缺陷。应该说，这时期不仅城市经济有了极大增长，同时也发展了现代城市文化，并且各具特色，绚丽多彩，以满足日益集中的各种生活的需要。例如巴黎即有约70个剧院，80个博物馆，170个大图书馆；苏联有40多万个图书馆，而莫斯科列宁图书馆藏书2500万册；美国有1000多个管弦乐队，6000多座博物馆，数千座剧院。在欧洲、美国一些有文化传统的城市中，戏剧、管弦乐、芭蕾舞的水平之高，感人之深是令人难忘的。

与此同时，古老的中华帝国保持的城市落后、封闭状况被帝国主义侵略的炮火轰开，中国人民的高昂代价换来的只是一些畸形的近代城市建设与城市文明。但事物总是有两面性的，这些城市既是侵略中国的桥头堡，又在某种程度上带来了近代化的城市建设基础，在困难的条件下，给新中国留下了现代的技术与文化。即以文化事业来说，近代学校设立，以商务印书馆、中华书局为代表，私人开办文化教育出版社，介绍西方科学文化，整理出版中国传统文化典籍，起到了开拓者的作用。在城市建设方面，近代市政设施的建设虽然在服务对象上具有鲜明的阶级性、地区性，但总算引进了当时新的科学与技术，造就了一些人才。这里特别值得提出的是中国近代民族实业家张謇对南通的开拓，使得这个不满几万人的小城镇有了近代工业，建设了具有现代城市特色的城市中心、工业区、港口区、近代马路以及中国第一个近代城市博物馆等种种新型的市政设施。此仅一例而已。无锡的民族资本家在发展实业中也推动了城市建设，如戚墅堰工业区的建设、梅园的建设等。新中国成立后，沿海经济发展相对较快，不能不说和原来的基础有关，这个基础既包括经济、技术上的优势，也包括文化发展上的优势；并且由于过去对外开放，这些地区形成了善于吸取、创新的传统，所谓"海派""岭南派"的戏剧、绘画的发展，就代表了这种新的进取精神；这在今天对外开放中仍具有一定的作用。但是应当看到，这类城市为数并不多。据统计，1949 年全国人口四亿五千万，大小城镇约一万几千个，50 万以上人口的城市约 30 多个，具备现代工业的仅 14 个，其他城市仍具有强烈的封建封闭性质。

综上所述，造成我国近代科学技术与文化发展落后的因素较多，各家也在不同方面进行探索。我认为，近代城市发展迟缓落后，城市文化受到严重束缚，未能起到科学技术文化酿造所的作用，应该是其中的重要原因之一。近代经济的不发达、近代城市的落后毫无疑义制约了城市文化的发展；而近代城市文化的相对落后反过来又影响了经济的发展，凡此种种。相当时期以来，即使在知识界也并不能从整体上对城市文化的进步作用加以认识，因此在今天重新究其原因，有助于清醒地思考城市改革的问题和重新引起对城市文化的重视。即以建筑事业而论，由于百年来的动乱，城市与建筑未得到应有的发展，在外国建筑师把持中国建筑业的情况下，建筑教育更是落后；我国近代建筑教育至今只有 60 年的历史，1927 年南京中央大学建筑系成立，对比开近代建筑教育之先河的巴黎美术学院（1819—1968），落后了 100 多年，并且还是从美国、日本辗转相传引入中国。在 1949 年前的毕业生中，不能说没有人才，也有志于中华的振兴，但在事业上还是受到天灾人祸的影响、西方建筑公司之排斥和社会对建筑事业之不理解。1932 年，建筑师范文照有鉴于此，撰写《建筑师之认识》一书，蔡元培为之序，声称写书的动机是由于“一般人士尚有不明建筑之性质与夫选择建筑师之重要者”[①]，使建筑水平得不到应有的发展。“先进的封建城市”“落后的近代城市”，这是对我国几千年来城市发展史的简单结论。

① 蔡元培 .《建筑师之认识》题词 // 高平叔 . 蔡元培论科学与技术 . 石家庄：河北科学技术出版社，1985.

三、现代化与现代城市文化建设

中国封建时代的城市建设曾经有她灿烂光辉的一页，世界上同时期没有其他任何国家，其城市的分布与建制、城市布局与体制、城镇形象与建筑风格能像中国这样具有如此博大、完整的体系，如此辉煌的都城建设，如此具有深邃哲理的自然观、人文观等。但这一严整体系随着封建制度的崩溃已经解体了。近 150 年来，经济、社会、政治的变化，不同性质的工商业城市的兴起，西方国家城市建设模式的影响，使得城市从集中的控制转化为分散的建设，文化从一元到多元，统一的形态变为多样杂陈；确切来说，虽然旧制度在加速解体，但新体制并未形成。从历史上看，由于社会经济的变革，旧有制度不相适应，从而在城市形态的变化上产生最为迅速的反映；而新的城市建设制度和体系的形成，却又最为缓慢，它只能在社会经济制度相对稳定并确立之后，才趋于稳定、完善起来。1949 年以来，新中国虽曾多次向这个方向努力，但时作时辍，原因是多端的。

现在，我们举国上下都在为实现四个现代化而奋斗，由于现代化建设的飞速发展，城市发展与文化继承之间的矛盾日益尖锐，问题也就更加迫切了，有必要从认识到措施做全面的分析。现代化是一个广泛的概念，它还有许多内容有待我们去研究和充实，城市化就应当是其中的重要组成部分，因为人们从事现代化事业的许多活动都以城（镇）为基地，需要有现代化的城市建筑、城镇为条件。我们应当清醒地看到，建设现代化城市和现代城市文明，还有漫长而艰辛的道路要走。从中西城市发展的对比来看，中国与西欧城市的性质不同；自中国封建社会后期，城市发展实际上已处于停滞，而西方大规模的城市化发展至今已有150—200年以上的历史。因此，我们需要在几十年内做大量的工作，根据中国的具体条件赶上发达国家的进程。

（一）城市的“补课”工作

回顾新中国成立后我国城市发展的过程，虽然历经曲折，但近十年的城市发展进程还是迅速的。必须看到，要在不太长的时间赶上或缩小与西方城市发展的差距，任务仍然十分艰巨，还有许多“补课”工作要做。

1. 补工业发展的课

新中国成立初期，为了挽救濒于崩溃的国民经济，积极发展生产，对城市建设提出“变消费城市为生产城市”“城市为生产服务、为劳动人民服务”等，并作为一个时期的工作纲领，这在当时还是必要的。“一五”时期，把社会主义工业化放在第一位，在大力建设工业的同时对城市进行总体规划，并积极建设工人村、居住区等，也是必需的。但从学术界来说，当时缺乏城市研究的基础，只片面地看到宣传上城市消费的一个方面，把城市建设仅仅看作为生产而配套的建设工作，以至后来在“左”的路线影响下，从“重生产、轻生活”，发展到“先生产、后生活”，后来甚至绝对地否定城市，宣扬“山”“散”“洞”，亦即上山、分散、入洞，在荒野中建工业点……期望以此来消除城乡差别；这与城市的基本功能、城市的聚集效应、城市的文化传播作用全然背道而驰。从认识上的原因来说，这是对城市在历史发展中的作用和地位以及城市的本质缺乏应有的认识的结果。但在纠正过去错误的同时，我们不能陷入另一种片面性，还必须看到，发展生产仍然是城市建设的主要任务。现在有些城市的发展面临困难，就在于现代化生产基础薄弱，产业结构不合理，这些都需要较长时期的努力才能得到解决。

2. 补商品经济的课

对商品经济、第三产业的发展对城市发展的促进作用，过去是认识不足的。由于新中国成立后一度推行了错误的政策，私营工商业被当作“资本主义尾巴”给割掉了，致使一些本来还繁荣的小城镇呈现萎缩。只是近十年来才端正认识，明确了城市的商业与金融的流通作用、第三产业在经济结构中的地位以及城市作为经济中心的功能，城市很快活跃起来。当然目前还只是一个开端，未来的发展方兴未艾，还需积极引导。

3. 补社会文化基础设施的课

城市基础设施包括的内容很广泛，不仅仅是道路、上下水、电力、动力等技术基础设施，还应该包括城市生活必不可少的社会文化基础设施，如剧院、博物馆、图书馆、文化馆等等。城市的发展需要全面的支持系统（support system），而目前我们在这方面的设施普遍不足，重视不够，投资过少。即以某些经过批准的城市总体规划为例，并没列有专门的文化发展规划，只是把教育、医疗、体育、文化设施列为“公共服务设施”。这样归纳，我觉得在方法上过于笼统，内容上很不完全，在功能上远远没有把城市文化基础设施的建设提高到应有的重要地位，至少反映了在思想上对这一问题认识的严重不足。

粗略说来，现在城市生产、城市经济的重要作用已经深入人心，有时议论事物、处理问题偏向单纯的经济利益观点，急功近利，到处建宾馆、盖餐厅，以至于博物馆、纪念馆内也大建餐馆或展销家具，它的城市文化基本功能显然没有能够很好地发挥。以旅游事业为例，前几年论述旅游的好处喜称之为“无烟的工业”，多着眼于它的经济效益；因为可以多赚钱，于是热衷于发展“娱乐性旅游”，至于较为深层的“文化旅游”，则重视不够。其实，如果善于引导，旅游事业对于推动城市文化发展、保护和整治城市和风景区的文物建筑与环境都可以产生积极作用。可惜对此认识还远不够，措施更未必得体。

现代化的城市建设包括城市的文化建设，城市文化水平低下，无疑是实现城市现代化的一大障碍。这些年来，虽然城市的规划、建设、管理、立法等等有了较大的进展，但就整个过程来看，道路仍然是漫长的。西方有一句谚语：“罗马不是一天建成的”，无论城市的物质文明建设，还是精神文明建设，都不能一蹴而就；我们要清醒地按客观规律办事，促进城市各方面平衡地发展。

（二）新技术革命与城市文化

西方城市在几个科学技术发展阶段发生过几次大的变革。第一次在 19 世纪，工业革命引起了城市的人口集中和规模加大；第二次在本世纪初，由于电力、电讯及其他如汽车交通的兴起，引起了城市的蔓延与分散；第三次则是以微电子、计算机技术为代表的新技术革命，促进了城市的进一步发展与分散化。当然，对此也还有各种不同的论断。

关于新技术革命究竟会对未来的城市发展产生何种影响，西方学者说法不一，确也是热衷讨论的课题。最近看到美国学者卡斯特尔（M.Castells）的一份研究报告，题为“走向信息城市”，后发展成书——《信息城市》（*The Informational City*）。其中以大量的资料说明新技术发展引起的资本主义体制的重组与城市空间结构的变化、地区人才的流动、乡村化（ruralization）或逆城市化等种种现象。回顾过去，50年代，苏联在西伯利亚建设科学城，美国开发了旧金山以南的硅谷及波士顿128公路一带；日本于1968年建设筑波科学城，从1983年开始实行“技术城市”（Technopolis），即“产”（尖端工业生产）、“学”（教学与科研）、“住”（良好的居住条件）三位一体的城市建设，以及计划中关西科学城的建设；英国在剑桥大学附近地区建设工业园，形成与大学区结为一体的建设体系，等等；这些确实是值得注视的动向。各个国家发展的基础和政治背景不一，发展的形式未必一致。有论者认为，“正如广大农村的出现是人类从游牧时代转入农业社会的象征，近代工业都市的形式是人类社会过渡到工业社会的象征一样，以科技人员为核心和以科研、教育及现代高技术产业为主体的科学技术城的出现，是人类社会从工业化社会向信息化社会过渡的象征，是当代科学技术与教育在社会发展中越来越取得主宰性地位的具体反映”。尽管这些论点未必被人们普遍接受，尽管科学园还在发展之中，对它的理论还在探索之中，也许现在还仅仅是一个序幕，但是这种趋势表明，在城市发展中，科学技术文化的比重还得增加，一些重要的、先进的科学技术城有发展成为世界科学文化技术交流与合作中心的趋向。这一些趋向，已经或必将进一步改变和作用于城市的内容、结构和形式。

当然，我国的国情与发达国家有差距。以首都的大学生为例，据

80年代统计，北京每万人口在校大学生数为100人，而莫斯科为773人，巴黎为1336人，东京为613人，哈瓦那为404人，开罗为449人。与城市人口比，我国的人均水平是低的。尽管如此，我们还有不少城市业已形成了智密区，如北京西北郊中关村地区，在全区80平方公里范围内，拥有高等学校62所，5000多所科研单位，可以称得上全国最重要的知识密集地区。这一地区多少年来虽然做了大量投资，创造了一定的工作与学习条件，仍然存在住宅缺乏、学生宿舍拥挤、城市交通不便、公共服务设施不全等种种发展中的问题，欠账很多。首都如此，其他城市的文教或智密区虽未必如中关村这样集中，但大小不同，问题也绝不会少。

从世界范围看，科学园的出现和建设与生产力水平的发展程度密切相关。就全国而言，由于我们没有足够的经济实力，不能人为地掀起“科学城热”，但也不能就此得出结论，限于力量一律不搞。像北京中关村地区，或其他具备一定条件的地区，应该不失时机地制定适当的战略措施，加以必要的发展。例如重庆地区的沙坪坝，在第二次世界大战期间是活跃的文教中心，现在仍有17所院校，对川东地区科学技术的发展应当是一种积极的推动力量；云南昆明的西南联大和一些地方大学，在当时的“大后方”发展学术，在推动社会进步上也可以说是极一时之盛，至今留下不可磨灭的影响。50年代中，苏联西伯利亚科学城的建设，对西伯利亚学派的形成及远东地区的开发作出了贡献，这启发我们，为什么我们的成都、重庆、昆明不能形成四川学派、云南学派呢？ 当然，这些问题属于高层次的决策问题，不在本文范围之内，但城市发展战略的拟定，需要特别重视这些问题，至少对其支持系统的建设，要积极加以推动、协助，做到能协调运转。现在不止一个城市在搞食品街，我们不能说它不重要，但作为文教区的书店，且不说书店街，似乎还没有得到应有的重视；伦敦、东京等都有驰名的书店街，过去北京的琉璃厂、重庆的米亭子等也都有这种文化功能，有些城市也在搞所谓的文化街建设，但改建后，变成了高级文化商品街，与一般知识界的血缘关系反而冲淡了，不能不令人感慨。

新技术的发展对城市的影响，也将促进文化部门的变革，为文化产品的创作、制作、传播提供新的方法，创造新的文化服务方式，产生新的艺术形式，这既是对文化的推动，对传统文化的挑战，也为传统文化提供了新的保护手段。所有这些都将影响到城市文化生活和城市文化建设。

（三）城镇体系形成与城市文化结构

1. 多层次的文化结构的形成

早在新中国成立之前，毛泽东同志就在《新民主主义文化论》中提出发扬“民族的、科学的、大众的文化”；今天，从广义来理解毛泽东同志的这一论断，还应该增加现代化的含义，它对推动有中国特色的社会主义文化的发展，对探索新的城市文化也具有重要的指导意义。

随着社会交往的扩大，人们的活动空间也逐渐从市际、省际扩大到国际范围。因此，新文化的建立应当是多层次的，它既要与全国、全世界的文化发展相沟通，又要扎根于区域文化发展的基础之上；既要有地理与历史传统，也要受现实的社会经济基础的制约。

西方地理学家的“中心地理论”亦可运用于城市文化方面。就城镇体系来说，从中心城市到集镇，也应形成一定的城镇文化体系，组成各种开放式的网络，分担各方面多种文化活动的需要。中心城市不只是对地区城镇有经济上的辐射作用，对地区城镇的文化也有辐射作用，其中，发达的交通和传播方式的建立是必不可少的。

2.“亚文化群”的镶嵌

我国是多民族的国家，不仅不少省、市、自治区的发展镶嵌有多民族文化的特点，例如云南就有 25 个民族；即使是多民族地区的城市，如昆明，或以白族为主的大理，以及以纳西族为主的丽江，也都形成亚文化群的镶嵌。在大城市如北京，中等城市如保定，它们的回民聚集地区如牛街等，在 1949 年前就别具特色；而从古泉州伊斯兰文化的遗存中，也可以联想到它在宋元时期的盛况，这说明城市文化的多元。对于一个城市，特别是大中城市来说，城市文化的多元并非坏事，它带来了城市文化的丰富多彩。至于国外某些大城市也同样如此，如法国巴黎有华人区、意大利区和阿拉伯区，美国纽约有华人区、意大利区、波多黎各区，甚至还有人将美国文化比喻为西餐中的“沙拉”，是各种菜的混合，它的存在有不合理甚至不健康的现象，但毕竟成为城市不可少的组成部分。这说明民族文化的“根”深蒂固，也说明城市亚文化存在的必然。从某一方面来说，激发了城市的内在活力，对此宜有引导地予以规划发展。

3. 文化中心的建设

只要我们注意观察就会发现，在街头、路旁不时会有一些老人、青年人、小孩，在冬季的阳光下，夏季的树影或其他庇荫下，晚间的路灯下，三五成群在打扑克、下棋或进行其他游憩活动，对他们缺乏一个应有的活动场地总感到遗憾。另外，在一些城市里我们也不难发现另一种情况，如在昆明的旧街区，在有些中小城镇中，有一些小的说书场，这些场所事实上是多功能的，群众在内打麻将，室外有休息荫棚，还有供应茶水等的建筑与设施，虽很不“高级”、不“现代化”，但因经过一番经营，却也颇适人意。这与上述情况形成鲜明对比，说明人民有多种多样的文化需求，但有无意识地组织建设相应的设施所达到的休闲效果和文化生活质量大不一样。

城市需要也应该创造一定的场所来满足群众日益增长的多种多样的文化要求。并且，由于下面一些社会情况的变化，这种种要求变得更加迫切。一是人民群众物质生活和文化教育水平的普遍提高，对文化需要的日趋广泛，所谓自身艺术活动与自娱自教活动的开展，使群众文化工作不能仅仅局限于文娱活动，还要拓展到科学文化等多种领域；以多种方式传播知识，宣传教育，开展学术讨论；不仅作为观众旁观，也要自己投身其中参与各种活动。城市文化活动应适应群众多方面、多层次的需要。二是由于人口老龄化，为了满足老年人的文化生活等社会需求，城市需要相应的物质设施。三是为了照顾离退休干部，一些机关单位纷纷成立老干部活动室，这是我国特有的形式，但它的形式与内容还需要发展，也许在一定时期后，社会上各种各样的俱乐部或文化团体，各种形式的老年大学有可能包括这方面的内容。

总之，文化需求的发展是无穷的，社会文化教育的普及与提高工作需要不断推向前进，城市中还要广泛设置适当的、不同规模的，单一职能或多种职能的文化站或文化中心，组织有益的文化生活，陶冶情操，移风易俗。例如：据报载，凤阳县灵泉村“少年之家”“青年之家”“老年之家”成立后，开展各种活动，一年以来，农村减少了打架、斗殴、迷信、赌博和失窃的现象，所谓“寓教于乐，人人有家”[①]；温州农民集资兴办教学楼、图书馆、影剧院、公园游乐场、电视差转台等[②]。这虽说的是农村情况，我也未能去该地采访，但从我采访江苏碧溪所见，发展文化、移风易俗，是一项持久的社会事业，对此需要有较高水平的引导，讲求实效，而不是徒具形式或一阵风，并未扎根土壤。

在西方国家城市文化中心的建设中，大、中、小规模，各种形式的文化中心都有。我们当然应当看到他们的一些规模宏大的大型文化中心，如蓬皮杜文化中心，其内容多种多样，包括绘画、建筑、雕塑、工艺美术、音乐、戏剧……从固定或临时的、单科或综合的展览到颇为完备的图书馆一应俱全。即以图书馆而论，这里有1800个座位，30多万册图书，以适应各方面的广泛要求，并且一切以方便群众为目的。自它1977年建成的十年来，约有7400万人参观。

蓬皮杜文化中心建设的成功给我们一种启示，即它的综合性、广泛性、群众性，它为各方面学者服务，但又不是少数专家学者的神圣殿堂，更确切地说，它是普及提高广大社会文化艺术水平的综合性学校。但是，像蓬皮杜中心这样的建设需要国家大量投资，即使在法国，其建设前后，直至今日，亦有不同的非议，认为建设像这样一个文化中心的经费可以在全法国建设多个中、小级的文化中心，使科学艺术

---

① 1984年9月7日《人民日报》。

② 1981年2月23日《光明日报》。

得到更大规模的普及。这种批评已经有了效果，法国已注意到全国普及的问题。更何况各国的经济力量不一，文化背景不同，不能说这一大型的文化中心就是未来的唯一形式。

（四）城市文化与建筑文化的多元化

就世界而言，一个时期以来文化问题受到广泛关注。联合国教科文组织曾提出，从 1988—1997 开展“世界文化发展十年”（World Decade on Cultural Development 1988—1997）活动，研究世界文化的发展问题。1988 年国际建协响应号召，确定 1989 年 7 月 1 日“世界建筑节”的主题是“建筑与文化”；1990 年 5 月在加拿大蒙特利尔召开的第 18 次国际建筑师大会也是以“文化与技术”（Culture and Technologies）作为议题。

就中国而言，现在对建筑与文化的探讨也是有一定现实意义的。基于中西文化的撞击，由此引起的争论已达百年之久。自“文革”以后，改革开放以来，传统文化与现代化发展的矛盾更加激起讨论的层层热浪，对建筑发展的方向、对传统和求新的看法等，意见还相当不一致；既有较为持重的看法，也有较为偏激的见解，又有对传统文化的极力否定，对西方文化不加选择而一味歌颂的绝对观点，等等。总的看来，这种争论很纷纭，一时也难以争论清楚；这里既有前述世界文化潮流的影响，也有中国所特有的问题和困惑，需要一个时期来讨论和探索。因此，正视这个问题，有利于学术交流，促进较深入的思考。

世界上古代文化一般称有六大体系，包括希腊、埃及、两河、印度、中国、印加文化等。尽管其中的某些文化后来中断了，比如玛雅文化，但它的遗存至今还发射出强烈的表现力。当我访问雅典、巴格达、开罗等地时，不仅加深了对古代希腊、两河流域、埃及建筑文化的感性认识，还认识到过去没有涉猎过的伊斯兰文化的奇妙世界；可以说，各种文化均有它深厚的内涵与丰富的外在形式，各有天地，天外有天，但后来在文化发展的历史研究中出现了“欧洲中心论”。当然，在一定历史时期内，欧洲确也反映了这样的事实，即由于这个地区的国家一般生产力水平高，新的建设包括城市建设十分活跃，建筑文化也有建树，影响较广；但我们不能对此持固定观点，把它作为不可逾越的“中心文化”看待，否则在思想上会受到某种束缚。

当前科学技术的进步极大地促进了社会经济向现代化发展，推动着社会的进步，但有识之士也觉察到世界文化面临着危机，即在一种世界趋同或一致化的现象下面，有些民族传统文化特色面临着失去其光辉而走向衰落的危险，建筑文化也不例外。对这种世界范围的文化趋同现象，我们应当看到下列事实。一方面大量国家和地区的文化发展受到某种“中心”的影响，而某些“中心”也在有意识地传播某种“意识”，鼓吹、推销它自己的东西，抵制一切不符合它口味的东西；这里面因素很复杂，也不可避免地包含有政治因素。但另一方面，也不可忽略多元主义和非中心论现象的存在，例如在澳大利亚，并不是一切人都那么迷信“国际主义”，一些致力于地方建筑创造、成就卓越的建筑师不是在探索基于澳大利亚地区文化的新建筑形式吗？世界范围的“文化趋同”现象与种种地区主义、多元主义的思潮，是针锋相对的两个方面，说明了事物存在的矛盾性。基于这种认识，在世界

“趋同”的形势下，需要唤起每个国家和民族去探索自己的文化发展方向，这样世界才能多样化，否则就像联合国教科文组织前主席所说的，“世界将会因僵化而死亡”[①]。

四、城市文化环境的建设

（一）关于城市文化环境

1. 文化环境的内容

《荀子》有段话很耐人寻味，“入境，观其风俗，其百姓朴，其声乐不流污，其服不眺，……不禁叹为之治也”，以此作为那个时代一个地区的政治标准。西方规划师沙里宁（E. Saarinen）也曾说过，“根据你的房子就能知道你这个人，那么根据城市的面貌也就能知道这里居民的文化追求”[②]，也强调了文化环境素质。

社会文化生态学家认为，人与人、人与环境的相互作用产生文化，并赢得了延绵，导致了文化的改变。每一个城市不仅要为居民创造优美适宜的生活与工作环境，同时还应是一个良好的文化环境；这其中的含义是多方面的，包括多样的文化活动、亲密的邻里感情、朴实淳美的风俗传统等。西方理论家称之为“丰富的生活质地”（texture of life），也正由于“文化是学而知之”的。文化环境的意义在于在潜移默化中给人以精神力量，居住者引以为豪，来访者深受感染。

---

① 阿马杜－马赫塔尔・姆博 . 探索未来 . 联合国教科文组织出版。
② 沙里宁 . 城市：它的发展、衰败与未来 . 顾启源，译 . 北京：中国建筑工业出版社，1986.

文化环境有如前所述的、一般的内容和形式，也有特殊的内容与形式。一些城市独特的文化活动，每每为我们所倾羡，其中最集中、最典型的就是各种节日活动。我国各地都有各不相同的节日，并伴随着许多古老的历史、神话故事，表达了民族的坎坷、对暴政的痛恨、民间的正义、情人的爱恋等等，例如大理白族聚居地就有本主节、三月街、蝴蝶会、绕三灵、火把节等。对节日的庆祝常举行许多不同的文化活动，如赛龙舟、营火会、灯会、风筝会、打鬼和斗牛等等。同样，西方一些城市也是如此，音乐方面的如“布拉格之春”“维也纳音乐节”等，电影方面的如“戛纳电影节”“威尼斯电影节”“慕尼黑电影节”等，它使城市充满了浓郁的文化和生活气息，为城市增添异彩。

我国不少历史名城本身就有独特的文化传统。例如唐长安可称之为诗城，多少诗人在这里生活、咏叹过，所作的诗篇至今脍炙人口，其咏叹的地点尚有迹可循。

我们不少城市以画流传，近代历史上即有扬州画派、吴门画派、金陵画派、娄东画派等，每一画派皆有该时代的杰出的代表人物，如“扬州八怪”“金陵八家”等等，城以人名，文化与城市形成特有的联系。

我国地方戏剧丰富多彩，除极为普遍的京剧外，还有陕西的秦腔、福州的高甲戏、甘肃的皮影戏、四川的川剧、绍兴的越剧、广东的粤剧、扬州的说书、苏州的评弹等等，戏曲之国百花争艳，各有爱好者，并为此建有特定的剧场。有些传统的旧剧场，过去领导艺坛的艺术大师与名角登演过的地方，更是“传世文化”，可以作为纪念地。像英国伦敦早年上演莎士比亚作品的剧场，至今仍为人珍惜一样，北京梅兰芳早年出台的北京广和剧场等，应该予以保留，剧场周围的艺术环境也应该保护好；西安“易俗社”那条街道就非常吸引人，亦应予以珍惜。

书法艺术是中国文化百花园中的一枝奇葩，西安的碑林、桂林的“桂海”和摩崖石雕已构成城市独特的文化特色，即使在一般城市，无论是本城的还是外地的，是有名还是无名的书法家，都会在某些地方显示特有的造诣，为名胜题记，为商店的匾额留下墨宝；有的即使在当时已属难得，时过境迁，弥足珍贵，甚至留下许多传奇故事。如绍兴的墨池、题扇桥、躲婆弄等，虽时过境迁，却仍转辗流传，蔚为佳话。被传为明代严嵩所书北京“六必居”的匾额，虽乏考证，但“六必居”酱菜店始建于明朝嘉靖年间却被传说得津津有味，为商店增添盛名。城市中这种类似“关公战秦琼”的莫须有的事何止一端，好在人们乐于并不那么认真，反成为城市佳话，反映了城市人民对文学艺术家的爱和对文学艺术本身的珍贵和欣赏，这也是城市人民性的一端。

有些城市的特种工艺品也构成城市的文化特色，如北京的景泰蓝和雕漆、东阳的木雕、苏绣、湘绣、蜀绣、杭州的织锦、福建的漆器、扬州的剪纸等等，名噪中外固不消说，一些一般物品只要有独特之点，就能流传久远，形成文化特色。文化用品如湖州笔、徽州墨、泾县的宣纸、各地的砚石——端砚、尼山砚、洮砚等，无不珍贵，若出自名匠之手或曾为某名人所使用，更成为文物。

与此相联系的还有中国的盆景艺术。在这方面也形成了各地不同的学派，苏州、成都、桂林、扬州……各地有不同的特色，它也应当是城市文明的特有内容，并且是中国城市的骄傲。可惜我们对此的进一步总结和研究不力，宣传不够；相反，在西方人眼中，日本盆景却已成为东方文化的代表。当然日本盆景亦有特色，但家珍必须发扬，现在我们不少城市建立了一些盆景园，是否每个城市都有必要如此，姑且不谈，但既要建，无论在建筑上还是盆景艺术本身都需要发展自己的特色与创造才行。

养鸟、养鱼也有广大的爱好者。对此中国城市也各具不同的传统，即以养鸟来说，南方、北方的鸟品种、驯养以至鸟笼的艺术均有创造，这里就不多说了。

烹调是技术也是文化，可称之为“饮食文化”，它也有城市特色。中国各个地方有不同的烹调学派，有所谓的“几大菜系”，各有特色；一个城市除有当地名菜外，更有诸家汇聚。各家名菜多有不同历史，北京全聚德的烤鸭、东来顺的涮羊肉、谭家菜，不仅佳肴可口，它的创业故事也常是席间交谈的话题。据说同和居原属“运河菜”菜系，集中了大运河城市的烹调特色，老北京谈起它来颇有文章，这也是北京城市文化不可少的内容。至于其他城市就更举不胜举了，有些不仅以其可口的佳肴名噪一时，即其名称也是为人津津乐道的。从通俗无比、家喻户晓的传说“狗不理”“麻婆豆腐”，到极富诗意的成都“不醉无归小酒家”，或因鲁迅而声名远播的绍兴“咸亨酒店”，都成了城市文化的点缀。有些城市饭庄还以经营方式形成特色，记得河南洛阳有一个饭庄名叫“真不同”，顾客点菜，点一送一；所谓送一，事实上是大师傅为顾客所点的菜蔬进行精心的搭配。这里大有艺术，无论随意小吃还是宴客酒席，由于精心搭配更为可口，为城市添色。然而这已是50年代的事了，事隔数十年，我记忆犹存。饮食业的发达是经济繁荣的显示，也是城市文化昌盛的一个侧面，今天我们不仅要发扬昨天的文化传统，还要建设今天的诗城、歌城、画城、剧城。在这方面，不少城市已作出不少成绩，例如敦煌音乐舞蹈的发掘，多种多样的民俗文化的发掘，广州的花会和灯会、湘江的龙舟竞渡、潍坊的风筝会等，这不仅“极一时之盛”，而且赋予一定的场所以特有“意义”（Meaning），给人们以文化延绵、隽永之感，及其显示于太平盛世之幸福感。

2. 城镇建筑文化环境的形成

前节所述，多为非实体文化（intangible culture），本节则专就城市的物质环境文化的创造加以阐述。物质环境（physical environment），又称“体形环境”，取其构成环境的各种物质要素，无不有体、有形也。

我不止一次引用过果戈理的话，即“城市是一本石头的大书，每个时代增添新的一页”；还有人说“城市是一部具体的、真实的人类文化记录簿”，与上述意思是一致的。西哲柏拉图说：“艺术是城市最有价值的元素。”这个元素可以包括在城市和村镇的整体之中，体现了建筑、园林、绘画、雕刻、工艺美术等等各个方面的综合存在。文艺复兴时期的大师常常是身具多种专长的巨匠，主持城市及重要地区的重点建设，对城市进行美的创造。

体形环境的内容很广泛，有自然物如山川大地，也有人物。“环境的形成，建筑要占特别重要的位置，不仅因为房屋是日常生活环境的大部分，还在于建筑反映并成为社会事业丰富变幻的焦点”[①]；还有人说，“建筑是各个时期的出版社，在各种建设中，展现出社会情况的历史”[②]，所说的含义大体近似。城市建设直接反映着人类文化，它是构成城市建筑文化环境的主要元素。

城市是人的活动场所，举凡一切为人类、为社会的发展作出一定贡献的人，在他的家乡，在他积极活动的地方，常为人们所缅怀，为城市增辉，人们将他们的“故居”或其他地方辟作纪念馆，使不同方面的爱慕者得以瞻仰参观，教育意义极大。这些纪念馆有些宣扬了民族正气、革命家和政治家的贡献，例如扬州的史可法祠、北京的文天祥祠、杭州的于谦旧居、太仓的张傅旧宅，以至今人孙中山、宋庆龄的旧居等；有些纪念馆体现了对伟大作家、科学家、艺术家卓越贡献的纪念，如德国的歌德故居、贝多芬故居，法国的雨果故居、毕加索纪念馆等，在中国这一类的纪念馆也开始为人重视了，如绍兴新修了徐文长的青藤书屋，连云港修整了吴承恩故居，今人如北京的徐悲鸿纪念馆、白石老人纪念馆、梅兰芳故居、郭沫若故居、茅盾故居，江西新余的傅抱石纪念馆，济南的李苦禅纪念馆和正在兴建中的内江张大千纪念馆等，所有这些对于我们了解他们的生平、阅读和欣赏他们的作品是极有用的。可以做的这类工作很多，如扬州的“扬州八怪”纪念馆，理应成为研究扬州画派最权威的所在，南京袁枚故居随园，如条件许可能够择地修复亦一美事。

一个城市的建筑发展刻画了漫长的历史，这就是为什么对城市的

---

① 芒福德（Lewis Mumford）语。

② Morgan 语。

建筑文物予以保护的道理；在城市的纪念物或纪念性建筑上，这种纪念性表现得更为具体。对胜利与凯旋的自豪，对战争创伤的缅怀，对革命烈士的讴歌等，成功的纪念物的设计给人以无穷的精神与感染力量。

历史上，城得以名人而更加著名，成为城市文化的重要组成部分，甚至成为颇为精彩的组成部分。我在莫斯科，在夕阳西下时，见到列宁墓前仍伫立着一群群众，大理石矮墙上放了束鲜花，人们面向关闭着的陵墓，迟迟不肯离去……这个场面非常动人，它说明这位革命家的精神不死。

城市中的各种著名人物，从帝王将相到伟大的政治家、文学家、科学家、艺术家、音乐家等，以至并非赫赫有名而为一些人所敬仰的人，都常立像纪念，都会引起人们不同的感情。一个很一般的例子，在西德科隆有一个小广场，立了一对相当于我们相声演员的铜像，一种说笑打诨的形态溢于脸面，而他们的鼻子给人抚摸得十分光亮，这里道出了当地人们对这两位“普通人”的深情和热爱。

在西柏林，我在一个路边看到铁栏杆上放了一些花圈；后来知道这是李卜克内西的就义处，多年前他就在这里被摔于河道内，而次日就是他的祭辰，这花圈是人们在为他默哀。这里无任何纪念物，但这个特定河道边的“场所”和普通的栏杆，就是他的“无字碑”。

城市需要建筑，尤其需要高艺术质量的纪念性建筑为城市文化添加风采。在这里，我们对迎接国庆十周年的十大工程建筑，从设计的构思、建设的过程到建成后的欢乐至今记忆犹新，这是对新中国成立初期人民力量的一次检阅。我与许多老同志谈起来，仍然引以为豪，它的意义已超过建筑物本身，而是那一个时代的象征和对它的怀念。

（二）城镇建筑文化环境的创造

1. 从新的出发点研究传统

社会发展到今天，我们需要随时随地从各个方面发现新东西，吸收对我们有益的事物，称之为“全方位探索”亦无不可；但不能忽略的是，在探索中要有自己的立足点和侧重点，全方位不能没有自己的方向和重心。我是赞成什么学派的书籍都应当阅读研究的，但如果没有自己的立足点，书看多了有时也不免迷惘，不知道何去何从。因此，观察事物、讨论问题，关键还是不能脱离时间、地点和条件。我们是一个发展中国家，是一个穷国，我们不能忽视自己的国情而一味追随西方。1981 年我在西德听到一位流亡的阿富汗建筑师的讲演，他谈起某个国家援助给他们的学校比援助国本国的学校还要高级，以至于他们运转不起。这位建筑师说，“我们还得走自己的路，寻找用穷办法来解决自己问题的路子。”这位建筑师说话时如泣如诉，给我感触深久。

我出了一本书，叫作《广义建筑学》。为什么提出“广义”这个概念呢？因为从建筑发展史看，建筑的概念和内容是随着时代的发展而发展的。可以说从 50 年代初我们就开始了建筑实践，而建筑理论与当前的建筑实践也产生了一系列的矛盾，其原因之一，就是传统建筑的概念、内容等等不能全然适应当前的社会发展需要所致。广义建筑学不是对传统建筑学的否定，而是对一些问题的展拓研究。我在这本书里写了“十论”，就是想从较广泛的角度展开讨论这些问题。其中的“文化论”讨论的就是建筑文化的时空观。从时代源流方面讲，这里的“时”反映的是延绵的文化源流，这个“空”反映的是一定地域的“地理环境”；文化与聚居是不可分割的，文化不能脱离民族、国家来讲，文化也不能脱离地区来谈，因为不同的地区形成不同的文化，离开了地区就没有立足点，就落空了。

文化与技术也是密切相关的。从长远讲技术本身也是文化，李约瑟的《中国科学技术史》，既涉及了科学技术史，也涉及了文化史。就这一角度讲，文化的发展不能离开技术，因为技术的发展可以推动生产力水平的提高和社会经济的发展；而生产力水平的高低、经济的情况常常又左右着解决问题的方式，影响着建筑的发展。这说明，建筑技术上的可能性并不等于经济上的现实性。百货公司内货物众多，但并不能把一切我喜欢的东西都搬到家中来。没有经济现实性上的“先进”，本身虽然是具体的，但对我仍是抽象的。有一种要达到“80年代新水平”的提法，如果说它体现求新意识，要求建筑有时代感，这本无可厚非；但就学术概念来说，这种提法过于含混、笼统，影响所及包括所谓“理论引进”及在建设实际上生搬硬套，盲目地求高求洋，每每产生消极影响。

前些时候，西方七国经济首脑会议报道，这些发达国家的人均国民生产总值（GNP）高的达 1.8 万美元，如美国等；少的也有 1.2 万美元，如意大利；而我们还在为到 2000 年达到 1000 美元的目标而奋斗。当十年后我们达到这个数字时，人家又是多少了呢？何况国内各地的实际水平还很不平衡，我们能跟他们一样地花钱吗？当然，建筑的标准要根据实际需要与可能，恰如其分地确定其高低，高其所高，低其所低。这些年，基本建设战线确实有些过热了，铺张豪华的大房子盖得过多了；相反，城市基础设施和住房仍是严重不足，“生命线”并无保障。中国有句古语，“土木之功，不可过滥”，要惜民力、惜资源。尽管上述的责任不全在建筑师，但建筑师能否用比较俭朴的办法来解决问题，是很值得我们反思的。

我们说文化可以渗透交融，历史上中国文化的发展也正是如此。对外来文化兼容并蓄，大而化之，这是中国文化得以发扬光大的重要之点；但是在世界文化趋同的强大攻势下，如不提倡文化自尊，在吸取外来文化的同时不努力研究、提高对本国、本民族文化的认识，积极创造发展新的民族文化，处于世界文化之林的中国文化则有黯然失色、甚至因落后而被淘汰的危险。如果说，正是由于朱启钤、梁思成、刘敦桢等先驱者的努力，从基础资料研究起，率领一两代人经营多年，披荆斩棘，积极研究中国建筑文化，才使我们对中国建筑文化遗产有了初步的、较为系统的了解和认识，后代的研究者可以在前人的基础上，继续进行从广度和深度的挖掘和开拓；那么今天，我们面临着的重要任务是提高中国建筑理论研究的水平。它要求我们要有正确的哲学观点，吸取多学科的成果，用比较的方法，认真地把中国建筑文化的优点、特点与不足做一番更深入的探讨。这个工作做好了，有助于我们的建筑事业和建筑创作的“文艺复兴”；当然这需要较长时期的努力，但这是我们中国建筑师继往开来、义不容辞的时代任务。

2. 城市传统文化环境的保护继承与新时代文化环境的创造

城市发展是一个历史过程，各种建筑与构筑物的新陈代谢交替不息，但一些优秀的建筑，作为时代文化的里程碑、纪念碑，更得到人民的珍视，需要较长久地保护下来，为城市文化添彩。像巴黎的埃菲尔铁塔、凯旋门、卢浮宫，伦敦的议会大厦、圣保罗教堂，华盛顿的华盛顿纪念碑，纽约的自由女神像，都被作为城市文化的标志之一；至于北京的天安门镌入国徽，更是国家的象征。芒福德说，“一个良好的居住环境，需要能使它的居民同传统文化浑然一体”[①]，这样新区的建设发展就与旧区，特别是文物环境的保护相互联系起来。

“城市的个性和特性取决于城市的体形结构和社会特征，因而不仅要保护和维护好城市的历史遗址和古迹，而且还要继承一般的文化传统，一切有价值的、说明社会和民族特性的文物，必须保护起来”[②]。

城市文物的保护，不仅仅着眼于一些纪念性建筑；在一些历史较悠久的城市，特别是历史文化名城，有居民密集、人文荟萃之地，基于历史的积淀，被称为“历史地段”，最富有文化内容。例如北京的什刹海，南京的秦淮河、夫子庙。这里集中了许多历史遗迹、名人故居、茶楼酒肆，城市景观最能表现该城市的典型性。当然由于人烟的密集、建筑的陈旧，给保护与发展带来一定的困难与矛盾，但只要有心去发掘、整治、继承、发展，还是可以有所作为的。事实上近几年来，北京市什刹海与南京夫子庙的整理工作，使得一部分“褪了色”的地区特色又有复萌，得到不少赞美。但这绝不是历史的复旧，而是不断地增入新的内容和标志。什刹海的汇通祠，以郭守敬纪念馆等为内容予以重建，并且为了保护山峦外观环境，计划在祠庙下建立书画馆和武术馆，可以说这无论在内容和形式上，都是一种创新；云南的

① 芒福德语。

② 玛丘比丘宪章。

金马碧鸡牌坊现在决定要恢复。可以预言，这类工作如果做好了，在部分恢复旧貌中，该地区必然展现出一番新气象。

如果说，对旧文物环境的保护可以使我们从它的存在亲眼觉察到城市清晰可读的历史（visible-past），那么我们还要立足现实，展望未来。我们要关心城市中的新事物，新的社会现实需求，重视新的环境艺术的创造和完善。例如，现在在城市各个角落，中老年人为了锻炼身体在早晨练气功、打太极拳，妇女们进行健美运动，青年们学习英语而组成“英语角”，老年人退休后积极追求新知识，潜心于书画艺术创作等，都是城市文化建设所面对的社会现实；甚至不同地区季节上的差异也为城市文化增添了新的内容，如在冬季，在严寒的北方地区开展冰雕展览、滑雪运动、林中踏雪等，而此时的亚热带地区的风景点，如海南、广州、昆明则成了北方人避寒的休憩场所，构成很有意义的城市特色。

上述新的活动，有些当然可以利用原有的空间环境进行。同一展览厅，可展览文物，也可以展览现代工业成就；同一交往场所，可以让人们进行多种多样的活动；甚至同一个地点，也可以在不同时间里为不同人所享用，各自进行不同内容的活动。但必须指出，为了适应新的生活需要，就要有新的建设，新的运动场馆、新的博物馆、新的文化中心以及为发展文化教育而兴起的一所所新的大学校园等，这些立足于新的社会需要而建设产生的新的环境，应该具有新的时代气息、新的技术美，引导人们向往新的未来。一个城市，每日都在写它的历史，今天的新建设，就是明日的历史；后之视今，亦犹今之视昔，文化的延绵无尽，城市的蕴藏无穷。

城市新区的建设理应精心规划设计，以表现新时代之美，给人一种活泼的欣欣向荣之感；但也容易出现建设缺乏完整性、缺乏丰富的生活内容，或虽已进行精心设计仍然具有一种“时代的单调感”等问题，需要较长时期的逐步添加、充实，随着生活的需要与发展而“滋长”、“洗练”和“不断完善”，这在新唐山的建设中表现得很明显。十年抗震救灾，新唐山在一片废墟中建设起来，这是重大的胜利。新唐山比起旧唐山，在环境质量上得到改善，整齐，繁荣，更适宜于人们生活；但也有不足之处，这就是新城略嫌单调。但这不必过于忧虑，城市内容上的单调可以随着生活的发展而逐步填补，建筑形象上的单调也可以在附近新建设中不断调节，还可以通过在适当地点对重点建筑物加以精心设计，使之造型独特，以形成地区的建筑艺术焦点，丰富城市建筑形象。单调的另一个原因，即缺乏历史感，缺少时间的连续性与文化深度。唐山这个中国早期的工业城市，在中国近代城市发展史上是有它的地位的，这里有中国第一条铁路，有开滦煤矿公司、唐山交通大学等，这些要连同地震房屋的遗迹适当地加以恢复和保护，与新的建设形成强烈的对照。这是不可多得的“博物馆”，它给人以教育，说明了时代的进化，人类与自然灾害搏斗的胜利。

“一切建筑都是地区的建筑”[1]，因为它总是在某一个具体的地区、城市、街道、邻里建造的，它所在的环境为新建筑的设计规定了特定条件，设计者宜就其自然、历史、人文、技术等综合因素来创造它的建筑形式。这几乎是千百年来建筑发展最为基本的原则；但是这个基本

① 芒福德语。

原则却似乎随着近代城市、近代建筑的兴起被渐渐遗忘了，这当然有种种复杂的原因，如文化的沟通、技术的进步、生产力的强大、社会生活的变化等等，从而带来了一些副作用，造成了城市的“混乱危机”和“特色危机”[①]。前者是指一些现代新建筑失去了与所在环境的联系，即违背了“相互协调”的原则（correlation）[②]；后者是指一些现代建筑创作，视之花样繁多，实质上却贫乏苍白，缺乏一种动人的表现力，即失去了“表现”的原则（expression）[③]。

我们建筑师每每忙于和业主及管理部门打交道，解决功能问题，满足容积率的要求，适应社会心理，忙着追求所谓的“50年不落后”的“现代化”风格，追随“明星”之后，抄袭这种那种“时髦”的处理手法等等，其实并无新意。任何一幢建筑，总要有体有形，建筑师的职责是在解决建筑的功能、结构、经济等问题的基础上创造形式。但形式的创造不仅仅由建筑物的内部功能或本身的经济条件所决定，还必须根据所在环境来构思，即建筑物要与它所处的地点、城市、街道中左邻右舍的历史的或现代的建筑物保持整体的联系，无论采用协调或对比的手段，都要从中做好文章，建设好新的环境；不仅如此，还要就这一地段的文化内涵，即有人称之为“深层结构”（deep structure）中，找出它可以发展新形式的“基因”，使它具有不同的表现力。在这方面，任何城市的不同地段总有它具体的特殊条件，而处

① 吴良镛．广义建筑学．北京：清华大学出版社，1989.

② 沙里宁．城市：它的发展、衰败与未来．顾启源，译．北京：中国建筑工业出版社，1986；沙里宁．形式的探索——一条处理艺术问题的基本途径．顾启源，译．北京：中国建筑工程出版社，1989.

③ 沙里宁．城市：它的发展、衰败与未来．顾启源，译．北京：中国建筑工业出版社，1986；沙里宁．形式的探索——一条处理艺术问题的基本途径．顾启源，译．北京：中国建筑工程出版社，1989.

于历史地段或特定的自然山水环境中的建筑的设计条件则往往更为特殊、苛刻；对此尽管争论很多，但若能出色地解决好难题，却可以使建筑更具特色。

对待历史地段新的建筑创作有几个基本观点。首先对历史地段需要采用不同方式加以保护，建筑学术界对此已讨论甚多，理由不必多说了；但城市是人们赖以生活的载体，而生活又总是在发展的，因此城市是一个有生命的有机体；一般地讲，我们对它不能仅仅限于单纯的保护，还要兼顾到它的发展，即做到保护与发展的辩证统一。在历史地段进行建筑创作，全然无视所在环境的特点是不对的，这必然会破坏原有的环境特色。对在历史地段上的新的建筑创作提出某些要求或限制，当然增加了设计的难度，但不应消极地对待它，而应积极地把它当作创造新的形式、探讨新的可能性的出发点。一个地段、地区、城市的文化蕴藏，特别是历史地段的文化蕴藏有着丰富的内涵，它可为设计者提供创作灵感，问题是设计者如何去理解它，并从中发掘、运用、创造。

在这个问题上，举三个例子说明上述观点。

第一，关于北京南锣鼓巷四合院保护区邻近的菊儿胡同旧危房的改建规划。其设计原则，一是重视构成原有城市特色的“肌理”，尽可能地维护、适应原有的“胡同系统”，根据“有机更新”的原则，在保护旧有完整的街坊格局的前提下逐步建设新的邻里；二是从中国传统四合院“原型”（prototype）中，发掘尚有生命力的部分，即“院落体系”，并利用现代建筑的设计原则，创造“类四合院”新“原型”；三是结合北京市房改，找出旧区改造的机制，做到既保护又开发。关于菊儿胡同的改造已有一些文章及专著加以阐述，此处从略。

第二，北京市隆福寺商业区的改建规划。这里原为明代的一个寺庙，因部分被焚，它的空地演变为庙会用地。在这里各种商品陈奇列异，供人们闲逛娱乐，成为千万老百姓喜爱的地方。时至今日，这里的商场并不算怎么高级，大部分建筑物已经衰败，但它与北京市老百姓还是有着密切的联系；繁多的商品，多种风味的小吃，喧闹的夜市，依然很吸引人，这也算是所谓的“场所精神”吧！新的改建任务的关键在于按照一个什么战略来处理这个颇为特殊的地区的规划设计。我们的探索是，在内容上仍然保持这里是包罗多种形式的购物中心，发展综合的大型百货公司、一般商业街、地下商业街以至老“东安市场”式小铺等多种多样的特点，又是满足人民大众多方面需要的游乐中心；在布局上着眼于街坊整体的规划布局，整理街道系统，处理好人行与车行、人流与货流、地上与地下的关系，探索以改造商业街来推动危房改造，并把改造实施当作一个过程，即新旧建筑交替变换、有机“生长”、日新月异的过程；在形式创造上抓住庙会的特点，第一期工程把“庙门”、“前街”、东西“商业街”和它的交汇点——“庙前广场”改建恢复。

在设计过程中，不是将原有隆福寺的旧形式加以简单抄袭，而是把它作为“隐喻”，以象征性的方式来创造新形式；除了借鉴中国现存的庙会市场，如南京夫子庙等地的实践经验外，还在国外的佳例如东京的庙市——浅草中吸取创作的灵感。整个方案除了重视商业街的规划设计外，更把“庙会广场”作为设计的重点。它是整个乐曲的主题歌，广场四周以商业廊环绕。我们找到了明代留守隆福寺的两座残存的“巨碑”，把它安置在广场的绿荫丛中，又拟将现存于建筑博物馆中的一件当年隆福寺的遗物——藻井加以复制，将其安放在某一大厅的天花上，供人观赏，画龙点睛，增加这一新建筑群的深层的时代感。

这些是设计者原有的规划设计构思，但由于种种原因，在实践过程中并未实现设计者的意图，使之成为“遗憾的艺术”。

第三，在桂林的规划中，我们做了如下探索。首先，历史上的桂林城，以其“山—水—城”的有机统一与平衡构成它特有的模式，这是桂林独特的城市景观——“城在景中、景在城中”存在的根本原因。如果破坏了它的有机平衡，例如由于城市的无限扩张，自然空间与风景相对缩小，再加上土地的混乱使用，高层建筑的杂乱建造，山与水因之相对逊色，则桂林原有举世无双、具有东方山水美的情调必将丧失殆尽，这时桂林就有降为一般城市的危险。其次，要运用现代规划、管理方法，保护和发展固有的城市模式。在规划中以城市设计理论方法为基础，拟定城市的详细规划纲要，确定土地利用与容积率，制定建筑高度分区，保护历史地段及风景走廊，研究重要建筑物的分布与建筑意象（architectural image）。这样，对城市的发展既“自上而下”地予以一定的控制和引导，使新的城市建设有一定的体系和秩序可循，从而制止由于自发发展而造成的对城市模式、自然景观的破坏，又可使之在上述原则的指引下，“自下而上”地发挥创造的自由，取得人文景观和自然景观的统一、变化。这里，“控制”是法制性的、刚性的，只能如此；“引导”是方向性的、建议性的，是弹性的[①]。

这三个例子说明了一个问题，即根据特定的环境创造形式是一条基本原则。其实在历史地段如此，在一般地段也应该如此。总可以从现状中找出某些因素，作为新形式创造的基础；只有这样，我们的建筑形式才不致流于千篇一律却又杂乱无章，而是既与原有环境相协调，又有动人的“表现力”。中国书法艺术中有句话，“违而不犯，和而不同”[②]，讲的就是这个既统一而又富于变化的境界。

从建筑汇集的文化内涵，采用“隐喻”即“象征”方式来创造新形式，我称之为“抽象继承”[③]，这区别于简单地因袭传统形式，但也不是将传统形式划为禁区一律排除，一点也借用不得。“抽象继承”确给设计者创作带来更大难度，但却可以走向更高的境界。建筑新形式的创造，并不仅仅得自文化内涵，还有地区的自然气候条件、技术条件，人们的追求、渴望，包括对外来新鲜事物即所谓“新潮”的向往等等，因素很多，都可以从中撷取灵感。创造形式，关键是设计者“得乎一心”的创造。我曾借用中国画论中晋代顾恺之“迁想妙得”来说明创作，“迁想”可以是“浮想”“遐想”“联想”，总之是借题发挥、如有所悟、灵犀一通，以此为契机，构成某种形式；但并不就此罢休，几经曲折，反复推敲，穷而后工，渐趋完美，乃有“妙得”。前人论画云，“每遇一图，必立一意”[④]，意亦在此。这个“文心”“立意”最为关键，没有这些就谈不上创作。

---

① 请参见“桂林中心区规划研究”，清华大学建筑与城市研究所。

② ［唐］孙过庭《书谱》。

③ 吴良镛．广义建筑学．北京：清华大学出版社，1989.

④ ［宋］饶自然．绘宗十二忌 // 画论丛刊．北京：人民美术出版社，1960.

对以上观点，可以做如下概括：

第一，在历史文化名城、风景地区、城市中的历史地段、优秀建筑群落，不仅城市建筑物本身的“实”体要保存，“虚”的外在空间、环境特色也要善为保护，成为城市环境中的“时间的标记”“古老的装饰”；它是城市人民喜爱的地方，是人民的骄傲，亦是城市的无价之宝。城市中历史文化遗产集中的地段，不同于一般的文化艺术品，它既是历史的陈迹，又是当前人民生活的所在地。对于建筑文物，不仅古建筑学家、历史学家、工匠们要善于修复、维护，这当然已经很不简单，还有求于建筑师、规划师们用新的环境概念来做精心设计，加以整治（rehabilitation）、改善，使它适于当今的生活需要，即在历史文化的背景上，要充满时代的新气息。这当然要求设计者具备较深厚的中西文化的修养基础，并能创造性地进行规划设计，难度是很大的，但只能这样努力以赴。例如多年来笔者对北京“新四合院”体系的探索，就是基于上述思想的尝试。

第二，对于一般城市或历史地段以外的新区建设，可以有更多的自由去创造新的时代风格，探索新的形式；在不失其新时代的新建筑特征的同时，还应该根据各个城市与地区不同的历史、地理、文化特点，努力发展地区的乡土文化特色，使新设计中蕴有旧的文化根基。这样，我们的城市建设就有可能避免成为机械的、无可奈何的“拼贴”，而是人们以创造者的心情，较为自觉地进行因势利导，能动地创造出的“镶嵌图案设计”，它的背景和画框则是各地皆有的美丽、伟大的大自然。

3. 世界文化趋同现象与追求民族特色

由于技术与经济的发展，一些经济发达的西方国家成为最“富有”的社会；以这些社会为中心，从政治、经济、技术、社会和文化等方面，对世界发挥着越来越大的影响，形成了一种“无形的力量”，要使整个世界从生产到分配，从吃穿到居住和生活方式，甚至建筑形式、大马路、可口可乐和汉堡包，似乎无不要遵从某一种模式。特别由于各种传播工具的发达，各种形式的文化交流使这种文化的世界性扩大到几乎世界的每一个角落。有人从本质上指出，“环球文化的总汇乃蛮横的文化侵略”，学术界含蓄地称为“趋同现象”。当然，“趋同现象”作为文化的补充、融合、相互影响，古往今来无不如此，世界上的通都大邑，无不是多种文化的合成与共存。历史如此，现实生活亦然，只是今天的“趋同现象”受世界性的经济活动组织网所支配，背景更为复杂，规模更加巨大，影响更加深远。

笔者最近从昆明去大理丽江，见公路两侧的村落与居民建设地方特色浓郁；一般说大体一律，但实际上每数百里就有不同的特色，反映不同的文化特性，似乎“趋同现象”尚未触及。但与之相比较，云南的城市中如楚雄、下关和丽江城，新区建设就明显与旧区不同，已有鲜明的现代建筑特征。而在交通发达的江苏省太湖一带广大农村地区，新的农村住宅多少已失去了其原有的地区特性。诚如《共产党宣言》所述，“过去那些地方和民族的、自给自足和闭关自守的状态，被各民族的、各方面的互相往来和各方面的互相依赖所代替了。物质的生产是如此，精神的生产也是如此。各民族的精神产品成了公共的财产，民族的片面性和局限性日益成为不可能”[1]。这是一种现代化的趋向，随着现代科学技术的飞速发展，交通的日益发达，信息传播的迅速，国际交往的频繁，人类的文明成果超越国境的隔离，互相汲取、互相渗透、互相汇合已成为世界文化交流发展的规律，进一步促使“趋同现象”的发展。

面对势力如此强大的趋同现象，笔者认为，第一，我们无需否定这种趋同现象，不必对此忧心忡忡。不同文化汇合，既有互相吸取新鲜营养的一面，又有矛盾冲突的一面。正像我国战国时代，百家争鸣，一方面汇百家之说，一方面创造新学。这两者是相辅相成的，不能只看到其中的一方面而忽略另一方面。关键在如何吸取精华，去其糟粕，为我所用，对已证明是失败的教训就应该及早汲取，不健康的东西要抵制，不必重走弯路。例如在文物建筑中心建设高层建筑就应尽量避免。第二，在承认这种趋同现象的前提下，还有必要对不同文化特性的追求、创造和发展予以再认识，即必须看到各种文化“并存”的现象。西欧的巴黎、伦敦，对东方人说来，尽管规模、地理环境、发展时期情况相近，其实却全然不一样；而在各个城市内部，又有不同的亚文化镶嵌，又各有变化。城市文化发展有其内在规律，在不断汲取外来文化，发扬固有文化特色的同时，酝酿着新文化的衍生。

文化特性问题并不是什么新问题，早在19世纪便在欧洲一些地方表露过，在新殖民地国家获得解放后，这种愿望表现得更为强烈。有人高度评价文化特性的内在蕴力，认为保护一些地区的、国家的文

① 《共产党宣言》。

化特性，可以成为使人振奋精神、不断前进的动力之一。这种思潮表现在城市建设与建筑方面，就是对国家的或地区的城市特性的追求。例如 1984 年亚洲第一届建筑师大会就对亚洲的建筑特性问题（Asian identity）展开讨论；现在欧洲共同体也在努力强调欧洲文化的同一性与多样性问题。

前已述及，我在从昆明到大理的途中，看到丽江隔几百里的村庄就有不同的文化特性，这种文化特性的存在，说明了它的生命力，而这种生命力是建立在地理特征、民俗、文化心理、建筑文化等多种因素之上的，我们宜从整个社会发掘自身文化深层的精华，并吸取外来文化，进行不断的创造发展；它是生动的、具有创造性的合成因素，是城市与国家进步的条件，是一种新文化理想的追求，而不是退回到已有的、一成不变的、封闭的成果之一。艺术的生命力在于保持自己独特的风格，不断创新。“最有民族特色的也最有世界价值”，在世界文化趋同的情况下，这仍然是一句较为中肯的话。

城市是历史的一面镜子，各个时期所增添的部分，每每是当时体制、社会意识与设计思想的写照。有学者鉴于城市发展中各时代城市形式的不一致，称之为“拼贴的城市”（collage city）[①]，这可以说是一个较为形象的、敏锐的总结。当今，中国正处在新与旧、中与西、古与今的交替时代，城市文化、特别是城市建筑文化新秩序的探求需要从几方面进行努力。

一方面，在城市规划科学理论的探求方面，我们不能不承认近百

① Colin Rowe & Fred Koetter. Collage City. MIT Press, Cambridge, Massachusetts.

多年来，社会发展落后造成我国城市建设科学水平的落后；而西方国家特别是在工业革命以后，从成功的经验与错误的教训中得出一整套城市规划、开发建设、立法管理，以至建筑创作的理论和方法，虽然由于资本主义制度的缺陷，也是矛盾重重，不能说非常完美，但还是蔚为体系，从整体来说较封建城市是进步的。对此，我们应当认真系统地进行研究，借鉴西方经验，并在此基础上结合我国实际加以运用和创造。

另一方面，在建筑文化上，我们又需要努力发掘传统的文脉，特别是中国古代城市设计遗产值得予以科学的比较、分析、研究。中国的城市设计、建筑设计与风景园林建设确有独到之处，每一城市、每一风景区更有它的特色，这些是有规律可循的。例如，城市规划、城市设计与建筑设计的统一性，以“合院”为单位的建筑群体系的组合规律，多层次内部庭院空间的创造，万变不离“中”的择中规律和轴线变化规律，建筑与自然的结合，选址的哲理和自然观念，对自然的利用和改造，在自然中组织人工建设，在人工建设中又妙造自然，在建筑中既“千篇一律”，又变化万千、创造自如，以及在高低俯仰中展示自然美与建筑美等。所有这些，既含哲理，又具方法。

现在要在中国各地的城市中寻找像中国封建时代城市那样统一、绝对的城市整体美，一般是难以做到了；但相对说来在局部地区做到统一完整、各具特色，还是有可能的。一成不变的复古当然是不足取的，对传统文化的再发掘、再认识，吸取中国城市设计的传统规律，立足于时代进行新的创造则是另一回事，应当予以鼓励。

建筑文化的发展与地方建筑学派的发展是密切相关的。我们谈尊重文脉以促进建筑设计的多样化，着眼点不能仅仅是在形式上从古建筑中提炼一些东西作为符号或母题加以引申、重复，作为新与旧的联系。当然不能否认，这样做得好也并非易事，也有可能产生好的效果。但广义地说，尊重文脉还应从地域、城市或城市中心地区的某一部分加以深刻研究开始，因为地域和城市的条件包括经济、社会、人民生活、城市模式、建筑材料、技术与艺术形式等等，内容是颇丰富的，如果能系统地研究，对建筑的创作有很大作用。

我个人认为，发展地方建筑学派是大有可为的，例如在江南、湖南、云南、贵州、西藏、新疆等地区，无论从历史传统、风土人情、建筑文化还是艺术风格，这些年已经做了不少发掘，足以说明它们的丰富多彩。另外，从这些年的大量建设看，如不更为自觉地提倡与发扬乡土文化、地区建筑学派，则它的建筑文化特色就有被大量毫无个性的新建筑所淹没、破坏，至少是“淡化”的危险。

早在80年代初，我就在某个会议上发表了每一个省至少应该有一个建筑系的观点；后来我进一步认为，像上述这些地区的设计单位、建筑院校与科研机构应该形成一个地区的规划建设的科研教学中心，它担负着对该地区建筑文化的普及与提高的全面责任；这些建筑中心兴旺发达之时，也就是中国建筑发展道路上百花齐放、繁荣昌盛之日。对一些肩负重任，正在努力艰苦奋斗的建筑院校应寄予期望，更应该给予更大的支持。

应该看到，建筑的国际水平与自然科学的国际水平含义很不一样。如自然科学中的某些研究，它有绝对的标准，你能做到，人家就认账；而建筑的国际水平并不是在乎你的楼盖得有多么高，有多么豪华，归根结底，在于你为人民解决了什么问题，对社会作出了什么贡献，如何使人民的居住水平、环境质量、艺术特色得到全面提高，或为此找出了怎样的一条道路。为什么 1984 年国际建协的金质奖章授给了一位埃及建筑师哈桑·法赛，就是因为这位埃及建筑师的主要功绩在于，利用土坯房将地方传统技术特点加以改进提高，并传授给工匠，使之得到流传，推进了这一落后地区的建设；他找到了一条提高人民生活居住水平的、现实可行的新方法及道路。作为当代的中国建筑师，我们有义务探索我们自己的为人民服务的方法和路子。有一个地方探索成功了，那么就取得了一个方面的成就；在若干地方探索成功了，那么就有了多个方面的成就，12 亿人口的中国建筑就走出了自己的路，我们的建筑就是世界水平的。人民安居乐业，有口皆碑，这就是最高的奖励与回报。

文化是动态的，是可变的。“中国文化在走向世界，世界文化在走向中国”，这就要求我们在全球意识下创造现代的、具有中国特色的新文化，而它的区域性交流站就是城市。

4. 自然环境的利用改造与文化生态的保护

城市是大自然的一个组成部分，城市的开拓和建设，不能脱离自然。从某种意义上说，城市赖以依托的大地，也是经历千百年，在千百万人的培育下，成为“人化了的自然”，成为人类文化环境的组成部分。城市的形成与发展，固然有政治、经济、地理等因素，但也是人们顺乎自然的特性，根据美的法则，“象天法地”，经营布局，逐步塑造而成的。我国运河城市的发展说明了这一规律。运河的开拓是我国历史上一次重大的国土（区域）开发，它不仅便利了交通，发达了运输，繁荣了经济，还在大运河沿岸兴起了众多的城市，从而使整个地区城乡更加发达起来；它集中了人口，改善了环境，进一步繁荣了经济和社会文化——特别是运河城市所特有的城市文化，形成了新的画派，繁荣了戏曲，发达了工艺美术，创造了建筑文化，所有这些直到明清之际，都是极一时之盛。

城市对自然的利用，有赖于生态的平衡。村镇的存在是以培养生命的功能为基础的，城市从乡村的环境中继承了养息生命的功能，并以乡村、远近郊区和更大范围的区域腹地作为活力的源泉。人类对自然的利用与开发是有限度的，对环境的物质建设既有积极作用，也必然产生一定的消极影响；过分的开发会造成对自然的严重破坏，因此城市建设必须预为筹划，不断调节，促使良性循环，否则一经大规模破坏，就难以逆转。没有一个良好的自然环境就没有很好的城市，“地瘠而文化衰”，这不是空泛之论。离别几十年回到云南，看到过去郁郁葱葱的森林，现已为重山秃秃，有些泉水已干涸；“蝴蝶泉”边的一根依水树干已经枯死；由于昆明滇池围湖造田，四季如春的气候已发生变化，久别重逢的人感受就更加明显。而今侵占耕地、大兴土木之风正盛，从滇西到滇东，除少数地区外，森林丧失的严重现象并未得到制止；侵占绿地，砍伐森林，开山取石，造成水土大量流失，凡此种种实在令人担忧。

从“文化生态学”的观点看来，人、自然、社会、文化的各种变量对文化的产生、发展交互影响，也造成文化发展的不平衡，甚至直接威胁正常的生活，这可以以古为鉴。曾几何时，唐长安韦曲、杜曲之盛，王维的“辋川别业”之幽，曾闪耀于古籍之中，今日已树林稀疏，黄土遍地。我曾访问过新疆的唐交河城，城市的街道、坊里、建筑的遗迹尚依稀可辨，联想到唐诗“白日登山望烽火，黄昏饮马傍交河”，想必定有一番盛况；至今废墟黄土，孑然一死城矣，自然的变迁与城市的兴废令人浩叹。当然，一般情况下，当前城市生态的破坏还不至于走到使城市完全丧失生命力的地步，但回顾历史，中国文化中心的辗转与变迁，雄辩地说明城市文化与生态环境的依赖性。提出这一问题，决非杞人之忧、危言耸听，从长远看，这是关系城市存亡的问题，切莫等闲视之。

自然环境保护的另一大内容，是对城市自然环境创造地保护。杭州、桂林优美的山水环境，既是大自然的杰作——泻湖与喀斯特地貌的形成，又是人工化了的自然。据文学记载，经过人们几千年的刻意经营才得以形成这些风景文物精华。但不幸的是，这些山水、人文的精英，由于某些旅游宾馆的建设而受到摧残，虽然中外人士大声疾呼，有的已经制止，有的却还在继续受到破坏，这是以反文化的态度对待历史文化名城。福州旧城，有于山、乌石山、屏山三山鼎足而立，前有白塔、乌石塔双塔作为门阀，后有镇海楼立于屏山之上，为中轴线之尽端，可以说是自然造化与人工建筑的巧妙结合；但由于城市新建高楼未加规划，到处林立，三山似已失去它在城市轮廓线上丰富变化的作用。重庆居于长江、嘉陵江之交，城市自然轮廓线极为雄美，俯瞰江流，气势宏大；但尺度组合不当的高楼大厦，也有夺去城市风采的危险。昆明是以“西山与滇池胜”，但滇池一带宾馆、休养所的建设正在威胁着浩阔之绿洲，破坏西山俯瞰之景观。大理城是集“苍山之灵，洱海之秀”于一城的瑰宝，如今苍山已秃，洱海水浅，如不积极采取措施，前景亦甚堪忧。

以上所举均是知名城市，其实全国其他一些城市莫不有精彩之处，也不同程度地面临城市化的“威胁”与“破坏”，传统城市建筑文化的精华处于泯灭与存亡的危机之下；近若干年更是关键时刻，一经破坏则难于整治，或永远不可能整治矣！

5. 建筑文化的吸引力与建筑师的作用

1987 年 5 月底我去巴黎时，看到巴黎市政厅广场上的展览，这是巴黎市长为了参加竞选，向市民汇报市府政绩的图片，除了为数不多的一般政治活动的版面以外，大部分的图版内容为一些实际的建设成果，其原有标题包括，“巴黎的环境：喷泉、绿地、花、动物”，“巴黎的文化：修复古建筑、壁画，雕刻的建立，音乐与戏剧活动”，“巴黎的整治：住宅建设，博物馆等公共建筑的兴建，圣马丁运河的建设，巴黎的游船、地铁，运动场、儿童游戏场、露天音乐场的建设”，“巴黎的各项活动：照明、节日的欢乐、划船比赛”，“巴黎的日常生活：街道的形形色色”，“巴黎的就业：手工艺业的发展”……这些展览对我很有启发，撇开竞选活动的政治目的不谈，这些实际的建设为法国首都建设了更为丰富多彩、美丽宜人的生活环境，提高了巴黎市民的生活质量，而在这种环境的创造中，建筑的作用显得更为突出。

后来我读到更多的材料，看到《首都建设》[①] 一书，了解了巴黎 1979—1989 年计划的九大重点工程，法国人称之为“总统建筑工程”的更详尽的规划，在书的首页刊登了法国总统密特朗的一篇序文：

① Electa Moniteur. Architectures Capitales: Paris 1979–1989. 1987.

巴黎公布了走向2000年的一些重点建设工程。

1981年以来，开始了这项工程的建设方案，以参与首都及一些省会城市的繁盛。城市成为创造与发展的主题。来访者将参观巴黎的建筑，巴黎的雕刻，巴黎的博物馆及巴黎的公园……这是富有想象力的、有思想的、年轻的城市。

这些重大工程项目，标志着20世纪末城市发展的重大的一步。我们的城市曾受到工业革命、经济危机、人口变化与移民的干扰和破坏，必须寻找一种新的平衡。城市中心必须与郊区及边缘的居住地区具备方便的交通。科学博物馆、the La Villee 公园及音乐中心将消除巴黎与其相邻的 Seine-Saint-Denis 的障碍；这一例外的发展，将成为整个大巴黎地区的聚会地点。

德凡斯拱门将吸引着巴黎城里人以及 Couibevie，Pnteanx Moulelle 以至 Saint-Geumeinen-taye 各地区的人。

我还希望这些重点工程可以为各种不同的人，为各种不同形式的知识以及各种艺术，准备一个聚会的地点。

一个新形式的公共设施，必然使更多的人交流——特别是年轻的一代；正由于建筑师、艺术家、工艺美术家以及科学家的世代相传，才使得我们文化的丰富多彩。

只有沿着这条道路，我们将把握发明和思想的持续推进，并对技术、文化及社会的变化有所准备。

要扩大文化的概念，包含科学、研究和它们的最为直接的应用；要对我们的时代，它的演员及它的演变有更好的了解：这是一个挑战。面向当前工业社会的危机，这种重点工程的规划设计，展示了法国建筑设计的活力，以及我们的开发者、工程师及劳造者的技巧，他们已证实了他们有能力运用新材料和技术，去完成这些宏大的规划方案，并给我们的石料加工者及铸造商等崇高的营业以新的生命……

美启迪着好奇心，以适应心灵与精神的需要。这两者教育着我们，激发着我们。我希望通过这些重点工程的设施，可以帮助我们认识到我们的根及我们的历史，它将允许我们预见未来并征服未来。此外，这种重点工程还显示着一种永恒的、为整个国家所分享的雄心壮志。

——密特朗

看过这篇文章，后来又陆续参观了几个已完工和即将完工的工程，如奥赛博物馆、卢浮宫的改建、阿拉伯世界学院（L' Institutre du monde Arabe）、德凡斯拱门“小城”等，我是心羡不已。使我心中激动不已的是建筑艺术的伟大感染力，这一点在密特朗的文章中表达得很清楚。我对密特朗其人、其政见毫无所知，但他的文章中表达出的对建筑艺术和城市文化作用的认识甚获吾心。它促使我回忆起中华人民共和国成立十周年国庆工程，思绪万千，它是歌颂祖国繁荣昌盛的纪念碑，是站起来了的中国人民对自己力量的检阅；而其耗费，即以人民大会堂论，用陈毅同志当时的话说，“不过全国人民每人一包纸烟钱”，但这些工程对人民的生活上、精神上所产生的影响是无法用金钱来计算的。

最近又有一件事对我教育甚深。我去天津参加“环境美”学术讨论会，在返回途中，从宾馆驱车到火车站，向司机同志询问了一些天津的建设情况。不意他主动地将车绕城一大圈，让我看看近期新建设的一些进展。他在介绍中充满了自豪感，最后快到车站时，他说：“我估算到车站时间还有点富裕，又听说你是干这一行的，想让你多看看。这几年天津的确是变样了，老百姓是满足的。”关于赞扬天津建设的话，我也听到了一些，但像这位司机这样热情洋溢的谈话和行动，使我深感到他是出自内心的。我走过不少城市，听到的常常是埋怨的多、批评的多，当然也不是没有肯定的，但像天津市民这样热情赞扬的并不多；虽然天津并非十全十美，也有种种不同见解，他们说的“变了样”颇有分寸，但其中有一点很说明问题，即它让市民看到了城市的前途，他们就有信心，有耐心。归根到底，市民是热爱乡土的，乡土建设的成绩使市民得到实惠，有了光辉，增强了自豪感。安居与乐业是相互联系的，先要安居，才能乐业，这本来是古老的、最朴素的政治思想，时至今日，更赋予新的内容。

作为建筑师，必须深刻地了解自身的光荣职责。如果说“城市是巨大的艺术品”，那么建筑师的艺术对象，建筑师的画布就是城市；尽管每一个人的工作像是画幅上的一个笔触，或镶嵌上的一粒色片，但一个建筑师必须考虑到，他的设计不仅仅是某幢房屋，而是整个城市，是在为人民创造美好的生活环境。任何艺术家都需要记住，“艺术对象创造出懂得艺术和能够欣赏美的大众”[①]，建筑师毫不例外。

① 马克思《政治经济学导言》。

从另一方面，我们要呼吁社会重视建筑学，尊重建筑师和艺术家们的创造。这里，我并不奢望像西方历史上尊重哲学家、诗人、画家、雕刻家那样尊重建筑师，如在意大利的佛罗伦萨城的乌菲斯街上，陈列了建筑师阿尔伯蒂（Alberti）和达·芬奇的雕像，在米兰有达·芬奇广场，在巴黎卢浮宫珍藏了建筑师的肖像或雕像，在广场上有为纪念园林规划设计者勒诺特（Le Nôtre）而设立的雕像。今天，我们必须引起广大社会对建筑师作用的认识。早在30年代，蔡元培先生就说过："居住问题与衣、食、行并重，虽在初民，无不注意。自穴居以至华厦，其间经过进化阶段不同，而所以避风雨，御寒暑，求安适之心理则同。如秦之阿房宫，罗马之科罗新剧场，稽其年代，去今甚遥，尚有如许盛大之建筑，何况今日社会复杂，事业繁荣，宜共有渠渠夏屋，供其需要，且必有专门人才为建筑师者，以为之批导画策也。……建筑物之需要，与年俱增。……都市之盛衰，视建筑物之多寡，建筑之良否，又全在建筑师之计划……"[①]

如果说，在本世纪初蔡先生已预见到"中国近代虽外侮内战，叠受打击，然社会内部发达，仍有潜流暗长之势，故建筑物之需要与年俱增"[②]；时至今日，我们仍处于"城市化"急剧发展的"起始阶段"，则中国对建筑的数量与质量的需要，更不可同日而语。法国人在20世纪行将结束，迎接21世纪的来临之际，理解到"如果在未来十年中未能对城市文化建立起基础，则我们将一事无成"；我们城市的经

---

① 蔡元培.《建筑师之认识》题词 // 高平叔.蔡元培论科学与技术.石家庄：河北科学技术出版社，1985.

② 蔡元培.《建筑师之认识》题词 // 高平叔.蔡元培论科学与技术.石家庄：河北科学技术出版社，1985.

济力量、科技水平和城市发展阶段，与法国当然有极大的不同，但对“城市文化”的创造仍是不能忽略的。这应当是毫无疑问的。

（三）城市“文化环境”的评价标准

“文化环境”说起来似乎较抽象，但城市文化环境在主观、客观上还是可以有一个大致标准的，可以借助科学方法加以分析，显示出规律性。

《美国城市文化》一文在研究今后50年的环境与变化时，曾对世界16个城市进行“城市适意度”（urban amenity）的评比，共列了23个项目分别予以评价，最后进行总分评比。将其归纳起来，可以分为下列数类：

1. 良好的自然条件及其利用，包括美丽的河流、湖泊，大的公园（群），一般树丛，富有魅力的景观，洁净的空气，非常适意的气温条件，喷泉群等；

2. 良好的人工环境的建设，包括杰出的建筑物，清晰的城市平面（readable plan），宽广的林荫大道（系统），美丽的广场（群），街道的艺术，喷泉群，富有魅力的景观等；

3. 丰富的文化传统及设施，包括杰出的博物馆，负有盛名的学府，重要的、可见的历史遗迹，众多的图书馆、剧院，美好的音乐厅，琳琅满目的商店橱窗，街道的艺术（art in street），可口的佳肴，大的游乐场，具有参加游憩的多种机会，多样化的邻里等。

在上述单项标准上，参与比赛的城市在美丽的河流、湖泊，大的公园，杰出的建筑物，杰出的博物馆，清晰的城市平面，著名的大学，多样化的邻里，可口的佳肴，美妙的音乐，普遍的绿化等方面一般得分较多，比分接近，可以说大多不同程度地具备此条件；相当一些城市在喷泉、剧场、街道的艺术、私人画廊、参与游憩机会等方面得分较少，说明具备此条件者少，它是需要通过一定的努力加以建设才得以完善的。评比结果，巴黎、伦敦、罗马名列前茅。

以上评分标准未必非常完善和科学，但对我们不是没有启发的，即我们应该对城市原有的美好自然环境与历史遗迹善为保护与利用；对文化设施的建设应循一定的方向努力，以臻完善；对居住区与邻里应创造多姿多彩的环境，提高城市居住的适宜性。

第一，城市要满足多种多样的生活内容。因为城市里聚居着多种多样的人，职业阶层不同，年龄不同，地区籍别不同，文化有差异，千家万户，五湖四海，错综复杂，对生活的需要也千差万别；一年四季，早晨、夜晚对城市也有不同的需求，而一些世界的名都大邑确是可以满足这多种要求。有一句名言，“当一个人对伦敦厌倦的话，他是对生活厌倦了，因为在伦敦可以满足多种生活”[1]，这虽是对伦敦的赞语，但“满足多种生活”的要求确实应当是城市，特别是大城市的一个准则。

第二，城市要有美好的交往环境。不同城市的生活方式不同，构成不同的城市文化特色。以巴黎、伦敦为例，人们无一例外地需要交往，而巴黎人更喜上街道、广场、公园，熙熙攘攘，热闹非凡；1690年一位观察家写道：“没有人比巴黎人更喜欢聚集在一起，看别人和

① Dr. Samuel Johnson 语。

被人看。”咖啡馆似乎是世界的中心，人们在咖啡馆中交谈互相感兴趣的事情，科学和文学灵感、信手勾画的速写常常也是在咖啡馆中发生的。伦敦的情况就很不一样，他们当然也有咖啡馆，也有街头小憩，但英国人的活动更喜在家中，在俱乐部中；不同的人有不同的“社会”，在不同的俱乐部活动，这样或那样的俱乐部是不可少的城市点缀，城市的外观则是城市内在的表现。

第三，城市要利用和创造美好的自然环境。任何城市的诞生、发展都有特定的地理条件。美丽的河流，大洋的港口，交通通衢，或名山之麓……特定的自然条件构成了城市各自的特色。同属滨河城市，城市构成的形态也各有差异，不仅河流的宽狭不一，河道蜿蜒、河边树木森林和石岸形态，以至河中岛屿的存在都构成不同风貌。同属依山城市，山与城市关系不一，或在城之中，或在城一侧；山的形态各异，构成的城市景观也各有特色；城市中的山丘不仅有景观价值，还可以供人登高远眺，增多游趣。我国有山有河流的城市不少，上海、天津、广州、武汉、兰州、重庆，至于桂林等就更不用说了，应当珍惜这些自然环境，并发挥各自特色，不要让平庸的规划湮没了它的特色，更不要让拙劣的建筑与城市设计破坏了它的特色。

第四，城市需要具有美丽的建筑环境。这里的“建筑”当然是广义的。笔者非常欣赏“城市是人类巨大的艺术品”这句话。的确，城市是建筑、绘画、雕塑、戏剧、工艺美术……一切人类艺术最大的容器，可以说它几乎无所不包。作为这最巨大的艺术品的许多城市的建筑环境，的确各有特色，姿态万端。有位文学家形容巴黎说，“全法国就是一个大花园，所有最美丽的花都被扎成一个花束，这个花束就是巴黎”。其实何止巴黎如此，许多名都大邑甚至一些小城镇都有不同程度的赞语。归根到底，对于城市环境有两种质量标准，即提高城市的生活质量与提高城市的艺术质量，需要我们不断加以提高。提高需要从原有基础出发，而发展是无止境的。

五、城市文化发展战略的研究与文化事业的规划

综前所述，本文涉及文化、城市文化、城市文化环境、城市建筑文化环境的建设等若干层次的问题，每一层次均有其广泛的内容。

最近从报上看到一篇短文，“也不光是留住点‘老北京’（指文化，笔者注）”，很耐人寻味。作者提出还要建设好“新北京”（文化），批评所谓的“新文化街”没有多少文化气息。结论是“北京乃人才荟萃之地，从中央到市里，有那么多的文化、艺术、新闻、出版、科学、教育单位，遗憾的是缺乏宏观的规划和统一的调度”，“对于文化事业，似乎也应有个总体规划”。

我很同意这个从现实观察得到的结论。就城市发展而言，除了研究和制定社会经济发展战略外，还需要有一个文化事业的发展战略规划，使之能明确地向既定的共同目标协调发展。文化事业的内容极广泛，为说明方便，在此仅集中以文化艺术事业为例就文化事业规划略加论述。

（一）明确对文化事业规划的认识

1. 提高人民的生活质量

文化艺术事业是城市生活中不可分割的一部分，能充分调动全民从事科学艺术文化的积极性，提高人民精神素养，提高市民生活质量。事实上，居民对文化艺术事业是有很大积极性的。美国 1975 年哈里斯民意测验表明，93% 的美国人认为艺术对社会生活质量是重要的，58% 的人愿意每年多付五美元资助文化艺术活动。这说明，当城市经济有了一定的发展，居民有了必要的物质设施，家务劳动社会化程度提高，则居民可以支配的自由时间增多，就要求积极地运用闲暇时间，从事科学文化的创造和各种文化娱乐活动，这也要求城市有足够的场所以提供居民参与文化活动的机会。

2. 对发展城市经济的积极作用

文化事业的建设总是需要花费一定的资金，这是毋庸置疑的。我们是穷国，用于发展文化事业的资金太少，无法与发达国家相比，但即使发达国家也仍在文化事业发展上大幅度增加投入，值得引起我们的注意。例如法国文化部在 1981 年将到 1984 年的投入预算翻了一番；1979—1989 年，除了巴黎的建筑与城市规划工程外，还制订了地方发展政策；为了促进全国的文化流动，加强艺术教育，发展文化活动，将巴黎和各省的文化投资置于首位，各省 1981 年的预算贷款占总额的 40%，1985 年增长到近 50%，同一时期还开放了 11 个新博物馆，至少有 400 项建造工程。

我国在有限的资金和人力、物力条件下，仍有最佳利用以发挥更大效益的问题。这是目前较为普遍存在的问题，其中文化部门也不例外。有一个论点值得引起注意，即文化事业的发展对促进城市经济发展的积极作用，这方面论者较少，有进一步申述的必要。

美国一些市长认为，文化艺术事业是“发展经济的重要手段”，“艺术是重要的劳动密集型的无污染工业”。欧洲共同体也认为，“文化工业已经构成了创造就业、吸引资本的一个方面”，“欧洲共同体几个大国的文化经济约占国民生产总值的 5%，相当于提供了 80 万到 100 万人的就业机会；占 50% 的第三产业中，文化事业也占有一定的内容和比例”。西欧家庭用于文化方面的开支近几年已翻了一番，而且有继续上升之势；日本的文化消费每年约 14 亿日元。这说明文化产品已史无前例地进入流通和消费领域，具有实际的经济价值。

文化事业的发展，还可带来社区的繁荣。如美国纽约林肯中心建立了从事音乐、戏剧事业的建筑，促进了周围地区的发展，使周围 20 多个街区范围内的税收每年增加 3000 万，目前的税收已超过建设投资的 10 倍。

所收集的以上资料可能较为片面，但它可以说明几个观点。第一，文化事业的发展，除了能够提高人民的精神素养外，对直接或间接地促进经济的繁荣具有作用。第二，要把文化艺术事业当作第三产业来发展。把文化艺术列为第三产业起源很早，1935 年提出“第三产业”概念的费希尔教授就把文化艺术连同旅游、教育和科技等一起列为第三产业；1985 年我国国务院《关于建立第三产业统计的报告》也把文化艺术列为第三产业。第三，对文化事业还需要建立社会服务的观点，在国外即使许多由私人组织的文化事业机构也明确注明是“非营利组织”，以社会公益事业作为主旨。

（二）必须做好文化事业的发展规划

文化事业规划是城市规划的组成部分，与投资计划同样重要。城市有规划地发展，可以保证资金使用的合理性，以利于有效地、合理地使用各种资源，协调各种活动。

在规划中应注意将职业艺术活动与民间活动并立，即不仅重视职业艺术活动的发展，同时还重视民间的艺术活动，如民谣歌舞、公园晚会、城市典礼等。

文化机构设施要有合理的区位选择与布局。在这方面，不合理的区位选择的教训更能说明这一问题的重要性。美国华盛顿 1960 年规划的肯尼迪表演艺术中心选址不当，与城市生活隔绝，交通不便，投资数百万兴建的一个集中式的文化宫与其他附属设施，后来又不得不再以巨额投资增加城市生活的活力，这是一个因缺乏规划而失败的典型例子。有论者认为，如果规划更明智一些，将它置于白宫与国会之间，沿宾州大道布局，则效益更好，可使首都成为一个文化中心。

文化设施机构应分散化与多样化，宜巧妙地改造利用有价值的旧建筑，特别是旧的歌剧院、电影院，并且创造可昼夜活动的、多功能的城市环境，这要比功能单纯的单体建筑效益更好。北京为迎接亚洲运动会，采用分散与集中相结合的模式，并采用多功能式的运动场布局，更利于各分区中心的发展。当然，其他的项目建设也应该有规划地与各分区中心相结合。

还有论者认为，市场与艺术设施组织在一起，可收到显著的经济效益。据称美国波士顿费尼尤尔市场区就具有这一特点，人们不仅可以在此购买新鲜的肉类、蔬菜等，还可以欣赏波士顿博物馆；该地每单位土地的收入比郊区购物中心多四倍。这个例子使人们联想起过去的西单商场、东安市场，包括前门大栅栏的综合性市场，至今仍为人们所津津乐道，因为它符合市民的生活习惯，从而也丰富了商业和艺术活动的内容。

文化事业规划应当是多层次的、系统的综合规划。现在各项事业齐头并进，各执一方，重复浪费的现象大量存在；因此为提高效率，还大有潜力可挖。以旅游事业为例，自大力发展旅游事业以来，各地陆续整理、保护了一些文物建筑，修建了宾馆，整治了环境，总的来说成绩是好的，但也有不足之处，即综合规划不够。我从贵州、云南西部归来，总感到在现在经费短缺而要做的事却很多的情况下，应该更多地重视如何使旅游业的投资发挥更大效益的问题。例如，为发展旅游修筑公路，同时应兼及发展城乡的物质交流等其他事业。举例说，如果人们去大理、丽江，除了看到天然风景、文物建筑外，又能看到少数民族地区的经济繁荣、文化昌盛、环境整洁、风俗淳美，人民安居乐业，处处是风景美好的“现代桃园”，那么既达到我们提高人民生活和文化水平的目的，也必然促进旅游事业的发展。

文化事业规划还需要有相应的法律保护。1974 年美国市长会议（USCM）及全美城市联盟（MLC）通过决议，承认艺术是“必不可少的公共服务设施”，政府正式认为“艺术是整个福利事业的一部分，国家需竭诚保护其发展”。决议规定，在一般情况下应将公共设施建设费用的 1% 用于艺术修饰，保护文化与建筑遗产；此外，还明确规定要保证无论穷人、老年人或残疾人都能享用艺术设施等。

（三）积极推动城市文化的发展是城市改革的一项内容

我国城市文化事业的不发达，固然有经济发展水平不高的原因，也有文化本身欠发达的原因。它带来了工作的困难，因此改进现有体制的缺陷，也应该是城市改革研究的关键所在。例如，如何从封闭走向开放，改变长时期以来封建割据的局面。据全国总工会统计，全国有工人文化宫 37 468 个，图书馆 192 357 个，电影院 23 010 多个，体育场 171 300 多个，但因单位所有制，一家独为，实际上未发挥应有的功用，这是极大的浪费；如何从单一性走向综合性，从纯娱乐性走向多功能性；如何从主要依靠国家拨款的供给型走向经营型，或作为社会的公益事业、非营利组织真正成为社会的服务事业；如何提高文化工作人员的数量与素质。这些都是在城市体制改革中需要综合调查解决的问题。

总结

“城市是文化的最高表现”（City is the highest expression of civilization）。城市的现代化不仅仅是物质建设方面的现代化，对精神文明的建设也不能忽视，城市永远在变化中，文化也永远在发展中；城市文化作为城市延绵的动力是不会改变的。我们提倡城市文化，归根结底，就是要在发展城市的社会经济的同时推动文化的发展，以提高市民的文化素质，提高社会的凝聚力，增强社会的活力，加快社会发展的进程；在与世界频繁的交往中，较快地推动城市文化的发展，从而加速地区的繁荣。

城市是人民建造的，用我们的说法叫“人民城市人民建”，这与一位美国城市学者称“Citizen build the cities”不谋而合。城市文化也是人民的文化，是历代人民赓续缔造的；人民朝于斯，夕于斯，接受其教育，发挥他们的创造性，这也是文化得以发展的真谛所在。因此西方有句话，“掌握城市文化艺术之神缪斯，正是市民本身”。在这里还需要强调一下“人民城市为人民”，即我们的建设，包括文化建设，一切都是为了人民，为了人民的美好生活。

不论未来社会、未来城市的结构与形态将如何变化，在城市文化的组成中，必然既有传统文化，又有新文化，既有本土文化，又有外来文化；城市就是这样一个多种文化的共存体，琳琅满目，错综复杂，矛盾重重，但又多样统一。这种新与旧、中与西文化的共存，有它的必然的、内在的规律性，我们要更加自觉地认识和利用这些规律来创造美好的环境。

建筑的创造方向之争，保护文物的不同观点等，尽管有种种不同意见和论争，但在创造城市文化上应该、也可以有一共同的前提，那就是创造良好的建筑环境，促使文化之交流。城市规划研究工作需要正视这个新的研究领域，这就是“城市文化学”，我们需要热情而艰苦地投入这方面研究，迎接它的诞生。

【附记】本文是1985年在重庆“城市科学研究会”成立大会上所做的学术讲演。记录稿曾在《市容报》加以刊载。1986年我曾将此文改写，应中国文化书院之邀重讲一次。我对此文总感意犹未尽，总想能坐定下来继续加以展开。因此迟迟未予发表。时隔十年，我重新校核此稿，除了感到这里面所引材料略嫌陈旧外，这一命题今天不仅没有过时，而且更为迫切。这是因为我国已经实行双休日，“双休日还能干什么？”当社会上有的媒体在清一色地宣传“怎样吃好”“怎样玩好”“何处购物”“何处享受”等之后，人们不满足了。人们到底还要什么呢？上海来的一条消息“广场文化方兴未艾”很能说明问题，好在文章不长，现摘录如下：

上海：广场文化方兴未艾

盛夏，一处处广场文化所营造的浓浓文化氛围，似为酷暑中的上海市民送去缕缕清风，令人身心愉悦。

以陈毅塑像、人民英雄纪念塔、黄浦公园为主阵地的外滩广场文化，曾以“百架钢琴大联奏”“四代画家义画”等大型文化活动，吸引了众多的观赏者。

兴于去年四月的广场文化，已成为上海群众文化一项主要活动形式。卢湾区在复兴公园内开展了 300 多项包括琴棋书画、音乐舞蹈、戏剧欣赏、体育健身、科学普及等内容的广场文化活动。

进入夏季，上海出现最多的是纳凉晚会形式的广场文化。上海 141 个街道，几千家居委会都不止一次地举办了纳凉晚会。无论是经理、厂长，还是教师、作家，都会身不由己地往这里挤。在浦东举办的一次广场文化活动中，记者见到作家叶辛手摇蒲扇，优哉游哉地在人群中看演出。

几乎上海所有专业表演团体和艺术院校以及所有专业演员和文化名人，都以不同形式参加了上海的广场文化活动。外滩举行的“800 少儿小提琴齐奏”，担任指挥的是年逾古稀的著名指挥家曹鹏。在“千余少儿笛子演出”时，领吹的同样是两鬓染白的著名笛子吹奏家陆春龄。

这条消息告诉我们，随着经济建设高潮的到来，人们对文化生活是饥渴的，人们文化迫切需要文化。城市能给人民以文化，城市文化作为焦点问题业已呈现在我们面前。

1995 年 8 月 12 日补记

城市文化与人居建设研究

一、“千城一面”

“千城一面”现象已经是无可辩解、必须承认的当前现实。它不只是物质空间形式的雷同，更说明了城市文化的贫乏。经济全球化进程的推进，不可避免地冲击地方文化的发展，千城一面的现象，很多是在多年来经济社会建设取得一系列重要成果的情况下产生的。从现象上看，包括经济建设压力巨大、建设规划宏大、建设求成过急、文物保护乏力、城市历史文化失落等，造成了若干“建设性的破坏”。

二、问题的实质

1. 传统秩序的失落，时代精神的迷茫

毋庸讳言，当今全球化的主流是“西”而不是“东”，面临席卷而来的“强势”文化，处于“弱势”的地域文化如果缺乏内在的活力，

没有明确的发展方向和自强意识，没有自觉的保护与发展，就会显得被动，有可能丧失自我的创造力与竞争力，淹没在世界“文化趋同”的大潮中。

现代形形色色的流派劈天盖地而来，建筑市场上光怪陆离，使得一些并不成熟的中国建筑师难免眼花缭乱；与此同时，由于对自己的本土文化往往缺乏深厚的素养，甚至存在偏见，尽管中国文化源远流长，博大精深，面对全球强势文化，我们一时仍然显得“头重脚轻”，无所适从。

2. 在“中”与“西”、“古”与“今”之间彷徨

从古代进入近现代，中国社会经历数千年未有之变局，人居环境建设经历着大转型，面临着“古今中西之争”。中国代表的是“古”，是传统的农业文明，而西方代表的是“今”，是近代工业文明，中西之碰撞迫使中国从传统向现代转型。一方面，传统意义上的“中国”内容尚未分明，有待发掘与认识；另一方面，新的状况又将中国带入与其他国家、其他文化的互动缠绕之中。

在这种彷徨之中，城市文化的发展出现了若干问题，如：对城镇化的学术思想见解不一，部门之间行动缺乏协调，地方决策者对文化主旨与文化追求的各自理解、各行其是，等等。

三、对策与思考

1. 从中国古代优秀遗产中寻找失去的理论精华

中国是一个具有悠久传统的文明古国，为世界文化的发展作出过重大贡献。相比古希腊、罗马等古文明，中国文化是世界上从未间断且延续至今的文化。考古学家张光直曾经说："中国的形态很可能是全世界向文明转进的主要形态，而西方的形态实在是个例外，因此社会科学里面自西方经验而来的一般法则不能有普遍的应用性……'连续性'是中国古代文明的一个可以说是最为令人注目的特征。"[①]

中国人居环境伴随着中国文明的发展而演进，为我们留下了极为丰富的物质和精神遗产。面对当代中国城市文化与人居环境建设的问题和中华文化伟大复兴的时代潮流，需要重新审视优秀中华人居传统，探寻中国未来城镇化道路的发展模式。

（1）与自然的结合

创造与自然和谐的人居环境是永恒的主题。中国古人有"究天人之际"的传统，在人类繁衍和建设人居环境的过程中一直探索着"人"与"自然"的关系，今日中国之土地即是古人数千年辛苦劳作、悉心化育逐渐形成的。

（2）求社会的和谐

社会是人居环境的"纲"，美好人居环境与和谐社会共同缔造。人居环境建设与所处时代的社会结构与人文精神的统一是人居环境建设

① 张光直.连续与破裂：一个文明起源新说的草稿//张光直.中国青铜时代.北京：三联书店，1999.

五水济运图之泰安州一带［康熙四十二年（1703）］

图片来源：天津图书馆．水道寻往：天津图书馆清代舆图选．北京：中国人民大学出版社，2007.

梅州某客家村落

图片来源：李秋香．乡土民居．2 版．天津：百花文艺出版社，2009.

的要旨之一。中华社会之所以在五千年的历史长河中长盛不衰，有其一套和谐的社会法则，将人居的空间秩序与人群的社会秩序统一在一起。

（3）城乡统筹与建设秩序的治理

人居环境是治国安邦之保障，是天下治理之要务。中华文明之所以千年不坠，空间治理是至关重要的保障，从地区、城市到县、村镇，分级布局，秩序井然。在空间治理过程中，人居环境及其相关的制度设计以其整体的思考，关系着整个国家社会、经济、文化各方面在空间上的实现，维系着中华文明的延续，这是中国古代人居环境发展所揭示的独特的战略价值。

（4）环境规划设计的追求

中国古代漫长的人居营造实践中，人居环境的规划与设计一直是一个有机统一的整体概念，地区、城镇、建筑、园林整体生成，是一个动态体系。这一中国特有之人居环境“规划设计体系”，具有独特的价值追求、创造过程和创作主体，它是中国传统人居环境的智慧精华，也是其得以实现和传承的手段。

（5）审美文化的综合集成

中国人居环境之美是综合的整体创造，是天地人的和谐统一，这种博大丰富的美是经过漫长的历史时期逐渐生成的。同时，中国历史上的人居环境是以人的生活为中心的美的欣赏和艺术创造，因此它的美也是各种艺术门类的综合集成，包括建筑、绘画、书法、工艺美术，等等。

2. 坚持中国传统，不断吸纳包容，探索中国城市文化的新范式

西方城市在 11 世纪后开始复兴，人们在城市中重理性、重研究，爱人文、爱自然，城市文化逐步活跃起来；工业革命以来，伴随着现代城市化的推进，不同国家和地区又发展出了绚丽多彩的现代城市文化以及相关科学理论。

从历史上看，中国人居环境在其发展的过程中，不断汲取各地区、各民族以及异国的人居智慧，不断自我更新，成为一种原创的人居模式。它的发展始终有一个主旋律，那就是坚持中国传统，不断吸纳包容，在此基础上不断创造。

（1）统筹城乡发展，建设良好的人居环境

城乡统筹是中国快速发展中的关键问题之一。在城市化转型发展和统筹城乡发展进程中，应发挥城市和乡村的各自优势和积极性，实现城市和乡村的共赢互补。

我们提出：将县域农村基层治理作为统筹城乡的重要战略，以“县域”为平台，有序推进农村地区的城镇化进程，依据各地各具特色的自然资源、经济基础、文化特色等现实情况，积极进行以县为单元的城镇化、新农村和制度创新试点。县的情况千差万别，面临各自的矛盾和问题，但一切从实际出发，对农村基层加以创造性的治理，县的长期稳定与发展定会实现。“民惟邦本，本固邦宁”[①]，最终达到国家全面小康、全面发展的目标。

我们的原则是：

---

① 《尚书·五子之歌》。

①必须高度重视土地、水资源等自然环境条件，确保支撑城乡的可持续发展；

②必须以解决三农问题、实现城乡统筹为导向，最终建立现代化的、以人为本的农业、农村，并实现农民生产生活水平的广泛提升。

通过“古与今”相融合，“中与西”相交会，总结各种模式的经验，其检验标准，就是看能否可持续发展、能否有利于城乡统筹。

（2）现代人居环境的整体创造

美好的人居环境是生成中的整体，这种整体是人工创造与自然创造完美结合的产物，城与乡、城市与山川河湖、建筑物与场所、建筑物与各种技术的融合等都反映了这种整体性。近代的中国人居环境对此逐渐淡然了，其原因多样。

为今之计，需要寻找失去的整体性。途径之一是寻找、重组已经破裂的，尚未完全消失的传统中国的“相对的整体性”，意在利用局部的整体性，进行新的重构和激发，在混沌中建构相对的整体。

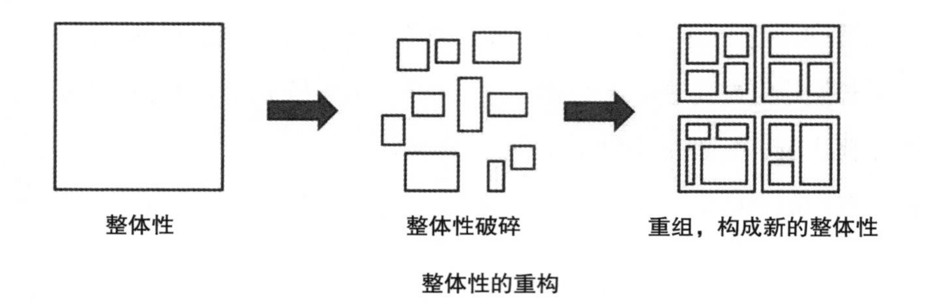

整体性的重构

（3）追求建筑群与城市设计中的人文意境

中国古代人居环境建设既要满足安全、生存等要求，更追求一种人文意境，可称之为一种“中国文化精神”。绍兴兰亭、武汉黄鹤楼、湖南岳阳楼等，之所以流传千古，并不仅依靠建筑实体本身，而是因为建筑、山水环境、文学创作、人文情怀等，融会为一个充满感染力的整体。

兰亭遗韵（吴良镛 1984）

1932 年，林徽因、梁思成先生有创意地继“诗意”“画意”之后，将建筑赋予人的感情名之为“建筑意”。“天然的材料经人的聪明建造，再受时间的洗礼，成美术与历史地理之和，使它不能不引起鉴赏者一种特殊的性灵的融汇，神智的感触。”[①] 20 世纪 70 年代，挪威学者诺

① 梁思成，林徽因．平郊建筑杂录 // 梁思成．梁思成全集：第一卷．北京：中国建筑工业出版社，2001.

伯舒兹提出“场所精神”（the Genius Loci / Spirit of Place）的概念。认为：场所（Place）是有明确的特征的空间。建筑令场所精神显现，建筑师的任务是创造有利于人类栖居的有意义的场所。这些都与中国人居环境中的文化精神有相类之处。

在城乡建设快速发展的今天，这种“中国精神”却日渐式微，濒临失落。面对现实问题，我们可以借鉴西方的思想，但更应植根于传统的“中国精神”，进行再创造。

四、简单的总结

当前，我们的城乡发展面临着复杂的局面，最优越的机遇与最尖锐的矛盾并存。一个多世纪以来，西方近代的城市规划研究与实践取得了巨大的进展，积累了丰富的学术思想与科学理论。但同时我们也要认识到，西方的理论本身也并无定论，未臻顶峰，尤其是 20 世纪后半叶至今，面临着全球性的经济、环境、社会等问题，难免捉襟见肘、无暇他顾。从 2012 年 6 月在巴西举行的“里约 +20”（Rio+20）峰会中即可看出，虽然 20 年前已经通过倡导“可持续发展”的《21 世纪宣言》，但今天的生态环境、人类住区等方面的问题却似乎愈发严峻，各国亦各执己见，共识艰难。

美国学者库恩（Thomas Kuhn）曾提出，每一个科学发展阶段都有特殊的内在结构即“范式”（Paradigm），科学的发展体现为范式的更替和完善，当一个旧的范式陷入困境和迷途时，便会有一个新的范式发展起来。中国的城乡发展有自己的特殊性，并没有现成的答案可以利用，正需要探索新的范式。“群籁虽参差，适我无非新”[①]，中国古人也充满着探寻“新”的精神，其所谓“新”：“取木也。……引申之为凡始基之称。”[②] 可见，新不是无本之木、无源之水，而是有着深厚的根基与脉络。中国人居环境源远流长，底蕴深厚，蕴含了丰富的智慧宝藏，尚有待我们去开发，以为当代城乡人居建设新范式的探索提供借鉴。

改革开放以来，中国取得了巨大的经济建设成就，在经济的大发展之后必然要面临文化的大发展。中央十七届六中全会提出“文化的大繁荣、大发展”，可谓恰逢其时。文化的发展与繁荣，关乎各个方面，包括物质文化与非物质文化的保护与发展，传统文化的继承、延续与新文化的融入、创造，等等。文化建设的根本目的在于满足人民的精神需求，通过发展各项文化事业，繁荣文化生活，增添文化底蕴。建设“文化强国”，不仅是技术措施，更不仅在文化产业的兴建，其核心是中华文化精神之提倡，中华智慧之弘扬，民族感情之凝聚！探索“中国特色城镇化道路”也应以文化繁荣为终极目标，这是我们城乡建设领域的工作者义不容辞的艰巨任务！

① ［晋］王羲之《兰亭诗》。

② ［清］段玉裁《说文解字注》。

城市特色美的探求

一、善于“识璞”，因材就势

美玉在未经发现和雕琢之前，玉石不分，称之为“璞”，贵在有人识璞。《韩非子》中所载的“和氏璧”就是一个有关识璞的故事。

柳宗元也堪称风景名胜的识璞者，他的散文《钴鉧潭西小丘记》记载了作者对一个小风景区的发现和经过，很有启发。

作者在无意中发现并购买了一块不到一亩地的地方，经过“更取器用，铲刈秽草，伐去恶木，烈火而焚之”，这个未经雕琢的处女地，经过了人工清理后显现出它的美来了，于是“嘉木立，美竹露，奇石显”，从其中四望，“山之高，云之浮，溪之流，鸟兽之遨游，举熙熙然回巧献技，以效兹丘之下”，这里，小丘俨然是环境的中心、宇宙的中心了。作者本人就是这样来欣赏的，在此，可以“枕席而卧，则清泠之状与目谋，瀯瀯之声与耳谋，悠然而虚者与神谋，渊然而静者与心谋”，眼耳心神，都沉醉在美的欣赏中了。柳宗元不仅是文学家，还不愧为风景设计的艺术大师，有理论的实践。今天他具体创造的园林环境，即使能寻得，恐亦经沧桑变化而面目全非了，但他的园林美学和哲理，今人仍然可以从中领会，启发我们的创造。

我们的城市环境也是这样。在自然条件、文化背景或建设方面有一定基础的城市，一般必然具有美的素质，尽管一些风景地区也总不免遭受一些破坏，出现了一些显然与典型环境格格不入的建筑，失去原有的光彩，尚须做一番刮垢磨光的功夫。这就不像“铲刈秽草，伐去恶木”那样简单，而需要更为细致的匠心，使原有的特色重新显现出来、突出来。其方法措施因具体情况不同，可以多种多样。例如：

清理环境。要加强过渡地带的整理，例如使这地区的建筑在造型上不具有强烈的个性，或称“中性”建筑，设置绿化地带；如确有必要时，对一些与环境全然“格格不入”的构筑物进行一些可能的“弱化”措施（不一定都要拆除，有时也拆除不了）。如在色彩上处理，种植攀缘植物，局部地区建立视线屏障的可能性等，使原有别具特色的地段，保持其典型环境的特色，重新闪烁光芒。

顺理成章。我国有许多城镇建筑群，本身具有一种朴实之美，例如山西应县木塔周围的一些土建筑，别看它“土”，但与应县木塔浑然一体。金经昌教授对此颇为欣赏，很担心一朝“现代化”就面目全非，则木塔成了一个孤立的东西，原有朴实之美就要逊色了。在现在风景名胜、古建筑群旁建旅馆宾馆成风的情况下，这种威胁是存在的。对于这种情况，最好顺理成章，基本上利用建筑环境的构件、色调做一番处理，使其从属于主体，烘托主体为妥。

突出主题。仅以桂林市中心古南门设计方案为例。古南门为宋代古城门旧址，附近有古榕树，相传宋黄山谷入桂林时曾系舟于此，这一组建筑群面对桂湖、杉湖，故可以采取一些措施，使这一城市特色得到进一步发展：为了使古南门建筑更有所强调，建议在城南门下附近建平房群作为公共建筑，以增强城关的气势。现在古榕树居马路中央，人们无法在树下逗留，城市美好的欣赏点未得到充分发挥。建议另建湖上曲桥做人行道用，使之“漂浮”于水面上，这样可在不减少湖面面积的情况下，将马路南移，从而使榕树与城楼联成一气。凑巧的是此城楼原来曾倒长着一棵榕树，历史上曾称“榕楼”，如果经过这样处理，榕树与城楼更贴近了，更名副其实了。这些设计原则明确，方案亦属现实可行，如能实现，则可使这一地区的城市特色更为鲜明，而且为群众与游人创造了宜人的游憩空间。

二、继往开来，赓续创造

在一些城市中，有一些主题长久被湮没了，是善为利用，在原有基础上创造，进一步发挥城市特色？还是放弃原有基础？效果就很不一样。兹举两例以说明：

例一，武汉的黄鹤楼。它在历史上负有盛名，究其原因，一、在人文荟萃之大都会中心能够有从山上俯瞰江流的风景点实属难得。二、由于千百年来，此地就吸引着天下名人，自唐以来，孟浩然、王维、崔颢、李白等名人无不留有题韵，使其名益显，风景、文学、绘画与建筑交互增辉，宋画《黄鹤楼图》之所以能流传下来，足以证明。三、建筑物几经兴废，更引人注目，如清代黄鹤楼自太平天国时期焚毁后，城市失此胜境，吴趼人叹曰："名胜不留天地老，只今回首有余哀。"道出人们的惆怅。说明了一楼之存与城市历史、民族文化、社会心理联系何其密切！重建黄鹤楼，是相当时期以来的梦想，且不说20世纪50年代中期长江大桥完成后就开始有重建之议，当时就组织了以我的老师鲍鼎教授为首的专家组拟订方案。"文革"之后又重兴修黄鹤楼之议，前后设计者曾向我征询过这样的问题：一、是以清代黄鹤楼式样为主，还是以宋式为主？在这个问题上，我认为宋朝的黄鹤楼虽然有图可据，时代也更为古老，但宏观看建筑形式近于一般城楼，而清代被毁前有图片在，在中国楼阁形式上是较为独特的，对武汉标志性强，宜以清楼为蓝本。二、由于城市扩大了，建筑体量一般都增大了，新的黄鹤楼可以略高大一些，否则在城市建筑群中就不够显目。建成后我仅在火车上瞄过几眼，看起来还是不错的。由于未能登临，对有些议论就无缘参与讨论了。

既然谈黄鹤楼，这里不能不顺便谈谈汉阳的晴川阁，晴川阁可能是从崔颢的诗句"晴川历历汉阳树"得名的。后来黄鹤楼赋诗，往往与晴川阁并题，"鄂渚逢秋秋早清，登楼面面见空明……生对晴川虚阁敞，喧连汉口晚烟横"（钱澄之），"晴川与黄鹤，气势遥纵横"（刘子状），"黄鹤高楼耸碧空，晴川杰阁汉阳东"（朱伦瀚），"晴川高阁遥相峙，芙蓉花外汉阳市"（李为霖）。这些诗句说明晴川阁成了黄鹤楼之对景。我在美国哈佛大学图书馆，从它的珍本室里发现一张清代人绘的武汉图，长江上帆影片片，在城廛中蛇龟二山隔江对峙，而黄鹤楼与晴川阁点缀其中遥遥相望。这是清代画家眼中和笔下的武汉“城市意象”，很足以说明这两座建筑物对当时的城市构图所起的作用。今晴川阁仍在，听说已经修葺。但最近从图片上看到一座新的晴川饭店“巍然”屹立，由于原有的晴川阁在体量上已不能像黄鹤楼那样在新情况下起到城市构图作用，想新的晴川饭店的设计者如能从城市构图的整体着眼，加强晴川阁建筑群的结合联系，对武汉（特别是汉阳）城市特色的形成，本是有文章可做的。可惜该建筑设计者未曾在此着力。

例二，北京汇通祠的重建。汇通祠是一个在历史上与北京城市发展相联系且逐步形成的一个风景点，20 世纪 60 年代因北京修建地铁，将全祠夷平，80 年代初在清华大学建筑系与全市有关方面的共同努力下，在新的基础上进行了建设，对它的规划设计归纳数点：

一、为北京市什刹海边与二环路上多保留了一处景点（由西往东，汇通祠、德胜门箭楼和雍和宫，共有三处古建筑点缀街景）。

二、原来的汇通祠仍加以恢复，用为郭守敬纪念馆，宣传元代杰出水利专家与天文学家的科学成就，古为今用，形式与内容也能统一。

三、乾隆题记汇通祠诗碑给找了回来，另立一碑亭存之；原有地铁的通风管道入口做装饰性处理，开辟为公园茶座以利游人，地铁出入口平台上拟立郭守敬雕像。

四、因为汇通祠下部是地铁，不能将该建筑架在浮土上，只能在汇通祠下做两层“地下”结构，外面掩以土坡堆以山石，种以树木，并设法使建筑物取得天然采光，原拟将“地下”部分分别作为书画室和健身房，设有不同出入口（汇通祠所在湖边原为北京派武术馆聚会场地之一），以利于群众活动。（可惜此建筑为一公司所占用，原设计意图未能贯彻是一憾事！）

现在工程已经建成并对外开放，颇得好评，颇受教育。当时如果不去争取，必然又会有一幢一般性的建筑物伫立其上，这一风景点也会像众多的其他风景点一样默默地从此在北京消失。现在看到游人前往熙熙攘攘，实在不胜愉快。足见规划者、设计者、管理者共同认识一致，做了主观努力，利用这“历史基础”发挥它的特色，还是有所作为的。这是在新条件下以满足作为地铁站出入口、展览馆和新风景点等多种功能要求的一种创造性工作。

以上两例说明：1. 这种新建的风景建筑点，不是一律复旧，而是在对历史环境与现实要求加以研究后的新创作，足见即使在有研究的基础上有选择地进行一点复旧，也不是绝对不允许。2. 这种在旧基础上的“新建设”，我们应当是有选择地、审慎地进行。这不等于提倡到处都大兴复旧建筑之风，更不等于提倡到处捕风捉影地搞宋式、明式一条街之类。例如本人就不主张在颐和园后山对苏州街进行恢复，尽管工程在进行中，也有人对此赞赏，至今我仍然认为这笔资金如用在对颐和园西部和南湖的整理展扩更为恰当，以缓解万寿山一带超载的游人，拯救因过度拥挤对风景文物建筑环境的破坏。

利用原有基础加以开拓，国外的例子也很多。由于世界航运事业的衰退和技术的更新，许多港口城市的港口多已衰退。办法之一是改作他用，如发展旅游区与居住区等，途径不一，如伦敦泰晤士河下游码头区、利物浦旧港、旧金山密深港区的改建，华盛顿邻近港口城市巴尔的摩的港口更新，等等，都是在原基础上做新的开发。我曾去过这些地区参观，在已经改建完成的地区，例如利物浦、巴尔的摩等，利用旧建筑作为博物馆，增加港湾历史风俗民情、旧船舶的陈列，增添新的水族馆建筑，建设商店餐馆旅馆，等等，使旧有特色得到保存和强化，新的功能在发展，已经也必将为城市带来新的繁荣并构成城市新的特色。

三、借鉴外来，发展自己

一个时代的城市有其时代的特色，常常也有其时代的局限。以河道城市为例。中国传统的河道城市有它特有的魅力：第一，它能利用自然山水等构成特有的风光；第二，它能利用人工建筑物如宝塔、寺院等点缀河道，并强化各地的特色；第三，它的临水建筑如河房、桥梁、市肆等也构成独有的东方风情，就像江苏角直这样的小镇，历史上也有八景、十景之类，可见一斑。从某些留存较为完整的江南水网城市，或从一些历史图画如《姑苏繁华图》《南巡盛典图》中，都可以见到当时的盛况。

但对比西方河道城市，它又有相当的不足，主要在于这些城市的封闭性和构图的程式化。这反映在：一、有些城市虽临江河，却背水而建，并未形成临水的商业街（如沙市、樊城）；二、有些城市虽沿河而立，但它的河房景观主要是小尺度的，对比西方城市如威尼斯那样开阔的临水空间，其空间的封闭性立见（像南京的夫子庙这样，空间稍开阔、内容丰富的临水广场，并不多见，但其开阔感仍逊于西方有些城市）；三、我国更没有西方城市那种沿江大道和重视建筑物的立面景观的传统。至于像塞纳河、泰晤士河沿河那些建筑的千姿百态，可以说绝无仅有了。这种现象的形成，自有内在深层结构的因素。我国只是在近代城市兴起后，才出现像上海外滩、武汉或广州的江面景观。但是影响所及，使得中国城市建设至今并不普遍重视塑造城市的临水景观的艺术，甚至有些新的建设竟还把原有的良好的临河、临海景观妄加破坏。如广州白天鹅宾馆建设中，其汽车引道破坏了沙面的优美景观。此外，其他临水城市都可以找到"败笔"，这是很可惜的。

上面仅以我国水道城市的特色与其局限性为例，说明特色的追求既要发掘、继承我国、地区、城市的原有传统，但也不能故步自封，必须开阔眼界，广泛地借鉴世界精华，结合当地具体情况进行创造。

再以广州为例。明清时代的广州在城市形态上是颇具特色的，它有我国城市的某些基本特点，背山（白云山）面水（珠江），有镇海楼依山而立，有"六脉"（六条排水道）依地势而下。城市虽然随着珠江河道的变迁，逐步向南展拓，但就是没有临江的市街建筑群，这种情况直到近代对外贸易中兴起"十三行"才有新的发展。但是由于相当长时期以来政治社会的动荡，并没有高明的规划促使形成出色的商业街和沿江大道，直到20世纪50年代，沿江才开始做了一些整顿，但像珠海广场，虽已基本建成，其建筑整体性与艺术特色总感不足（这是可以进一步提高的）。近些年来，广州由于不断向东南发展，并且有总体规划作为发展依据，天河新区在建设中，其总体布局有一定的规划，但着眼于全城的整体的艺术骨架构思看来还未形成（当然它的形成需要时间和财力）。例如，将白云山珠江旧城（一些重点建筑）

及新区作为整体考虑，纳山峦、水湾、岛屿、林荫道路建设与古今重点建筑群于一体的综合的构思，尚有待开展。现在城市在急剧发展中，这项工作就更显得迫切，对于这类构图的设计研究，一方面要努力从遗产中，特别是从广州本身的艺术构图规律中探求，但还宜广泛研究滨河城市建筑艺术的规律及一些可以借鉴的技巧。这种借鉴与城市特色的形成并无抵触。19 世纪彼得格勒（今圣彼得堡）、慕尼黑、柏林、华盛顿等均曾受巴洛克时期巴黎城市建筑规划结构的影响，但这些城市仍然风貌各异，有着各自的规划布局、建筑设计、园林设计、城市建筑小品的组合等，各行其是，各有妙造。"他山之石，可以攻玉"，建筑文化也需要借鉴外来，启发自己，在比较研究中，知己知彼，以别人之长，补己之不足，有利于在原有的基础上进行新的塑造，构成新的特色。

从绍兴城的发展看历史上环境的创造与传统的环境观念[①]

环境设计讨论会，既以兰亭为名，试从兰亭及其所在地绍兴说起。

兰亭佳话为什么能千古流传，至今仍葆其艺术魅力，首先当然是王羲之的书法与文章，传为绝代佳作[②]，但当时盛会的参加者“群贤毕至，少长咸集”“欣于所遇”，聚会的所在地“崇山峻岭，茂林修竹”，又有“清流激湍，映带左右”，这样一个极为幽美的风景环境，对作者创作豪情的激发，必然起了很大作用。即使今日“世殊事异”，兰亭已数易其地[③]，人们到了绍兴，即景生情，仍神往不已。

---

① 本文原来是应建筑界热心人士倡议为召开“兰亭会议”而写的，会议议题为“传统环境观与近代环境设计”。本文原题为《千载嘉会咏兰亭——传统环境观与近代环境设计的探索》，后因会议暂行延期，先行发表第一部分。

② 《兰亭序》有真伪之辩。史已有之，60年代更有过广泛的论辩，见《兰亭论辩》。但对本兰亭序的艺术价值，从无争论。

③ 现在的兰亭，已非晋代兰亭，《水经注》“湖南有天柱山，湖口有亭，号曰兰亭，亦曰兰上里，太守王羲之、谢安兄弟，数往造焉。吴郡太守谢勖，封兰亭侯，盖取此亭以为封号也。太守王廙之移亭在水中，晋司空何无忌之临郡也，起亭于山椒，极高尽眺矣。亭宇虽坏，基陛尚存”。北宋著作中，兰亭已经在山阴天章寺。元末战乱中毁，明嘉靖二十七年（公元1548年）又在原天章寺以北择地重建。现在兰亭即这次重建并多次修葺的。（参见《绍兴史话》）

我并不赞成研究问题先从定义出发，但对兰亭所在环境的分析与引申，或有助于说明一些概念。

首先，简单来说，所谓环境，是指环绕着人或事物的一定的空间范围。它说明了环境是因人而创造的，这一点早在唐代柳宗元就说得很精辟："兰亭也，不遭右军，则清湍修竹，芜没于空山矣。"[①] 就是说如果没有以王羲之为代表的文人的活动，幽美的风景环境未必为人所知；其次，人活动于其中的任何空间范围内，总必有物，物各有形，于是构成这一地方之"景观""景象""境地"等等。西方称之为Physical environment，梁思成教授以其有体有形，故译为"体形环境"。体形环境有优美的，有不美的，甚至是很糟的。造成这种情况，有天然因素也有人为因素。兰亭在当时是极为幽美的环境，再加上特定的时间条件，"暮春之初""天朗气清，惠风和畅"，显得更为佳妙，因此就更能吸引人了。

环境为人们的活动提供了一定的物质条件（自然的和人工的），因此它包括"人"和"物"的因素，也存在着"人"与"物"的交互关系。在历史的长河中，一切都是变化的。用前人的比喻来说，人好比来往的"过客"，环境好比供人们活动的"旅舍"或"舞台"。但人们总还是根据当时条件努力建设好自己的环境，使它更适应当时的需要。兰亭如此，兰亭所在地绍兴，乃至一切城市环境均如此。本文试以绍兴地区为例对历史上环境的创造与传统环境观念加以探索。

---

① ［唐］柳宗元《邕州马退山茅亭记》。

一、在改造自然环境中创造人文环境

1. 环境是人在利用与改造自然中创造的

“大禹治水”，当非无稽的传说，应当看作古代人民与洪水搏斗的一曲凯歌。故事的中心人物大禹与绍兴似乎结了不解之缘，传说他两次来绍兴，并葬于此[①]，当不是偶然的。据考证，夏禹时代，除治洪水外，古人还注意恢复被严重破坏的森林，发展交通和交通工具（“随山刈木”，“陆行乘车，水行乘船，泥行乘橇，山行乘檋”）[②]等。这说明从古代起，这个地区从一片泽国，被逐步整治成了人们的栖息耕作之地。古人对环境的开拓是带有综合性的，尽管当时技术很原始，工作也未必自觉。

越王勾践时代，人们逐步开始从会稽山地迁入水土资源丰富的平原地区，这也是逐步开拓的结果。当时的绍兴，还是“西则迫江，东则薄海，水属苍天，下不知所止”[③]，比现在更为接近江海，水面更为浩阔。

东汉水利专家马臻于公元140年筑湖堤于稽北丘陵之间，汇三十六源水，而成有名的鉴湖，面积约206平方公里。鉴湖实际上是拥有一系列涵闸排灌设备的“平原水库”，它具有多种功能：排洪、供给内湖沟渠以灌溉用水，还可通舟楫、改善气候等等。鉴湖的水利工程继续完善，至南北朝孔令符“筑塘蓄水高丈余，田又高海丈余，

① 《越绝书》载禹来绍兴两次，一次为治水，一次为巡狩。
② 张钧成《史前林考》。
③ 《越绝书》。

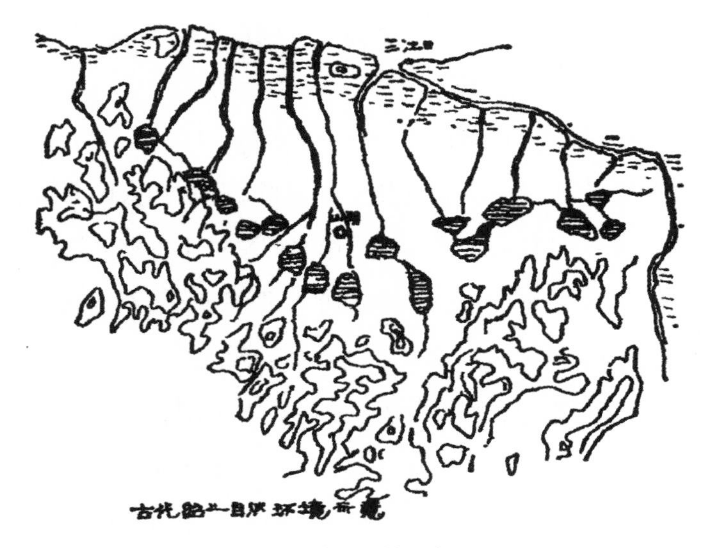

古代绍兴自然环境示意图

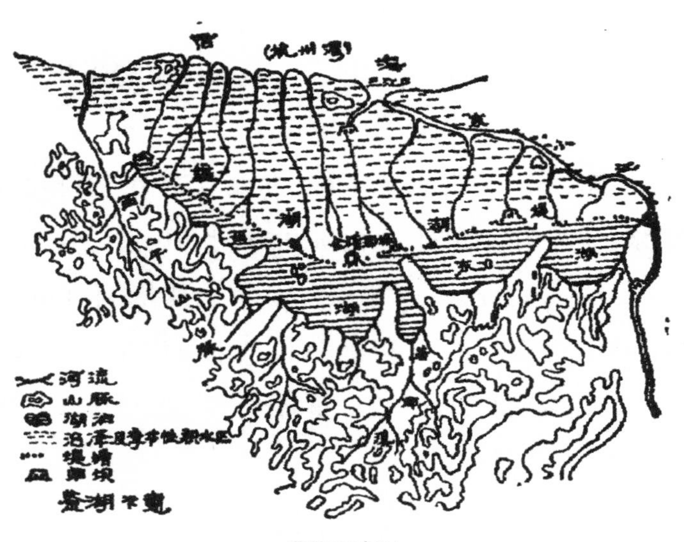

鉴湖示意图

若水少则泄湖灌田，如水多则闭湖泄田水中入海”（《会稽记》）。对于鉴湖的歌颂，史不绝书。有称“境绝利博，莫如鉴湖，有八百里之回环，灌九千顷之膏腴”①。说明当时对山水的整治，对环境的塑造已大大进了一步。

晋代疏凿运河，唐宋修建海塘工程，整治工作不断发展。宋代，鉴湖两岸人口渐增，开拓庄田，加上上游泥沙的沉积，湖面逐渐缩小淤废，以至相当一个时期内有复湖废湖之争。

明代汤绍恩在三江入海口修建水闸，即有名的三江应宿闸，使“旱潦有备，山、会、萧三县食水利者，数百年如一日”②。从此有了调节旱涝的水道系统，较过去鉴湖筑塘蓄水又前进一步。

延至20世纪70年代，由于海涂外涨，在闸外又修建了规模更为宏大的三江闸工程，提高了科学管理的程度。

人们不断地治理山河，兴修水利，发展经济，终于创造了良好的环境——这一简单的历史回顾说明，环境是逐步开拓、逐步完善起来的。

各个地区，有不同的矛盾、有不同的治理方法。在水乡泽国中，历来重排涝。绍兴地方志中称：“善治越者，以浚河为急。”这句话很中肯，到今天还是适用的。华北地区则普遍缺水，历史上常为找水而奋斗，例如，古代北京城的发展演变，就与寻找水源解决城市供水问题分不开。

---

① ［宋］王十朋《会稽三赋》。

② 《嘉庆山阴县志》卷四。

城乡环境的建设，仅仅是大环境建设的一个组成部分，并且是受后者支配的。历史上如此，今天也并不例外。

2. 山水的开发与人文环境

自然环境是人们在利用与改造自然中逐步演化改善的。人文环境也是在历史发展过程中逐步建设起来的。

历史上的绍兴并非从来就是人间天国。早期的绍兴并不富裕。战国时，把这一地区的土地列为“下下等”①；人民也不聪明，《管子》称：“越之水浊重而洎，故其民愚疾而垢。”《越绝书》甚至称：“越性脆且愚。”

后来，由于长期开发，这里才成为风景秀丽、物产丰富之地。特别是晋室南迁以后，更吸引各地名流学士来此，逐步形成了人文鼎盛的局面。《越中杂识》序中说：“守斯土者，皆辅相之才；生斯土者，多菁华之彦。”南宋政治家、诗人王十朋云：“故其俗妙尚风流而多翰墨之士……故其俗至今好吟咏而多风骚之才。”从越王勾践、南宋爱国诗人陆游，到明末的文人志士，再到近代革命烈士徐锡麟、秋瑾，杰出教育家蔡元培，思想家和大作家鲁迅等，历代的名人举不胜举。这里还曾被称为“报仇雪耻之乡”②。

王十朋的《会稽风俗赋》是篇洋洋洒洒的宏文。从绍兴地区的“其山”“其水”写到“其物”“其人”，热情歌颂历史上各方面有成就的代表人物，说明山—川—物—人是互为联系的：环境得到整治，资

① 《禹贡》转引自《绍兴史话》。

② 鲁迅曾引用明人语。

源得到开发，生活得到改善，必然促进文化的发展、人才的涌现，这应是环境开拓的完整含义。一言以蔽之：人改造了环境，而环境改造了人。祖国东南一角的这种昌盛局面，是千百年来劳动人民流血流汗、长期奋斗、自强不息的结果，当然全国各地无不如此。此或可称之为“环境开拓观”。

二、自然空间与人为空间的结合

城市是自然环境的产物，而自然环境又常有赖于人为的加工，在中国各地区、各城市都有其独特的自然风光为人所乐道。我以为绍兴之美首先在其山水环境，其次在城市河网，下面试作分析。

1. 会稽山水　越国锦绣

会稽山水第一当推鉴湖（古时又称镜湖）风光。

一般谈湖山之美，每每首推西湖，其实西湖的开发，当在唐宋以后，而鉴湖的成名更早。明代袁宏道对鉴湖的“历史地位”说得更明确：“钱塘艳若花，山阴芊如草。六朝以上人，不闻西湖好。平生王献之，酷爱山阴道。彼此俱清奇，输他得名早。”

历史上歌颂鉴湖之诗文很多，如王羲之谓：“山阴道上行，如在镜中游。”王献之：“从山阴道上行，山川自相映发，使人应接不暇。若秋冬之际，尤难为怀。”李白诗：“镜湖三百里，菡萏发荷花。”陆放翁诗：“千金不须买图画，听我长歌歌镜湖。”这些都已成为人所传诵的名句。

自鉴湖废后，这些歌颂大多不免成为历史陈迹了。但现在鉴湖仍伸延百里，湖塘、贝西湖、白塔洋等处水面仍很宽阔。我曾放舟于鉴湖之上，归来正值夕阳西下，看山光水色的空濛境界、水乡泽国的田园景色，对前人诗情画意稍有所体会。深信开拓绍兴风景资源，整理湖面仍有潜力。

鉴湖风光，可谓绍兴地区风景之第一特色。

绍兴地区，有山有水，所谓"千岩竞秀，万壑争流，草木蒙茏其上，若云兴霞蔚"[①]，说明虽无大山巨川，但环境尺度宜人，景色开朗淡雅，大地植被茂盛，此可为绍兴风景的第二特色。

这个地区的村舍与自然是浑然一体的，此为绍兴风景之第三特色。堤岸、纤道、虹桥、水上人家与村镇小集组成了天然图画，建筑群中粉墙、黑瓦，原色或深紫色木构的廊檐着色等都朴素淡冶，与自然环境十分协调。陆放翁《柯山道上》诗"道路如绳直，郊园似砥平。山为翠螺踊，桥作彩虹明"，精辟道出了经过人为加工后的这个地区郊野的开阔景色。我觉得没有这种村野景色，绍兴城的美也会失去凭借。不深入琢磨该地区的郊野与村镇景色，就难于全面地理解绍兴城的建筑艺术。

2. 水网城市别具一格

绍兴城始建于越，史载范蠡"观天文""法紫宫""筑小城"，"观

---

① ［明］袁宏道《越中杂记》。

天文”“法紫宫”大致是“辨方正位”，意思即进行有规划的建设。中国历代城市规划，能在较大范围内把城池与山川统一考虑，把生活与安全要求予以兼顾，即所谓“相地度形”，这是难能可贵的。绍兴城选在平原与山区交接处，靠山近水，而无旱涝之忧，这是中国传统的

绍兴府城衢路图

经验,《管子·乘马篇》已有明确总结,毋庸多说了。范蠡所筑的“小城”,有说即种山(今日府山),城形“一圆三方”,是根据地形进行规划建设的结果。当时城南一百多步就是湖泊,说明该地区的大部分还是泽国。后来城市逐步改造、扩展,把塔山、蕺山也包括了进来。一些较大的纵横河道也留在城内。城内的天然河道加上人工的填掘整理,成为水网系统,构成城市的要素之一。它是城市的命脉,为商业、手工业提供了方便的运输条件,有利于城乡联系和物资交流,内外河运本身还有改善小气候、利于防火、丰富城市景观等多种作用。

河道与街道的关系是多种多样的。绍兴主要干河从南门循南北方向直通北面的大江桥(与此平行的府山还有一条较短的河流),其余多为与此垂直相交的河流,东西向的河道随处皆是,船只可无所不往,有一河一街之称,真是“河道贯城乡,水巷通家门”。桥梁是作为水陆双重交通系统的立体交叉。

将河道与“鱼骨式”(西方称 Spine form)街道系统相结合,是南方水网地区规划的一种有创造意义的形式。最出色的当然是《宋平江图》所显示的规划,绍兴也与此大体相似。这种模式所形成的“矩形街坊”,能在有限的街道与河道两旁安排最多的人家,而中国住宅建筑群的“合院系统”[①],也利于住宅的纵深发展,不仅有效地利用了室外空间,冬季争取更多的阳光,还适应南北的季候风的流通。炎夏微风入室,更为清凉。这种把河道—街道—街坊划分与建筑群的结合作

① 中国院落建筑,不一定皆为四合院,也有三合院等,故称之合院系统,此用王镇华《中国建筑备忘录》之说。

为系统设计来处理，可视为建筑与环境设计密切结合的佳例。并且，建筑物的平面也是结合特定的河巷条件而变化。例如，往往将厅堂商店的店面面向街道，而将厨房仓库等这类服务性房间面向河道，砌有石阶可下河取水或用船运送货物，类似西方近代城市规划中的生活性入口与服务性入口的组织安排，等等。

水网城市的这种规划结构，功能上是合理的、科学的，在形态上

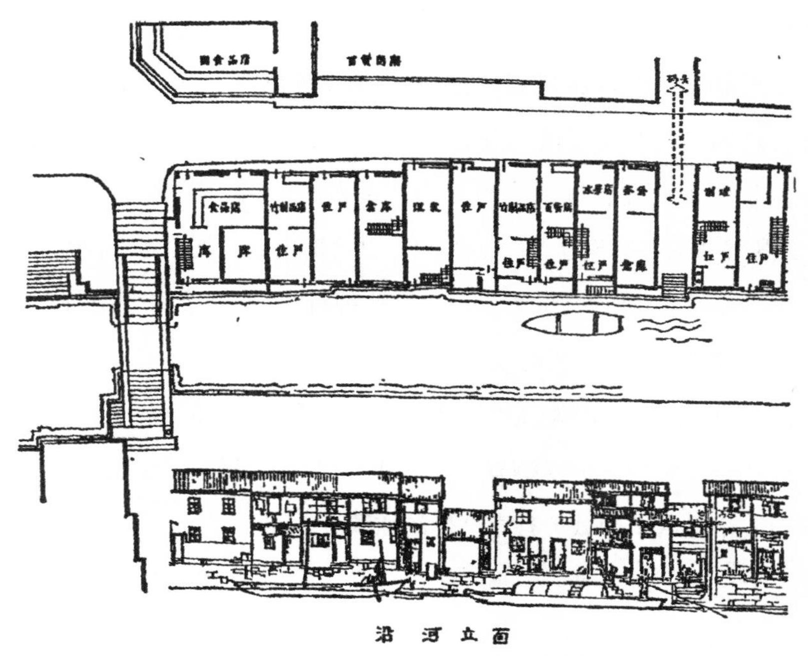

小江桥商业街一带建筑群（赵炳时、陈保荣调查绘制）

也是隽美的，昔人赞为“郡城河道，错落图画”[①]，“瑰奇市井，佳丽闤阓”，“三山百户巷盘曲，百桥千街水纵横”，颇道出了绍兴水网城市的建筑艺术特色。有人称江南水乡城镇是“水的建筑文化”[②]，将江南水网地理特点创造性地构成城市规划与建筑体系，形成特殊风格，这个提法是耐人玩味的。“东西南北桥相望”，桥渠交会处是人们的活动集中点，也是城市构图的重点（Focal Point）所在，在这里有时不仅集中了一些商店、茶楼、酒肆等，而且连码头的修筑、贮水池的建设，也往往与桥梁结合起来。绍兴全市有三千五百多座石桥，桥梁本身的布局造型，更是因地制宜，或古朴，或秀巧，俨然是城市建筑石雕群，是造型精美的工艺品。

绍兴不仅河道美丽，在历史上其街道设计也颇出色。明代地方官南大吉任内，曾在街巷设立石牌华表。牌坊有四柱，中二柱在街心，边上两柱跨街西北，以此作为相当于现在的所谓“红线”或“建筑线”，既有“取缔违章建筑”的作用，更为街道景观增添了空间层次，赢得了“天下绍兴街”[③]的赞语。可惜这种石牌等现在已不存在了，但从《平江府图》上所看到的“坊门”和我国一些老城市中存在的坊门、牌坊之类可以推想当时能赢得这种赞美也不是没有根据的。

元代伟大戏剧家关汉卿有一首散曲，描写的虽然是杭州，但可以看作对整个地区水网城市有声有色的歌颂：

① 《康熙府志》。

② 尚廓．创造更新更美的江南水乡城镇风貌．建筑学报，1983（12）．

③ 《绍兴志》。

百十里街衢整齐，万余家楼阁参差，并无半答儿闲田地，松轩竹径，药圃花蹊，茶园稻陌，竹坞梅溪，一陀儿一句诗题，一步儿一扇屏帏……

家家掩映渠流水，楼阁峥嵘出翠微，遥望西湖暮山势，看了这壁，觑了那壁，纵有丹青下不得笔。[①]

这段描写，“一陀儿一句诗题，一步儿一扇屏帏”“看了这壁，觑了那壁”，用了多么生动的文学语言，道出了这些城市多姿多彩的动态景观。

以上对绍兴山水与绍兴城的布局及形态特点的分析，说明自然环境与人为环境的结合，也是多层次的，互为穿插的，山水风景陪衬着城市，城市中又有自然风景。绍兴城内有三山，有河池，有园林，三山之上园林之内又有建筑，建筑小院又有咫尺园林，河边有街市。从街道与房屋天井中又能看到三山河川的风景，所谓“不出城廓而获山水之怡，身居闹市而有林泉之致”。人工空间与自然空间的交替，多层次的景观变化，在绍兴发挥得淋漓尽致，而这些正是构成中国城市的环境特色之一。

中国对自然环境与人工环境的认识较早，魏晋以后即有意识地进行造园活动。中国传统造园活动对自然的态度，不是征服，而是略施“人意”，“妙造自然”，寓诗情、画意、哲理于山石林泉和咫尺小院之间。着力少而趣味多，形简朴而意无穷，此姑称之为“环境之自然观”。

---

① ［元］关汉卿【南吕】《一枝花·杭州景》。

三、文物环境——民族文化的结晶

中国是有几千年文化传统的国家。在地方志书中，建城经过、风土人物、古迹名胜、建设经验等，无不一一备录。绍兴地区也不例外。

1. 名胜遗迹——人民的赞歌

《富阳县志》中有这样几句话，我认为很有道理：

"古迹以人传地，盖古人虽往，而流风余韵照耀千秋，偶举一端，足令闻者兴起，重其人，非重其迹也，若夫其人不足系人思迹，虽古奚取哉。"

我再一次来到禹陵、兰亭等古迹胜地，感到虽是在参观文物建筑，但却似在翻读一本中国文化史、建筑史的生动图像实录。仿佛看到各时代的历史人物（集体的、个人的）在环境形成过程中的作用。他们的伟大抱负和个性品格，常常赋予环境以不同的风格和特点，并留下了历史的"沉积"和时间的"斑痕"（Patina of Time）。禹庙及禹陵，顾名思义，当然是为了纪念大禹。但在绍兴地区这样隆重地纪念大禹这一伟大人物，却有着更深的含义。他们不仅是对艰苦奋斗战胜自然灾害的"大禹精神"的讴歌，也是对地区开拓者由衷的崇敬。一般说来，在中国的建筑活动中，为了纪念人们景仰的人物所建立的庙宇等，"礼制"的意义往往越过了宗教的意义[①]，而这类建筑也多具有象征主义的构思。禹庙的布局特点，在于利用地势。修长的前院，高起的建筑物的台基，加强了建筑物的纪念性意义，以更好烘托被礼拜者的崇

① 见《华夏意匠》。

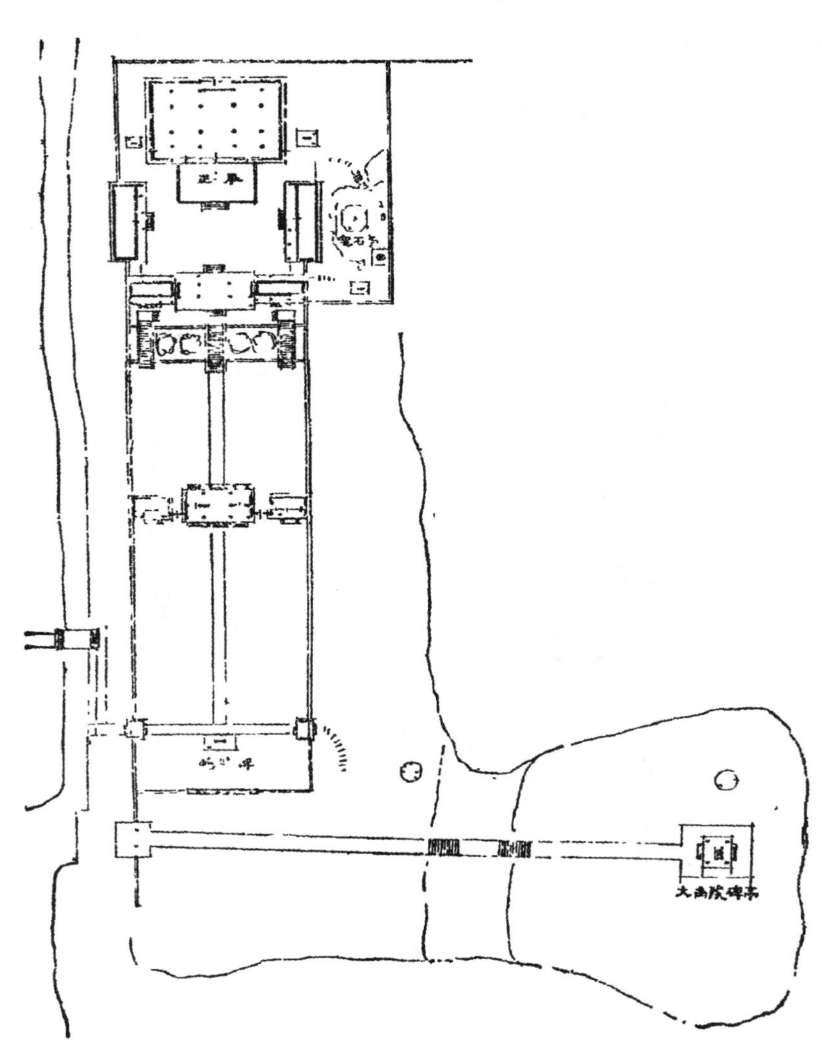

禹庙及禹陵平面图

高形象。其中的“窆石”“岣嵝碑文”等一些附属建筑物，学者们的考证与解释虽未必为一般参观者所理解，却增强了所在地区的悠远时代感和历史真实感，大大提高了这座建筑群的象征意义和历史价值。

兰亭平面图

绍兴关于王羲之的遗迹甚多。兰亭、右军故宅（戒珠寺）、墨池、鹅池、题扇桥、躲婆弄等，不少传说引人入胜，其中最重要的当然还是兰亭。

历史上的兰亭，显然因鉴湖的废去而不可考，现在的建筑也非天章寺旁的遗迹，实已数易其地。这里不去一一考证了。历史上对现在的兰亭也有过不同看法，如明代文学家袁宏道就有过这样的评论：

“兰亭殊寂寞，盖古兰亭依山依涧，涧参环诘曲，流觞之地，莫妙于此，今乃择平地砌小渠为之，俗儒之不解事如此哉。”[①]

我认为袁宏道的评论是对的。他是就今兰亭的选地、具体设计已失去古兰亭的地理特征和环境风貌而言的。古代兰亭所在应该是一个自然风景区。尽管有兰亭等人工建筑物，但修禊活动曲水流觞所依据的就是其自然特色，而溪涧弯环，更是这风景区的精粹。在这一点上，明代形成的兰亭的规划设计（即现在的兰亭）可以说未得要领，袁宏道讥之为“俗儒不解事”，不是无道理的。

到了康熙、乾隆时，在此地借题发挥，又树碑又建亭，亭子的尺度是如此高大，与环境很不相协调。乾隆还亲临其地，赋诗题字，实际上是突出自己。这样使这个地方打上了“御批”的印记，从此结束了兰亭选址公案，再也无所争议了。这样一来，更冲淡了山林特征，纪念意义大于风景价值了。这个例子，恰恰说明了中国的许多风景名胜，其核心乃是对人的纪念。何况增加了皇帝的题记，后又经历了数百年的历史，那“新”的题记也成了“古”的文物，因此仍有可观者。

---

① ［明］袁宏道《越中杂记》。

另外，这个例子，也更说明了中国人对风景名胜的历史真实性似乎并不是很严肃认真的，往往是象征意义大于历史真实性，浪漫主义重于理性主义。但无论如何，如今经过修葺后的兰亭，当人们亲临其地时，仍能循此领悟一些魏晋风流，陶醉于美的欣赏，还是起了其他地方所不能起的作用。当然，对于这个风景区，是有条件在现有基础上进一步发展原有的山林特色的。

一般说来，中国传统建筑是缺乏个性的，例如历史上寺庙也常是舍宅为寺，宗教建筑与居住建筑不分。有人解释这是因为在中国历史上的任何阶段都没有发生过强烈追求个性的时代，这是可以讨论的议题[①]。但是，青藤书屋却是一个非常有个性的建筑。屋仅两间，小院横贴，绿水一片，青藤一株，漱石几块，瘦竹数竿，如此而已。但设计和布局十分出色。槛下水池不仅点缀庭园，在夏季可为书斋送来凉爽的空气。耐人寻味的是，石上的题字“砥柱中流”“天汉分源”以及书斋中匾额与联语“一尘不到”“洒翰斋”“几间东倒西歪屋，一个南腔北调人”，既道出主人的建筑观，更表现了主人——一个潦倒的文学家、书画家——徐文长的人生观。再看展出中的绘画题记“半生落魄已成翁，独立书斋啸晚风。笔底明珠无处卖，闲抛闲掷野藤中”，主人的才华、气质、烦恼，以及放浪不羁的性格都淋漓尽致地表现出来了，与建筑物融为一体了。今天，一个南腔北调人虽早已杳逝，几间东倒西歪屋犹存，从这里似仍散发出这位文学家、艺术家的精神与文采。这是建筑艺术的感人处。

---

① 见《华夏意匠》。

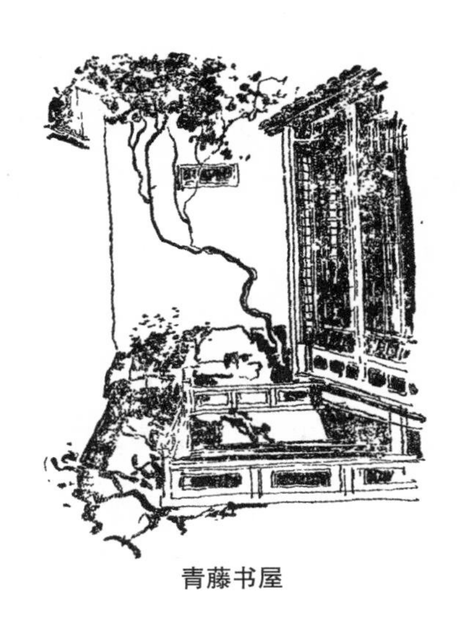

青藤书屋

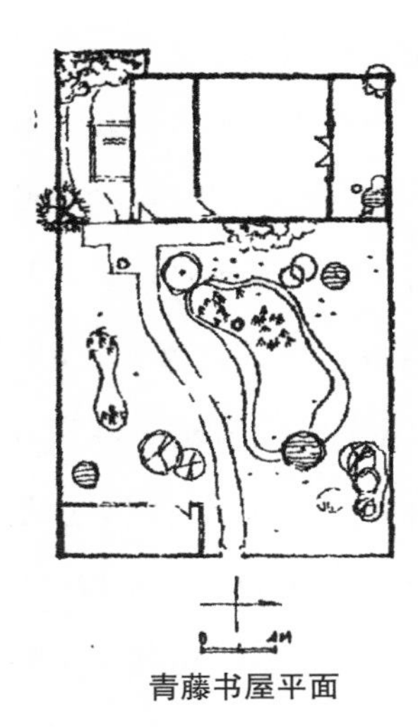

青藤书屋平面

青藤书屋之青藤已非原植（原有的传徐渭手植），但这似并不妨碍这一故居的价值（这也与兰亭有类似处）。这是“托物怀古”，托物者，借物发挥也；怀古者，怀其人其事也。一个地方的山水环境、文物建筑、古典园林、绘画雕刻、工艺美术，甚至一块匾额、一方砚石，多少都能给人以遐思联想，因此有物可托，与原物无存、遗迹荡然大不一样。这些遗迹是历史文化的延续，民族气质与精神的表现，城市的历史标志。它们赋予城市以辉煌神采。这是文物保护意义之所在。

2. 乡土文化与地方特色

每一地区都有自己地区的文化。这一点在建筑艺术上也有所反映。就以绍兴与苏州来说：（1）建城时间相近（吴越古城始建于公元前490年，苏州城建于公元前514年）；（2）建城的历史人物的指导思想也很相近（吴越有范蠡“观天文”“法紫微”，苏州有伍子胥“相土尝水”“以观天象”）；（3）城市的大发展时期也大体一致（南宋时期都有过大发展，平江府一度拟作为临时首都但未实现，绍兴则有短暂的时期做过临时首都）；（4）城市形态上都属水网城市，也大致相同，并且附近都有湖泊（苏州有太湖，绍兴有鉴湖）；等等。

尽管如此，苏州与绍兴还是很不一样。历史上苏州较为繁华，绍兴则较朴实；布局上苏州较严整，绍兴较灵活，苏州城内只是平地，绍兴城内却有三山；苏州尺度较大，绍兴尺度稍小；苏州水网呈方格形而较密，绍兴则呈鱼骨形而较疏。

即使在同样的有山有水的江南水网城市中，例如绍兴与常熟，虽同样都有山有河，并且很巧合都有七条河道，同有“七弦水”之名[①]，但尽管如此，只要到过这两个城市的人，就知道两者不但毫不雷同，而且迥然异趣。

绍兴与杭州相距仅60多公里，各自所依凭的鉴湖与西湖，历史上均各负盛名，但风格也很不同。袁宏道游记中说：“余尝评西湖，如宋人画；山阴山水，如元人画。花鸟人物，细入毫发，淡浓远近，色色臻妙，此西湖之山水也。人或无目，树或无枝，山或无毛，水或无波，隐隐约约，远意若生，此山阴之山水也。”这个中肯的评论说明湖山风光也大异其趣。

此外，绍兴还有几处别具特色的文物环境很值得一提。

---

① 绍兴：“盖城中有河七，昔人称为七弦水。”（［清］悔堂老人《越中杂识》）常熟：“七溪流水皆通海。”（［明］沈玄《过海虞》）

一般说来，建筑取材，挖土开山，一向是对大自然无限止的夺取，年长日久，造成生态景观等被破坏，这种例子不胜枚举。但在绍兴却喜见到几个少有的例外：

东湖风景区，因常年采石而形成。石材采取后，下有深潭，中有洞穴，上覆山石，形成美妙的湖山风景，景区虽不大，但别有洞天。郭沫若诗云“大舟入洞，坐井观天，勿谓湖小，天在其中”，真耐人寻味。

石佛寺山（羊山）与柯岩等，也是由于历代长年累月采石（柯山有谓从晋代开始即采石）而留下的产物。终于出现了以石山为背景的巨大佛像（“柯山佛像高五丈余，上有华盖覆之”[①]），既利用了石材的物质财富，又创造了风景，并雕琢成艺术作品，真是一举数得，为绍兴增色不少。中华民族应当以世世代代拥有如此之多的无名艺术家与艺术创作而自豪！

中国是多民族的国家，也是幅员广大的国家，民族的、地方的文化积淀是极为厚重的。它们各具特色，但特色也是相比较而言。居住在这一环境日久的人，对司空见惯的事物，或许已经无新鲜感了，并不一定意识到特色之所在和可贵处，但从中国文化的整体而言，却应当发挥这种特色，没有地方特色之美，就失去中国文化的博大。明眼的建筑师要有意识地发掘这些特色，研究这些特色，宣传这些特色，发展这些特色。要做到这一点，还必须不断丰富自己的学识，并发挥创造精神，当然这并不是轻而易举的事。

---

① ［清］悔堂老人《越中杂识》。

以上为中国环境设计之“文化观”。

四、中国传统环境设计的整体观念

绍兴城表现了中国封建城市的一般特征：从单座建筑到总体规划间一直保持着一种严密的组织结构。这种严密的组织结构的形成首先在于从规划布局时就平行地考虑了城市设计的多种因素，从城市的选点、交通系统的组织到衙署寺庙等重要建筑的布点、街市的分段、桥梁的安排等，综合予以考虑。大的框架，格局严谨；建筑细节，随机变化。经过历史上长时期的调整，形成以建筑为词汇连缀成的实用、经济、美观相统一的大块文章。

这里试谈三个问题：

1. 多层次的空间观

中国文学对建筑物的描写，习惯于多从环境描述起，而环境更从周围的山川写起，著名的如《滕王阁序》《岳阳楼记》《醉翁亭记》等如此，王十朋描写绍兴的《会稽三赋》也是如此，其中《醉翁亭记》颇为典型。试加分析如下：

“环滁皆山也”——第一层次；

“其西南诸峰，林壑尤美，望之蔚然而深秀者，琅琊也”——第二层次；

“山行六七里，渐闻水声潺潺而泻出于两峰之间者，酿泉也”——

第三层次；

“峰回路转，有亭翼然临于泉上者，醉翁亭也”——第四层次……

描写风景由远及近，由写风景而转入写建筑，由建筑转入建造者与山水环境的主人——“醉翁”与宾客等，层次分明，主题明确。

这种“层次观”，也反映在中国传统城市地图的表现方法上。例如著名的《平江府图》，就把周围的山川示意性地表示出来，使人了解环境情况，了解城市与周围的关系。

这种层次观也反映在建筑群绘画的表现方法上，如《绍兴府志》上的“王右军祠图”，就具有很强的说明性、层次性，它表达了：

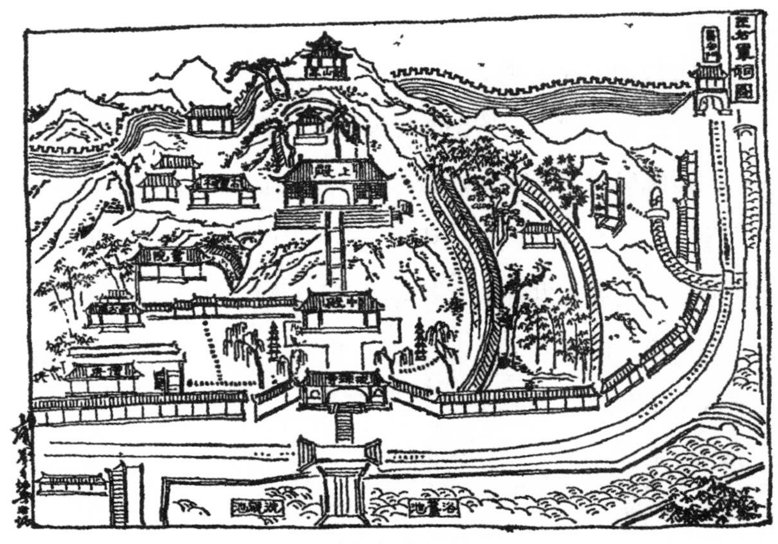

王右军祠图

（1）山水与城郭的关系：山形错落，城郭弯环，交代清楚；

（2）建筑物的布局：山上山下，高低前后，院落层次明确；

（3）重要文物遗迹保存：如鹅池、墨池标明位置；

（4）树木的配置：不同树形反映植物配置设计；

（5）附属小建筑物点缀，如经幢、桥梁安排等。

以上例子，我认为不能仅仅视为文章作法或地图绘制方法而已，在它的背后反映了中国传统的多层次的空间组合观、自然与人工建筑的层次观。空间层次也多种多样，有平面远近层次，有空间高低层次，古人云："登山临下，幽然深远。"说明中国传统是特别重视高低层次的。中国建筑的特点，在于设计者具有整体概念，能宏观地、高屋建瓴地驾驭规划建筑园林设计的主要环节，并根据具体条件创造性地处理这种多层次的空间组合。

2. 不同层次的尺度观

多层次的空间观是与传统的尺度观相结合的。

中国传统风水学说中有所谓"势"与"形"之别。所谓"千尺为势""百尺为形"[①]，即讲求在不同的空间层次中要把握不同的尺度，控制不同的构图重点，也就是所谓审"势"与审"形"。

所谓审势，即在大范围中要讲求气势，把握住总体构图的完整性与协调性，轮廓的节奏，等等。

所谓审形，即在稍近一些的范围内（这里所谓"百尺"，不过是

---

① 出自郭璞《葬经》"占山之法"，"千尺为势，百尺为形，势与形顺者吉，逆者凶……"，转引自左川《长江中下游沿江城市历史发展初探》，清华大学硕士学位论文。

一个相对尺度）要求考虑具体的形象如建筑群或某些建筑物的较为具体的造型构思或处理等。在更近范围内，则要考虑单幢建筑的位置、造型甚至重要的细节。势与形要互相协调，使彼此都能得体。

绍兴城城市设计的成就，在于它既有整体的气势（如三山之因借，宝塔与重点建筑物所形成的轮廓线，以至河流之曲直等），又讲求各建筑物造型的严整与变化。因此远处整体天成，近观丰富变化，不一而足。当然传统的尺度观内容很多，这里不能一一阐述，以上所举“势”与“形”的理论的可贵处在于它提出了在不同空间范围中如何从宏观、近观与微观的角度掌握尺度的要领与原则。

3. 基本空间单位的艺术观

中国建筑的平面组织多为“合院体系”，大到堂庙，小到民居院落，都以不同形式、不同大小的“合院”，作为建筑群的基本空间单位。

这种院落经营得体，则别具意匠。青藤书屋的院落设计，前面已有分析。下面引郑板桥的一段题记，作为前述合院建筑（包括青藤书屋）的一个绝好诠译：“十笏茅斋，一方天井，修竹数竿，石笋数尺，其地无多，其费亦无多也。而风中雨中有声，日中月中有影，诗中酒中有情，闲中闷中有伴，非唯我爱竹石，而竹石亦爱我也。彼千金万金造园亭，或游宦四方，终其身不能归享。而吾辈欲游名山大川，又一时不得即往，何如一室小景，有情有味，历久弥新乎！筹此画构此境，何难？敛之则退藏于密，亦复放之可弥六合也。”[1]

---

① 《郑板桥集·竹石》。

咫尺空间，竟是大千世界！

如果说中国城市设计构成了一幅宏大的“画卷”，观赏者可以连续不断地看到运动中的变化景象。这是经过规划的自觉设计与随着生活不断“茁长”中“不自觉设计”的结合，是理性主义和浪漫主义巧妙结合的结果。绍兴正是这样的佳例。中国天南海北大小城市中，不乏这种佳例。

以上为中国环境设计之“整体观”。

环境的“开拓观”“文化观”“自然观”“整体观”等，这本来是为方便说明问题而加以划分的，其实彼此是相互联系的、统一的，都是作为环境设计创作的理论组成部分而立论，以设计创作为归宿的。

中国城市设计体系是在长时期的封建社会缓慢的进展中逐渐形成的。它基于统一的社会经济制度，传统的建设经验与技术规范，比较完整的哲学思想体系，并且通过各时代的积累，由此产生完整的建筑观及统一的建筑体系与秩序。应当看到它既是中国建筑文化之精华，亦必然有其时代之局限性，在现实生活中如何利用传统，又如何创新等等，这些都是当代理论与实践工作者有待探索的课题，当另文述之。

附记：第一次调查时间为1979年12月，参加人有赵炳时、陈保荣同志；第二次调查时间为1984年7月，参加人左川同志，绍兴市规划局、文物局提供协助，阮仪三同志提供资料，一并致谢。

借名画之余晖　点江山之异彩

——济南“鹊华历史文化公园”刍议[①]

一、一份没有答完的卷子

2002年，我应山东省委、省政府领导之邀，参加关于济南城市总体规划的咨询讨论。这些年，济南有很大的发展，但我仍希望能够对济南未来的发展方向再进行一番思考，并提出一些有益的发展意见。特别就济南名城风貌带，能够提出保护与发展的设想。

济南是我的旧游地。1947年我曾去过，游览了几个名泉，并走访了老城的书店等，印象最深的就是大明湖了。说起大明湖，中学时代读清朝著名小说家刘鹗的《老残游记》，就引起了无限的向往：

> 到了铁公祠前（注：位于大明湖畔），朝南一望，只见对面千佛山上，梵宇僧楼，与那苍松翠柏，高下相间……仿佛宋人赵千里的一幅大画，做了一架数十里长的屏风。……低头看去，谁

① 本文原载于《中国园林杂志》2006年第1期。

知那明湖业已澄净得同镜子一般。那千佛山的倒影映在湖里，显得明明白白。那楼台树木，格外光彩，觉得比上头的一个千佛山还要好看，还要清楚。

后人将此景称作“佛山倒映”，为济南一大景观。时隔多年，又去了多次。这一次去了，又见大明湖，令我惊讶的是，湖边高楼破坏了原有的景致，湖顿然变小了，失去了旧日的光彩。

一代名城，那“四面荷花三面柳，一城山色半城湖”的大明湖难道就此衰落下去了吗？那从湖边遥望千佛山的风景，山的轮廓线也被高楼打破了。曾经以大明湖为中心而著称的济南城，又如何去规划呢？济南旧城内外盖了那么多房子，在护城河边即使要拆一条小巷，以目前百姓的生活和经济实力是不能允许的。高楼一时难拆，拆一点也无济于事，要大动干戈那更是不可想象的事。

百思不得其解，我只好另谋出路。想起了我的一位老学长方运承建筑师所说的，北方是华山，“齐烟九点”之一，可以在那里做些文章，于是就去踏勘。

元·赵孟頫《鹊华秋色图》

华山并不太高，但因周围一马平川，也显得很突出，山上植被相当葱茏，周边地区人烟不多，倒是大有文章可做的地方。归来又翻阅了一些文献，知道这地方过去还是一个旧日的名胜地，唐代李白、宋代曾巩，都有不少诗篇流传下来，难能可贵的是，元代的大书画家赵孟頫，更有一幅《鹊华秋色图》完整地流传下来，现存台北“故宫博物院”，这些都令我欣喜。在离开济南前的下午，我在规划局做了一番演讲，我想到唐长安大明宫，坐落于龙首原上，南望终南山的子午谷，形成了城市美妙的轴线；唐洛阳城的宫殿也正南面向龙门伊阙，恰恰也形成一条中轴线。现在能否做到，南依千佛山，北望黄河边的鹊、华二山，形成新的轴线呢？果然从此名画中就得到这一启发。未来济南将要发展成为一个带型城市，能否就以鹊、华二山作为“双阙”呢？这篇文章是大有可做的。可惜我只是做了一点畅想，勾画了一点图，存在济南规划设计院内，后来清华大学张杰教授带学生做了规划草案，就无下文了。我回北京后，也就未多过问了。

二、北京总体规划修编引发的思考：“四大公园”议

前两年一直在忙北京总体规划、发展战略规划和总规划修编的工作，有很多同志参加，于 2004 年底完成，而且已得到批准，据说还得到了温家宝总理的夸奖。

截至现在（注：指 2005 年底），规划已执行了将近一年，发展得怎样了解不多。担心的是，在新的“发展带”，各个区县发展的积极

性太高，原来希望北京能走出“同心圆”，能使北京旧城中心区疏解开来，以“众星捧月”；但现在倒很担心由于新的开发带发展意图过大，郊区农业地带、防护林等会被无情地蚕食。东边的温榆河、潮白河，虽有时无水，但河道风光仍在，现在却眼见这些风光日益遭受蚕食。曾几何时，批评中心城向外蔓延，然而今后新的发展区是否又会成为未来的“大饼”？所以在这种情况下，我一边关心新城的发展，一边也在关注旧城（中心大团）的保护和改造，依旧愁慵满腹。对城区的建设问题，虽然没有得到一定的结论，但大多问题已显山露水，具体的问题如何一一解决；另外，迫切的是要抢在开发商掠夺行动之前，把这里的大片绿地保留下来，这就是我提议在北京建设“四大公园”的初衷。其中也有学术理论问题，北京周边自然环境那么好，生态环境是非常理想的，北京大学一位教授还称赞过，北京生物多样性在世界都城中是名列前茅的。规划宜抢在发展之前，运用景观生态学的理论，在生态园林、郊区城乡融合等方面，做一些理论性和实践性的创举，对此我仍耿耿于怀，一直在思考当中。

三、又想起了济南——《鹊华秋色图》的魅力引发的遐想

于是又想起了济南。典藏在台北“故宫博物院”的《鹊华秋色图》，呈现了无限的魅力并引起人们不尽的遐思。在《鹊华秋色图》上有赵孟頫的一段题跋：“公谨父齐人也，余通守齐州，罢官归来，为公谨说齐之山川，独华不注最知名，见于《左传》，而其状又峻峭

特立，有足奇者，乃为作此图。其东则鹊山也。命之为《鹊华秋色图》。”公谨，为南宋文学家周密的字，祖上为齐人，常自署华不注山人，此画是赵孟頫专门为好友周密而作的。

这幅画是相当写实的，而且画得很有气势。鹊山位于黄河北岸，惜我未曾拜访。中西方的绘画历史是有所不同的，西方有雕版画（etching）传统，在铝版或铜版上作画因而不易流失，再加上古地图的印证，一些中世纪的城市面貌还能清楚可见。我国虽有《清明上河图》《姑苏繁华图》等写实主义的手卷，但为数不多，对环境有真实记录的更是非常罕见。

所以济南能有《鹊华秋色图》流传至今，实在是一份珍贵的历史遗产。鹊、华一带，曾是济南旧时的风景名胜地，是李白、曾巩的旧游地，他们的诗篇曾对此大加歌颂。自李白诗赞华不注山“兹山何俊秀，绿脆如芙蓉”之后，含苞未放的“绿芙蓉”便几乎成了众人心中的华山意象。赵孟頫曾在此地任职居住多年，留下了这幅珍贵的画卷，说明这里有过一时的繁荣，具有深厚的文化积淀。

所幸这一带地方仍然是空旷之地，没有因建设而遭到破坏，反而得到了“保护”，实为幸事。如果善为开发，还是有可能的，而且比较容易。如有时间，我很想对此图所画一带，包括华、鹊二山周边的风土人情做全面的调查，值得去做的工作仍有很多。

四、“北湖”开拓的契机

正在我浮想联翩之际，听到济南市规划局的王新文同志说，为提高小清河的防洪能力，要清挖北湖一带的湿地。我想如果实施，则可使北湖湿地开发起来，就可以再造一个新的湖面，姑且称之为“北湖”。后来查阅济南的地方文献，得知原来在鹊、华二山之间，本有鹊山、莲子湖，原是由泺水北流汇潴而成；到了宋金之际，刘豫开凿小清河疏导航运入海，鹊山湖逐渐干涸，只留沼泽、滩涂残迹。沧海桑田，如今新湖面的开拓，或可使昔日景观重现，历下八景之一的“鹊华烟雨”图景，有望日后再次成为济南的风景“绝胜之处”。

当然我并不是说新湖的开辟，就立刻比大明湖好，不见得。因为新景区的开拓需要时间的积累和涵养，同样也需要人文的积淀。我们不能固守原有的风景区，尤其当原有的景区遭到淹没或破坏时，正如大明湖失去了《老残游记》中所描述的光彩后，新的风景区就更需要开拓。我们现有的名胜风景区，都是前人陆续开拓、逐步充实的。

我们每到一地，有那么多的名胜古迹可游，是现代人享受前人的“余荫”，如济南周边的灵岩寺和泰山等，都是历代陆续雕凿的。而对于开拓新的景区，现在一般人都不太重视，如我们不随时代的发展，不给后人创造美好的环境遗产，很有可能会为后人谴责。因此，既然有新的可能性，并有历史的渊源，就应该及时抓住机会，并随着时间的发展来不断充实和丰富。何况“北湖”工程已靠近华山，一定要进行整体的考虑，不能坐失良机。

鹊华历史文化公园位置示意（吴良镛图，2005 年）

五、从“家家泉水，户户垂杨”到“城以山川湖泉胜”

小清河工程引起我进一步的玄想。能否把这一地段，至少是华、鹊二山，以及从二山之间穿流而过的黄河及其周边地段，建设成一个大面积的“历史文化公园”（也可用其他名称），总之是以保护自然而形成自然园林为目的。

大面积的公园在中国有悠久的历史传统，秦时的阿房宫、汉代的上林苑、唐代的禁苑、清代的三山五园，都是大面积的园林。园内还有大量的林地，村落也点缀其中，农户经营山林，怡然自得。于是联想到：

1. 这一地区如果能够作为大型园林加以统一考虑，则可以使整个济南地区有一个“T”形中心，一般人日常也可以到达公园的中心地带。

2. 这一中心在济南周边众多风景名胜之中，起到“众星拱月”的作用。

3. 待植树造林见成效后，有利于保护和改善生态环境。

对这一设想，可以大做文章，也能够改变现有的“开发”思路。发展并非一定要大兴土木，深挖池，搬迁老树，违反生态规律，这些所费不赀的行为，都是不适宜的。最近去了宁波东钱湖，那儿就是把风景区建设、自然环境改造、历史遗存保护、社办企业搬迁、农房改造，做了统一的规划，以我匆匆造访的印象来说，效果还是很好的。所以我认为不必大动干戈、各方面齐头并进企图把好事一天做完，而是先要做好规划，从长远着眼，逐步地建设发展。总的来讲，即全面地规划、建设，逐步发展，节约投资，不给政府和老百姓增加过多的负担，综合营造良好的环境，绝不走一般开发商的经营道路。一个科学的具有人文艺术魅力的规划布局，首先要把生态环境建设好，农民可以转业成维护这块大风景区的工人，村落仍旧保持山野情趣并反映新农村的风貌，如此，才有可能逐步成为一个令人向往的地方。

济南不仅有“家家泉水，户户垂杨”，而且更能“城以山川湖泉胜”，自然和人文的气势就更为宏阔了。

六、保护自然，改善生态

当前全国各地的城市建设轰轰烈烈，为何“千城一面”难以解决？一个重要的原因就是开发模式单一，有些城市的决策者以为有了标志性建筑就可创造特色，并且盖一些和别的城市不一样的建筑，就能制造特色，实际上多是抄袭外国的畸形怪胎，形式上好像多样，实际脱不了西方的窠臼。越追求特色，越丧失乡土本色，“千城一面”就更为严重了。

另外，无论居民还是开发商，仅仅把注意力集中在城市建设本身，尤其在中心区和商业用地上，以致城市越来越拥挤，交通堵塞，污染严重，生活不便，这又如何能谈得上是一个宜居的城市呢?

现在提出“鹊华历史文化公园”的建设，实际上是想另谋开发模式，另辟蹊径，目的在于保护自然、改造生态、发扬文化、重振河山，具有重要的意义。城市建设好，让原有的自然美景熠熠生辉，应该是造福千秋万代的大事情。

生活在城市里的人们，不必要舍近求远，趋之若鹜去追赶所谓的“黄金周”假日旅游，而是就近在城市中心就可以饱览美景胜地，在闲暇之际就可以尽情地享受自然，应该是很有意义的。大家都知道，北京的中心有三海，昆明有翠湖和滇池，武汉有东湖，经常有鸟类前来游憩，为城市增添了很多的生趣。我们参加天津发展战略规划时，就考虑到了天津城南北两片大湿地，要求严格保护，仅将贴近城区的一小部分有限度地向游人开放，其他还归自然。杜甫有诗云：“舍南舍北皆春水，但见群鸥日日来。”如果化用一下，变成“城南城北皆春水，但见群鸥日日来”，该是多么美妙的景象啊！

济南的北湖湿地逐渐建成之后，若有仙鹤、白鸥之类的鸟类来栖息，那“齐烟九点”各有风光，不用过分着力经营，也不要耗资亿万，则能够形成一个大的游憩空间，这对济南人民和全社会来说都是非常有益的。

七、筹建“鹊华秋色博物馆”，为济南城增添文化特色

《鹊华秋色图》不愧是一幅名画，画中景致也格外独特，鹊华二山，遥遥相对，山前山后，林木掩映，渔舟出没，疏朗有致，极具美感。所以待山川环境有所恢复之后，建议一方面可以名画为基础，以前人意境高远的诗句为主题，诸如“湖阔数十里，湖光摇碧山”[①]、“含笑凌倒景，欣然愿相从”[②]等，从事园林规划设计再创造，可作点睛之笔；另一方面，此画久负盛名，不妨在此筹建“鹊华秋色博物馆”，既可表达名作的历史，也可以将历代济南文化名人的诗词歌赋书画题记陈列于此，显示历城文化特色，作为济南文化名城的骄傲。好在以生态优先，建馆之事，可做长期筹备，不必急于求成。

近来全国的媒体上常出现“打造 ×× 名城”的说法，颇令人感到不习惯，城市能像一个金属器皿任人随心所欲地打造吗？比如济南的历史文化、风景艺术，李白、曾巩、赵孟頫早就做了卓越的描述与

① ［唐］李白《陪从祖济南太守泛鹊山湖三首》其二。

② ［唐］李白《昔我游齐都》。

创造，何况历史上还有杜甫、王安石、苏轼等无数名人逸事都与济南有渊源，正所谓“济南名士多”，如果作为博物馆内陈列的主题，一定会琳琅满目。当然，对此也要颇费一番踌躇和经营，何容什么“打造”。我们还是应该对历史文化传统着实下一番功夫，提炼其精华，发挥再创造精神，争取新时代的“文艺复兴”！

最后有几句感想，不妨存留于此：

借名画之余晖，
点江山之异彩。
谋城乡之统筹，
福百代之子孙。

寻找失去的东方城市设计传统

——一幅古地图所展示的中国城市设计艺术[①]

中国传统城镇的构成明显区别于西方城镇，有其独特的美学原则，可惜，学者们对此尚未予以系统的整理。对于乡土建筑的继承、发展与创造，从建筑本身进行研究固然很重要，但还应当有着眼于城市设计的考虑。本文试就笔者所珍藏的一幅清代福州图上所显示的建筑艺术布局谈起，进而对东方城市的美学原则以及有关的问题进行初步讨论。

一、福州城的山水环境与城市的建设经营

福州位于福建闽江流域的福州平原，西汉初（约公元前 202 年）闽越国建都冶城，是为建城之始；经过历代的经营发展，到这幅地图所标志的明清时代，已臻极盛。地图绘制于顺治十八年，即公元 1661

① 本文为作者于 1999 年 8 月 6 日在昆明海峡两岸座谈会上的发言。

年，从中我们可以看出城市布局的特色：

——对山的利用

福州城的首要特点是“城在山中，山中有城”。福州城群山环抱，东有文林山（亦称旗山），西有金鸡山（亦称鼓山），有“左旗右鼓”之谓；城市本身亦包罗了三山（玉屏山、于山、乌石山），构成掎角之势。这是福州城市空间的基本格局，也是城市景观的重要标志。

——对水面的利用

福州城集北来溪水，汇为东西二湖（旧称“二湖吞吐缭绕若带”），为风景旅游胜地（后东湖淤废，今仅存西湖）。并且，在城市建设的同时，进行水系整治，故该城能利用潮水涨落，直达闽江，有通川之便。

——重点建筑群的点缀

在南北朝时，福州城就开始建塔，并建设有大批寺院，其中特别要提出者，即在三山之上，有重点建筑群相点缀。东南于山上建有白塔，西南乌石山上建有乌石塔，它们成为南城的左右阙门，加之北面玉屏山上的镇海楼，三者确立了城市重点建筑群的基本格局，并丰富了城市的轮廓线。

——城墙城楼

中国古代城市是军事工程，随着时代的兴衰与城防的需要，城墙与“敌楼”被陆续添建而成。同时，它们也是点景建筑，是登高望远、极目骋怀的生活空间，是围合城镇建筑群的纽带。

——城市的中轴线

宋代福州城由闽县及侯官两县组成，以中轴线为界。在子城外，有一条隐约的中轴线，面向南门。在南门城楼外，有三尊石狮雕刻，直对九龙江外之五虎山，从风水说，喻三狮对五虎。中轴线道路旁建有廊屋，以适应福州多雨、夏多烈日的气候需要。

——“坊巷”的建设

宋代以前的里（坊）一般平面规整，围以墙，设门出入，福州城有名的“三坊七巷”仍保留宋代的格局，尚有儒门及一些完好的四合院。“天井里设遮阳的幔帐”，为户外遮阳活动之所，这构成南方建筑的特色。

——城市绿化

福州有广植榕树的传统，故称“榕城”，又有“醉吹横笛坐榕荫”“暑不张盖”之说。此外，城市绿化还有防洪抗旱之功用。

——近郊风景名胜

中国城市附近常有名山、古刹等，它们往往石壁嵯峨，古木参天，形成十分幽静的自然环境，成为城市近郊风景名胜。如位于鼓山的涌泉寺等佛教建筑，庄严雄伟，是群众休憩、娱乐的场所。

这些建筑结合自然条件的空间布局，堪称绝妙的城市设计创造，其与建筑艺术、工艺美术、古典园林，乃至摩崖题字的书法艺术等综而合一，是各种艺术之集锦，包含极为丰富的美学内涵，使城市倍增美丽。

二、福州城及其他城市形态的美学价值

中国古代建筑，无论官式建筑还是民间建筑，都有一定的“制度”，但最终还是形成了各类富有特色的地方建筑和千差万别的城市形态，其关键就在于杰出的城市设计布局。兹借福州城丰富的美学创造，进一步加以分析。

城市布局的美学格局源远流长，其形成发展有着复杂的政治、经济、社会、地理、文化背景。每个时代的政治、经济、社会背景不一，城市发展即是在此基础上顺应自然地理条件，因地制宜，逐步推进的。

在这种推进过程中，人工景观与自然景观逐步结合。如前述“镇海楼”，明初在越王山建，据风水家云：“会城四面群山环绕，唯正北一隅势稍缺，故以楼补之。”（《榕城考古略》）也就是说，以处理某幢重点建筑物来强化整个城市北部的山水—建筑构图。可见，人工景观与自然景观的结合是逐步取得的，是在不断变化中谋求完整而取得的，是“人工建筑”（architecture of man）与“自然建筑”（architecture of nature）逐步走向最佳结合的结果。

在城市发展过程中，上述“人工建筑”与“自然建筑”相结合的取得，在于遵循不断追求整体性或完整性的原则（creating the growing wholeness），逐步达到最佳结合。这是城市设计的一条重要原则，在福州城的历史发展过程中已经得到了明显的展示。

图中表现了于山白塔、乌石山石塔和南门，可看见空间布局之旧貌。
吴良镛 1988 年据 *China in Old Photographs,1860–1910* 绘。

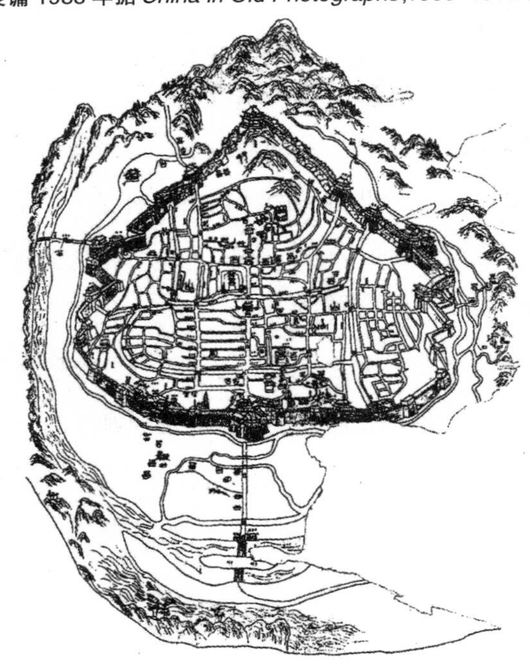

［清］福州城图（嘉庆二十二年）（吴良镛藏）

福州城这种经不断追求而取得的整体性或完整性是城市设计、建筑、园林规划建设综合的结果。从整个城市构图到大小不一的重点建筑群，可以说都是“三位一体”，做到了综合的创造。

从设计角度审视福州城的明显成就，其给人们的启发是在规划建设中要不断培养整体观念，既“整体创造”，着眼于建筑群的布局，以非凡的气势写“大块文章”，又谨慎从事，不轻易放过每一个细节。试看福州那山脉的奔腾蜿蜒与民居建筑生动的曲线是何等的统一。我们规划设计者能不从中得到启发而加以深思吗?

古福州城的城市设计成就还在于它是“没有城市设计者的城市设计”（urban design without designers），是世代隐姓埋名的匠师以其敏锐的目光和生活体验、在尊重前人创造的基础上增补而成的。城市本是逐步发展和添建的，这个过程也是设计思想逐步形成和完善的过程。古福州城是经闽越、汉、唐、宋、元、明、清，历时约2000年，赓续扩建而成的，由此足以看出，城市美也是从大地上“茁长”出来的，是在本土文化的培养浇灌下成长的，是在地方特有的历史地理条件下成长的，并且随着时代而变迁和逐步“有机更新”的结果。这是可持续发展的环境艺术，认识这一点，也有助于我们在一定程度上能动地掌握城市设计的创作规律。

在中国城市史中，不止一个福州城有此美学内涵，如江苏常熟借虞山、尚湖而形成的特有的城市构图，以及江苏镇江和浙江杭州等城市的构图，它们都是结合自然而形成各自独特的创造，各有不同的意境美。这在城市地方志所记录的文学作品中，以及已较少流传的城市图中有明显的记述。

三、在经济起飞过程中福州城丧失传统城市美的教训

经漫长的历史时期而成长起来的，足以称之为东方城市设计佳例之一的古福州城，为什么在经济起飞，向现代化城市迈进时，骤然失去了它原有的风采？难道是这种城市美没有存在的价值？难道它与现代化城市绝对不相容？

由于经济、社会、科学、技术等的发展变化，在现代城市化过程中，建设是这样局促，规模又如此之大，古老的福州市土地上不可能自发地长出一个现代化的福州来，这是毫无疑问的，否则，城市规划就没有存在的必要了。

但是，借口由于经济、社会、科学、技术的发展变化，城市生活内容的变化，人们价值观的变化，说如今的城市必然要失却原有古老城市美学的存在基础，这是不能成立的（至少在我们的同行中，有这种模糊的观念并不为怪）。欧洲有在古老的城市基础上，既保护了旧城又成功地发展起现代化新城市的例子。发展新的并不意味着就要砸烂旧的。那么，原因究竟何在呢？

其一是原有的城市美学没有得到足够的认识、宣传、发挥。用一般的价值观是不能去理解它的价值的，这不仅局限于一般人，甚至一些建筑师、规划师等专业工作者对城市缺乏历史的了解，在城市设计的训练中对此亦往往视而不见。

其二是文明现代城市规划建设并不完善，法制并不健全，没能对旧城的保护与发展给予足够的重视和有效的处理。为了保护历史文化名城，尽管有关当局、许多专家学者、热心人士都做了许多工作，在

一定程度上，也保护了一些文物，但是其理论是苍白的，措施是无力的，并且往往就事论事，着眼于个体建筑物，或把名城保护工作程式化，每每照搬照抄，缺乏根据每个城市特殊条件的各自的独造。对像福州城这样一个佳作缺乏必要的整体保护的规划措施，缺乏对整体环境的保护；并且往往是遭遇战，在全球经济背景下，在外商投资的吸引力和许多决策者的压力下，在舆论未能充分发挥其应有的作用时，对三坊七巷的“开发”——无情的推土机将之迅速铲平——就是一例。

四、本文的主旨和应有的结论

（一）在中国，具有良好的城市设计艺术的不仅是都城规划，地方城市也有不少精粹之作，即以福建省而论，泉州、莆田等地也颇多精华，并且不只是城市，还包括许多城堡、民居、村落，至于全国其他省市亦莫不如此。然而，随着现代城市化的推进，它们都处于不同程度的破坏之中。我们提倡乡土建筑的现代化（modernizing vernacular），不仅要从建筑中寻找，对此已经有不少人做过很大的努力，并在继续努力之中，而且还要在城市、村镇、民居群等优秀的城市设计中寻找，相形之下，这方面显得远远不够。

（二）对于城市设计的遗产和理论原则，我们固然要从西方的城市遗产中搜索、发掘，无疑，这方面的研究者也颇多，理论亦较成熟，但与此同时，我们还应该从东方的城市规划与城市设计美学上采风，总结规律，并发扬光大。福州的例子告诉我们，这方面的美学蕴藏是何其丰富，这里只不过是其一端而已。

（三）抢救东方城市设计的杰作是一个迫不及待的工作。亚洲经济正在起飞之中，如中国城市化已从起始阶段进入加速阶段，拥有大量外资投入的 mega structure 侵入许多历史名城，他们对城市带来了严重的破坏，即以福州而论，旧城市环境的迅速变化，只是近十多年的事。因此，对它们的抢救保护已迫在眉睫，特别是在经济发达的地区。在原址未彻底变化之前，尚可辨认，然而即使如此，对于原有城市设计艺术的研究，从资料收集到具体工作，亦需要一定的时间。特此呼吁！

（四）寻找失去的东方城市美学，不止在于对一些历史名城的维护，更重要的是发扬东方城市的蕴藏。东西方文化交融，不仅有先进的西方建筑文化的东渐（当然包括西方城市设计的艺术），还包括将东方固有的蕴藏加以发掘，加以研究，刮垢磨光，进行新的创造。因此，乡土建筑现代化的内容是广阔的，不只是从建筑中发挥，创造新的符号，等等，还要从区域文化视野，着眼于地方的城市设计与场地规划，发扬光大。

文化遗产保护与文化环境创造

——为 2007 年 6 月 9 日全国文化遗产日写

我国是历史悠久的文明古国，长期以来中华民族创造了丰富多彩的文化遗产。文化遗产是人类文化历史的积淀，既是宝贵的物质财富，又有深刻的精神内涵，是时代的标志，智慧的结晶。

尊重文化是古代中国的优良传统，即使残碑断碣、残编断简，也非常珍惜。在漫长的岁月中，中国人民创造并积累了宝贵的物质文化资源，其中蕴藏着内在的精神动力。当然，在历史上，中国也有个不良的习气，在攻城略地、改朝换代之后，为了消除前代的影响，往往要“堕城”“杀其王气”，破旧立新，这对前代留下的遗产造成了极大的破坏，再加上兵燹与社会动乱迁徙流失，因此流传至今的文化遗产十分难得，弥足珍贵。

当今，中国处于重大的历史转变时期，全球化的趋势和现代化进程的推进，带来传统观念的急剧变化，现代化建设过程中文化遗产面临着空前的保护与发展的矛盾。在 20 世纪 50 年代初期，北京定为首都后带来了一些文物建筑拆迁的尖锐矛盾，当时梁思成、郑振铎先生为此奔走呼吁，几无宁日，我称之为打“遭遇战”，至今仍记忆犹新。几十年来，全社会认识提高了一些，我国为保护文化遗产做了艰苦的工作，推进了保护遗产的种种措施，加强了立法与文保单位设立，等等，取得了显著成效，2005 年的《西安宣言》对文化环境的保护在理念上有所发展，国务院《关于加强文化遗产保护的通知》也是推进文化遗产保护工作的重大举措。

然而，毋庸讳言的是，大量存在的建设性破坏对传统的文化遗产保护工作带来空前的冲击和挑战，建设与保护的矛盾仍然存在，形势依然严峻。

一、建设与保护的矛盾仍然存在，形势依然严峻

有两种原因导致矛盾异常尖锐：

一是经济建设大发展、城市化进程加速带来的冲击。在当前的转型期中，建设形势出现一种新的现象，建设规模与尺度空前加大，建设范围遍及沿海与内地、城市与乡镇，建设类型多种多样，但是总结经验教训不够，加之建设的控制管理不善、体制不顺等原因，遗产保护的问题仍甚棘手。

二是经济全球化进程中对现代化认识的误区。随着经济全球化进程的推进，在强势文化冲击下，地方文化发展滞后。在追求现代化的过程中，片面地认为高楼大厦就是现代化，不顾一切地盲目崇洋求异求奇，藐视过去，迷信今天，结果是种种所谓“标志性”建筑建成之

日往往也是城市原有特色消失之时，最终落得千城一面的境地。

我们需要对原来的理论体系、方法等重新加以审视。

二、积极保护，整体创造，新旧交辉

面对建设与保护的矛盾局面，我们要探索将保护与建设结合起来的理论方法。从传统的保护方法看，基本上是孤立地保护文物建筑，就建筑论建筑，结果是尽管文化遗产本身得到了保护，也难免淹没在体型各异的新建筑的汪洋大海之中，文化遗产保护显得支离破碎、势单力薄，城市失去原有文化风貌，这种做法姑且称之为“单纯的保护”。有鉴于此，本文特提出“积极保护”的观念，即将遗产保护与建设发展统一起来，不仅保护遗产、文物建筑本身，保持其原生态、环境与风格，在周边确定缓冲区、保护区，而且对保护区内发展中的新建筑，必须使它遵从建设的新秩序，即在体量、高度、造型等方面要尊重历史遗产所在环境的文脉，要尊重文化遗产所在主体的情况，以烘托文化遗产，加强原有文化环境特色。这样，使所在地区不失相对独立，既保持和发展城市建筑群原有的文化风范，又使新建筑具有时代风貌，即“有机更新”。这种理论在北京菊儿胡同整治工程与苏州等地旧街区保护的效果中已经得到验证，并在不同情况下做了不同的探索。

必须指出，“积极保护”并不否定过去传统的保护方式，我们敬重文物保护工作者的艰辛努力和可贵的贡献，同时又审视处于转型期的新的发展潮流，不仅要保护传统建筑，而且要把各方面的问题综合起来考虑，化建筑的个别处理为整体性创造，例如北京历史文化名城的保护就必须包括交通、行政功能疏解、环境等方面，对新旧建筑及其环境有整体的考虑，积极地加以创造，而不是“就保护论保护”。

总体看来，新建筑要与所保护的环境在高度、色彩、肌理等方面，在可能范围内达到整体协调，保持一定的体形秩序，兹称之为“整体创造”（西方学者有用 holistic creation 一词）。例如，北京城的规划被称为“都市计划的无比杰作”，其传统的中心建筑群、街道、民居、公共建筑与自然等是整体统一的。在过去的半个多世纪，由于决定以旧城为中心建立首都，对这种整体统一的要求有所忽略，现实的情况是，今天传统的、绝对的、统一的整体性已被破坏了；但整体保护的原则不能丢弃，特别是总的格局以及某些地区，如故宫、皇城、什刹海、中轴线、朝阜大街、鼓楼—什刹海地区等某些尚未完全破坏的街坊，仍然力争保持“相对的整体性”，并在新的情况下依然探索新的方式，努力加以实现，因为经过半个世纪来的新建设，回到历史上绝对的整体性已无可能；而放弃整体保护的要求必然等同于放任自流，因此现实情况下这仍然是积极的进取的态度。

整体创造是维护文物环境的整体秩序，不是复旧，在具体设计上新的建筑仍然可以并且也需要创新。通过建设过程中的不断调节，有机更新，追求城市组成部分之间成长中的整体秩序（西方有学者称之为 growing wholeness）。从哲学上说，它不是机械的还原论、复旧论，而是一种生成的整体论、有机的整体论。这种整体是以人的生活需要为中心，在传统的优秀的构图法则基础上灵活创造或称再创造（representation or reinvention），随机生成，而不是抱守僵死的教条，一成不变。

顺便指出，一般说来，文化遗产保护并不强调复建，积极保护的观念仍然要千方百计地保护原有的历史建筑本身，通常说“真古董”。我一般并不赞成建假古董，更反对一切毫无根据的胡乱建设，所谓“×× 一条街”等等，但如果在特定的情况下，对史实进行了认真的研究，精心规划设计，未始不能增添城市的风采。那种不顾所在条件，机械地搬用习惯做法，排斥一切复建，这也是不能自圆其说的。借鉴中国的历史经验，我们有不少历史古迹，都经历了沧桑，因此“后之视今亦若今之视昔”，未必以此为非。如绍兴兰亭，原址已无迹可寻，明代在天章寺遗址重建兰亭，可谓十足的“假古董”，但清代康熙、乾隆都曾亲临其地，发思古之幽情，正统地题诗、立碑、建亭，今日视之又为确确实实、地地道道的真古董；又如武昌的黄鹤楼，实九毁九建，我们今天能看到的宋画《黄鹤楼图》和太平天国时被毁的黄鹤楼图样中的黄鹤楼，那都是十足的“假古董”，但如果留至今天，当也是珍宝；再如南京阅江楼的恢复，历史事迹有根有据，有宋濂气势磅礴的宏文《阅江楼记》流传（《古文观止》有选录），为人所传颂，如今建造起来，我们登临狮子山上，阅江楼下，北瞰江流，心胸为之一快，已成为富有特色的城市文化景观；又如故宫建福宫之复建亦属成功之作。所以，证诸中国历史，只要遗址犹在，设计者考据周详，设计严谨，不胡作非为，今天我们仍然可以创造被后代喜爱的地标。

三、历史文化名城的规划建设要发扬文化内涵

全国现有国家历史文化名城108座，若干年来在申请、审定、保护等方面都做了大量的工作。城镇都要发展，历史文化名城也不例外，但是对历史文化名城的规划设计不能仅限于被评定列入的各级文化遗产。规划实践证明，即使列为保护区，依据当时拟定甚至批准的详细规划建设起来，效果也并非很理想。当然原因不能一概而论，其中需要进一步探讨的是，历史文化名城，除了保护拟定的各级遗产外，还要致力于文化环境的创造。

今试举两个例子加以说明：

第一是最近我访问了集安，这是汉魏高句丽的古都，作为王城的时间长达425年。高句丽灭亡后留下了大量的历史遗存，如有古代城址“丸都山城”、国内城、东方金字塔、好太王碑、贵族墓葬群等，体现了高句丽文化的完整性与真实性。前若干年为了申遗，相关部门将该地历史遗存的地区环境做了一番清理，使具有2000年历史的山城、建筑及其环境显现出来，笔力遒劲之碑文、清晰绚丽之壁画、气势磅礴之古城址，实不愧为露天的文化博物馆。这说明规划建设、城市管理只要决策正确，措施有力，就能使这并不很大的历史文化名城大放异彩。

第二是我们从事的天津市蓟县规划工作。蓟县是个“千年古县”，保护了不少历史建筑，如尽人皆知的辽代独乐寺、观音阁及附近的白塔，城市中心鼓楼广场，清代乾隆时兴建的盘山行宫，以及改革开放后修整的黄崖关长城，等等。近期，该县还新建有地质公园，并为发

展旅游还拟建立国际会议中心等。这里具有良好的历史与自然条件和地理区位优势，可能未来还会陆续出现大量新的建设，但是，如果没有一个具有历史文化内涵的整体的建筑艺术发展战略，那么其建筑必然缺乏整体的联系和呼应关系，松散零乱。因此，在规划设计上需要有一个整体的“艺术骨架”，不能放任自流（当前高大的“现代建筑”，随开发者趣味建成的小别墅，以及粗陋的古建筑修复等等，已经跃跃欲试），这种艺术骨架中，一般也不能不经意地采用西方现代建筑中通用的现代城市设计手法，必须寻找失去的中国城市设计原则，并且要有创意地切合蓟县本地的山水自然条件、景点的匠思、文学的意境，进行新的创造（在《钦定盘山志》中所叙述的内外景点，给予了我们不少的启发）。

当然，这里不是说一律要复旧，无此必要也无此可能，无论新盘山的建筑群布局，还是一些新发展起来的建筑，都要创新，但完全可以在原有历史遗址上或新的建筑点上因山就势，发挥建筑艺术的创造。仍以盘山而论，我们先后去过若干次，这座与承德避暑山庄可以相提并论的清代行宫，在帝国主义兵燹下已经荡然无存，但即使在20世纪80年代初尚有遗迹可寻，令人油然而生思古之幽情，可惜现有山林因景点的消失已相当平淡，即使住在京津，一般人甚至不知道历史上有它的存在，如新设计者不去从中捕捉文化之内涵，几同一般山水，历史的沧桑如此，无情也在此。相反，如果“取其意为之”，“巧于因借”，发挥创造，或可耀然于新建设中。当然，这是新课题，需要规划设计者有中国传统文化和经典建筑与现代建筑的功底，不畏失败，创造将来为历史所认可的“新经典”。天津在近代史上作为多国租界，至今保持着多元文化的特色，如能在当今滨海新区的新建设中使这千年古县保持一枝独秀，散发历史的芬芳，也饶有意义。我们应在建筑规划设计过程中，审时度势，因势利导，集中多方面的智慧，逐步构成佳作。历史文化名城，随着时代的发展其功能自然不会单一，但既然被列为历史名城，则历史文化的特色不仅不能失去，还须刮垢磨光，随时代之发展凸显其特色才是。

四、保护与发掘“地下宝库”，划定“地下总图”

20 世纪 80 年代，在广州市中心区的地下发现了南越王墓，轰动一时，接着又发现了行署、花园等，也是压在密集的中心区地下，整个文化地层像千层饼似的，具有各个时代的遗迹。

怎样剥开这“千层饼”？在大楼林立的夹缝中，规划已十分困难。但仍然是有文章可做的，这是一个值得重视的并不能算新的“新领域”。20 世纪 60 年代，罗马尼亚首都布加勒斯特因修地铁而发现古遗址，立即中止建设，修改设计，增建博物馆以供人欣赏。20 世纪 80 年代后期卢浮宫的改建过程中，也曾发现有地下的城址，于是立即修改设计，增辟遗址部分，以供展览。

对我们来说，其实何止广州如此，在开封、洛阳等地，地下资源已有明确的历史记录。开封的“宋州桥”，范成大曾有诗称“州桥南北是天街”，勾画了城市中轴线的存在，这一记载也为 20 世纪 80 年代初的考古成果所证明，且此后还有新的发现。中国地下文物丰富，已经探明和未知的宝藏为逐步形成“中国的庞贝”留有可能，我们应更为科学地将这些历史文化特色纳入规划之中，因此国家文物局加强“大遗址保护”之举更显重要。“遗址保护”是一个值得规划工作者加以切实注意的大问题。

当今各个城市建设剧增，土地缺乏，高层建筑兴起，争取地下空间之要求日趋迫切。以洛阳为例，20世纪50年代建设涧西区洛阳拖拉机厂时，就因为避开隋唐遗址而不得不在邙山一带普遍勘察先行发掘，这是一个好的范例。可惜后来未能认真贯彻，城市建设向市中心推进，造成失误。因此，重新进一步探明遗址，借鉴地理信息系统的新技术，善为利用地下空间，拟定“地下总图”，加强地面上下的交通联系，实属迫切必要之举。

五、保护与发扬地域文化

如果说，广州等城市面临的文化遗产保护问题还局限在城市中，那么近几十年来，由于经济建设的推进，区域交通、水利等大型公共工程建设急剧增加，例如京九铁路线、青藏线的开辟，三峡工程、南水北调中线工程的进行，等等，真是“纵横天下”，不仅引起了山川巨变，提出了历史建筑、古遗址和历史地区环境的保护和发展，环境变迁等一系列新的问题，还标志着文化遗产保护进入地域文化保护与发展的新阶段。回顾2000多年前的灵渠、都江堰、驰道、运河等一系列大型公共工程的建设史，它们同时也是一部有声有色的地域文化开拓史，我们不难想象当今这些大型工程的建设也会带来地理环境和社会的变化，新旧城镇的兴起和繁荣。当然，毫不讳言，也会带来跨行业的新问题，留待我们去解决。最近，我参与了国家文物局关于南水北调项目的论证，以及南水北调中线干线工程建筑环境规划研究，得悉中线工程总干渠长1267公里，所经区域自古就是中原地区进入北京，走向蒙古高原、松江平原的孔道，人口稠密、经济发达、文化底蕴深厚，涉及范围之广、文物点之多，前所未有，文化内涵复杂，保护任务繁重。这些重大工程，远非一日之功，而是中华万世之业，对此我呼吁吸取三峡库区的经验教训，一项大型公共工程，不能仅关注工程本身，而是要将所涉区域内的考古发掘、迁移与移民、新村建设、经济建设、风景旅游、生态建设、交通建设等结合起来，统一规划，以取“一举多得”之功。

现在我们对地域的研究与发展，区域规划与城市体系规划等日益重视，这里还要申述地域文化的形成各有几百年与上千年的历史，具有深厚的文化底蕴[①]，因此我们不仅应专注于对地域建筑的保护，还应对各地区的文化名城名镇、风景名胜千方百计地加以保护与发展，发扬地域文化。当我在2002年去西藏访问拉萨、日喀则、山南泽当等城市地区时，一方面为藏族地区的传统建筑特色叹赏不已，对新建设中可喜的成就，如西藏博物馆的设计既发扬了地方特色，又是很有创意的现代建筑，颇感振奋；但另一方面看到一些外省援藏的建筑中，塞进了一些与地方文化格格不入的“现代的”建筑，使环境遭到极大

① 陈述彭.中国城市群的发展与地域组合//中国市长协会中国城市发展报告.北京：中国城市出版社，2006.

的破坏。在拉萨的“现代商业街”上已经发现情况不妙。青藏铁路通车，旅游业必然空前大发展，但同时我们预感到新的建设高潮的来临，必将对地方建筑文化有更大的破坏。全球化问题，地区建筑的多元化问题，虽然呼吁了很久，但似乎仍然处于很少被关心的状态，特别是理论上的偏颇，为害极大。

六、翘望“黄金时代”，但道路崎岖

20世纪末，英国城市学家霍尔（P.Hall）在《城市文明》（*Cities in Civilization*）一书中，选择西方2500年文明史中的21个城市，细评其发展源流、文化与城市建设特点，他指出，城市永远是文化的黄金时代的心脏，在城市发展史中有十分难得的“城市黄金时代”，这样的黄金时期只有15—20年。博学的霍尔博士并不熟悉中国城市史，中国的城市历史还有待整理，因此上述情况并不包括中国，未来东方城市的复兴更有赖于我们新的创造。

中国的城市发展有步入黄金时代的多种机遇，但这些机遇并不是唾手可得。20世纪50年代以来，我们曾经在“科学进军”的大旗下迈步前进，如今这一大潮更是风起云涌，势如破竹。当时还有另一段响亮的话，也使我们颇受鼓舞，“随着经济建设高潮的到来，不可避免地将要出现一个文化建设的高潮”[①]。这次大会提出《城市文化北京宣言》，探索文化遗产保护与文化环境创造理论，可以说标志着文化

① 毛泽东．中国人民站起来了 // 毛泽东著作选读（下册）．北京：人民出版社，1986.

建设的发展已经掀开历史的新的一页。我们当然不能说中国城市的黄金时代也是15—20年，但我们必须意识到未来的几十年内是发展最迅速，城市与地区建设的框架成型的关键时代，如前所说，我们从20世纪50年代开始期待这个时期的到来，已经过去了近60年，我已年届85，我仍在期待，在奋力追随，并希望为此能继续贡献一己的微薄力量，每思及此，不免心潮澎湃。文化遗产保护与城乡建设工作前景宽阔，但任务繁重，道路崎岖，并且“文化贫血”的现状不能跟上大规模迅速推进的城乡建设的大形势。国家明令“科学发展观”的战略思想，“又好又快”的建设要求，还有待我们专业工作者进一步深刻领会，当然还包括体现在文化方面的提高与自主创新。城市规划与文化建设工作者应该更积极热情地面向这蓬勃的大好形势，切实认真痛下功夫！使遗产保护和城乡文化环境建设进一步密切结合，奇葩怒放！

（本文为作者2007年6月11日在城市文化国际研讨会暨第二届城市规划国际论坛所做的报告）

建筑

世纪之交展望建筑学的未来

——1999 年国际建协第 20 届世界建筑师大会主旨报告

中国老子的《道德经》中有句话“反者道之动”，就是说回顾、总结过去有助于认识真理，激励将来。如今，我们即将跨越千年的门槛，进入新世纪，尽管一时我们还难以做一个广阔深远的“千年反思”，但是对近百年来建筑的发展做一番探索，以清醒地认识过去和当前情况，并看清未来的道路，这还是有可能也很有必要的，这也正是国际建协第 20 届世界建筑师大会所担负的庄严而艰巨的历史使命。

一、20 世纪建筑成就辉煌

20 世纪是人类发展史上伟大而进步的时代，建筑学也以其独特的方式载入了史册：工业化为人类创造了巨大的财富，技术和艺术创新造就了丰富的建筑设计作品；无论在和平建设时期还是在医治战争的创伤中，建筑师都造福大众，成就卓越，意义深远。

1. 建设的成就

（1）建筑的发展

在20世纪，新技术、新材料、新设备的运用，随着社会生活的需要，产生了新的建筑类型。

在20世纪，建筑名匠辈出，他们对新事物充满敏感和创意，各领风骚，给人们生活的世界带来异彩。

在20世纪，建筑名作广布，在地球上的各个角落，都留有一个又一个“里程碑”。

（2）城市的发展

城市是逐渐形成的人类文化的集合体，是错综复杂的功能、技术的最高表现形式。人类为了生活得更加美好，聚居于城市，弘扬科学文化，提高生产力。在19世纪，城市成为各种生理、社会疾病的渊薮。进入20世纪，大都市的光彩璀璨夺目，城市有了大的发展，城市人口急剧增加，本世纪末将达到全球人口总数的1/2，是世界人口增长速度的3倍。

2. 理论上的成就

近代建筑学、近代城市规划学、近代园林学（地景学）都是从本世纪初开始构架的[①]，如今学派纷呈，思想活跃，百花齐放，应接不暇。

在20世纪，在建筑领域出现现代主义运动，这不仅是对科学方法的应答，也是现代艺术与其他领域发明创造的相互融合，在本世纪

① 1990年美国成立风景园林学会，1901年美国哈佛大学第一个成立培养园林建筑师的学院，1909年英国住房与城市规划法案通过，1916年美国区划法通过……

的上半叶，它具有划时代的意义。

在人类历史上，长期以来，主观判断始终是建筑设计和城市设计的主导因素，但是到了 20 世纪里它已让位于科学方法和理性思维，现代建筑以其功能主义向古典学派挑战（包括功能城市的思想理论等等），尽管后来它的缺点与局限也逐步暴露，但是其功不可没。

20 世纪的专业工作者适应社会需要，以自己的聪明睿智，著书立说，代表了我们时代的进步。例如，在 1896 年出版的《建筑历史》（B. Flectcher, *A History of Architecture*）[①]，经不断改写，百年充实，如今已出了 20 版；在世纪末，为迎接国际建协第 20 届世界建筑师大会的召开，又以集体的努力，在较短的时间内，编著了《20 世纪建筑精华》这样的鸿篇巨制。可以说，它们先后交相辉映。在此，请容许我对这一宏举的发起者、组织者张钦楠先生等，以及本书的主编 K. Frampton 教授等表示敬意。当然，辉煌的建筑文献汗牛充栋，20 世纪建筑发展的进程、成就、经验与教训十分值得认真地总结。

二、20 世纪的建设发展尚存缺憾

世界并非全然美好。战争、破坏与和平建设在交替进行，不仅破坏了建筑环境，也残酷地毁坏着人类赖以生存的自然环境。

---

① 原称《比较建筑历史》（*A History of Architecture on the Comparative Method*）。

1. 当 20 世纪进入下半叶，建筑发展危机迫在眉睫

面对世纪人口爆炸、森林农田被吞噬、环境质量日见恶化，环境祸患正威胁人类。建筑师将如何通过人居环境建设，为人类的生存和繁衍作出自身的贡献？

在下一世纪，城市居民的数量将首次超过农业人口，“城市时代”名副其实，有人称当今是“城市革命”的世纪。[①] 然而，经过精心设计的城市既成果辉煌又问题重重：交通堵塞、居住质量低等城市问题日益恶化。我们怎样才能应对城市问题？传统的建筑观念还能否适应城市发展的大趋势？

技术的建设力和破坏力同时增加。技术改变了人类的生活，也改变了人和自然的关系，怎样才能使技术这把“双刃剑”更好地为人类所用，而不造成祸患？

技术和生产方式的全球化带来了人与传统地域空间的分离，地域文化的特色渐趋衰微；标准化的商品生产致使建筑环境趋同，设计平庸，建筑文化的多样性遭到扼杀。建筑师如何正视这些现象？如何才能使建筑之文化魂重新回到我们的城镇？

我们的建筑教育与职业也在面临挑战。

“危机”（crisis）这个词常常用在“政治危机”“经济危机”上，现在“环境危机”“特色危机”等与这些人类社会紧要的问题一并出现，并非危言耸听，而是说明当今建筑上种种问题的严重程度和人们谋求解决的迫切期待。

---

① 世界环境与发展委员会 . 我们共同的未来：城市的挑战。

2. 对上述困扰的几点认识

以上种种说明：

第一，如今的建筑学已经处于贫困之中，难以全然应付所面临的日新月异的错综复杂的形势。

如上所述，人们已不再满足于现代建筑的理论与实践。大量新学说此起彼伏，炫人眼目，这固然反映出时代思想的活跃，同时也反衬出哲学和艺术观念上的混乱。一位评论家讲："任何一个世纪都不可能像现代主义盛行时期那样，广大民众和美学评论家的品位竟如此地天壤之别。"对建筑来说，这一点更为合适。当然，分歧还不仅在于美学方面，其他领域也是如此。今天，建筑不能适应社会要求，这已不能完全归因于建筑物本身，而主要在于巨大的经济、社会变革。

第二，不能企图用一种模式解决全世界的问题。

在以欧洲，以及后来以欧美为中心的时代里，新建筑得到极大的推动和发展，并作出了极大的贡献，但同时也不可低估以某些发达国家为代表的"消费民主"（Consumer Democracy）对建筑的影响，从小汽车到高层建筑、郊区独立住宅，以及作为一种非常流行的房地产商在全世界的推广等。从"社会—环境"（social-environment）的观点来看，这些做法是经不起推敲的。[①] 然而，特别在某些发展中国家，却往往引起一种错觉，不只是一般人，包括专业内人士或某些决策者都以为，这就是唯一的途径，是"现代化"的标志……

由于历史的原因，发展中国家的发展落后于发达国家约百年之久

---

① Kenneth Frampton 给吴良镛教授论建筑的信（1998.8.19）。

甚至更长的时间，其综合国力弱，有各自特殊的问题，因此发展中国家要根据自身有利或不利的因素，探索适合自身发展的道路，尽管难免探索的曲折，但不能照搬照抄发达国家那种城乡建设模式、建筑衡量标准与价值观念等。

总之，人类不能企图用一种模式解决全世界的问题，也不能简单地认为仅仅通过单纯的技术就能解决如此错综复杂的人类的居住问题。以中国为例，在沿海城镇密集地区与西北、西南地区，它们在经济发展、地理条件、文化背景、所存在的问题等方面都不一样，因此它们解决具体问题的途径也就不一样，在一个国家内部尚不能使用同一种模式，更何况亚洲与整个世界？

第三，任何建设一般都耗费巨大财力资源，影响深远，因此要同时兼顾局部与整体、目前与长远、个人与社会的整体利益，不能急功近利，甚至唯利是图而贻害长远。

如今环境危机之如此严重，每每肇始于一些目光短浅、追求近期效益的做法，错误一经铸成，若要再加以改变就得花费巨大的人力、财力与时间，迫使我们承受各种各样的“报复”与惩罚。当然，环境还只是其中的一个方面。

20 世纪 90 年代的世界比历史上的任何一个时期都富足，但到了世纪末，混乱、不公平现象却益趋严重。当我们回顾 20 世纪时，不能仅仅着眼于闪闪发光的精品，还要注视城乡当前所面临的挑战，特别要牢记我们已经付出了沉重代价而得来的经验与教训。

三、寻找下一个世纪的“识路地图”

我们直面现实——建筑学的发展正处在十字路口。早在 1993 年，国际建协在芝加哥召开的第 18 届世界建筑师大会上，就明确提出这个问题。其实，一些有识之士的呼吁甚至更早。[①]

说我们处在十字路口，问题重重，但这并不表明未来完全不可知或一切茫然，应当看到世纪转折之际，不少有识之士深入思考，提出了种种真知灼见，已经涌现出许多新事物、新思想，已经有了一些“觉醒”。对此，我们要努力加以把握，视之为探索未来的契机，并清醒地、循此思路去摸索，努力探明“识路地图”，明确在一定时期内应努力的方向和道路，以免徘徊歧路。

1. 环境意识的觉醒

面对大千世界的环境危机，如人口剧增、盲目开发、能源浪费、环境质量下降等等，人类认识到“只有一个地球”，可持续发展是“我们共同的未来”，其明确标志是 1972 年联合国人类环境大会发表的“人类环境宣言”、1987 年世界环境与发展委员会的报告，以及 1992 年联合国“环境与发展大会”等。当然，追溯一些先驱的建筑家、思想家对此的探索，为时更早。

如今可持续发展已经开始落实到诸多方面，并出现可喜的成果。建筑师对自然的认识加深，要求“设计结合自然”，例如生态设计方法带来设计观念的改变——对生态系统和生物圈内的不可再生能源产

---

① C. A. Doxiadis. Architecture in Transition. 1963.

生最小的系统影响，充分利用取之不尽用之不竭的太阳能，充分利用被动式的自然通风；对历史上符合被动式节约能源的乡土建筑等进行再认识、再创造，等等。

当然，这还只是改弦易辙的开始，可以预期，走可持续发展之路将在规划设计的各方面产生深远的影响，我们拭目以待。

2. 地区意识的觉醒

我们已经看到，在20世纪里，正如前面所指出的，在一些强大的全球化的经济、文化势力冲击下，人类社会的多样性遭到扼杀，地区特色式微，文化灵魂失落。

我们也看到，在20世纪曾有许多植根于地区沃土的建筑之花，繁荣全球的建筑文化。例如，在本世纪初，许多国家有为的建筑师到富有的新大陆开展他们的业务，早期如埃罗·沙里宁（E. Saarinen），二战后如瓦尔特·格罗皮乌斯（W. Gropius）、密斯·凡德罗（Mies Van dre Rohe）等，他们都留下了不可磨灭的影响；一些美国建筑师如弗兰克·劳埃德·赖特（F. L.Wright）来到亚洲，受到东方文化的熏陶，创造了草原建筑 usonian architecture；也有不少东方的建筑师到西方去学习，回到他们的本土以至在世界各地开花结果，如日本的槙文彦（F. Maki）、印度的查尔斯·柯里亚（C. Correa），以及中国的吕彦直、梁思成、杨廷宝等。这一切都说明，大师们的创作离不开他们所赖以生存的土壤与社会环境，我们可以吸收融合国际性文化以创造新的地域文化或民族文化，小小地球村是我们建筑的百花园。

如今，人们逐渐开始意识到全球化与地区化就像一个银币之两面，两者不可偏废。任何一方面都不能否定相对应的方面而存在；同样，也不应过分强调任何一方面，甚至于把它绝对化，否则就会在一定程度上产生负面的影响。当然，两者在不同的条件下并非等量齐观。

一方面，由于政治、经济、社会、文化、科学技术等方面的原因，世界上出现了文化中心（建筑文化也不例外），这些中心经济发达，建设量大，人才荟萃，它们对世界建筑文化的推动、提高起了积极的作用，并仍然在起作用。

另一方面，发展中国家和地区的成绩亦不可低估，它们的贡献值得注意和珍视。兹举二例：第一，从《20 世纪世界建筑精华》中对各个地域建筑的介绍论文可以看出，即使在国际主义盛行时，不同地区仍然各有异彩，各有不同的贡献。第二，在数月前本届国际建协的学生竞赛的评选中也可以看到，代表未来的青年学生们参赛积极，其中亚洲和拉丁美洲青年学生们更为活跃，他们的作品面对地区实际，富有创造性，也显出希望。为此，评委们在决议时特别肯定了地区建筑的方向。

我们珍视全球—地区建筑这一现象的存在，并把它看成本世纪建筑发展过程中的一个带有规律性的现象（有人称之为“全球—地区建筑学”[①]）；我们珍惜本世纪一切文化建树，主张毫无偏见地集中全人类的智慧，从多方面探索新的道路；我们要像保护生物多样性那样保护地区文化的多样性，在自然资源相对短缺的条件下，充分保护、利用文化的多样性是人居环境建设的必由之路。

---

① 长岛孝一（Koichi Nagashima）.走向全球—地区建筑的未来（*Glocal Approach towards Architecture of the Future*）. UIA Work Programme：Architecture of the Future. 1998.

3. 方法论的领悟

早在20世纪的上半叶，我们的前辈格罗皮乌斯就已指出："建筑师作为协调者，其工作是统筹各种与建筑物相关的形式、技术、社会和经济问题。这个观点不可避免地将我对于功能的研究一步一步地从房屋引向街道，从街道到城镇，最后到更广阔的区域规划。我相信，新的建筑学将驾驭远比当今单体建筑物更加综合的范围；我们将逐步地把单个的技术进步结合到更为宽广、更为深远的有机的整体设计概念中去。"①

在20世纪80年代早期，面对中国大动乱之后建筑百废待兴的局面与种种矛盾，我感到传统建筑学难以满足我国当前错综复杂的状况，于是开始进行"广义建筑学"的思考；② 近年来，我继续进行较为深入的探索，例如，在中国长江三角洲上海、苏州、南京地区，我们针对这个经济发达、人口密集、城市化发展迅速的地区人居环境的保护与发展问题，组织了近百人的研究队伍，从经济、社会、生态、环境、城市规划、建筑、园林等方面，并从区域、城市、乡镇到农村住宅建筑、生态绿地系统等不同层次进行分专题研究③，这样"从更加综合的范围逐步把单个的技术进步结合到更为宽广、更为深远的有机的整体设计概念中"，结果获得了区域协调发展、城乡融合等一系列技术政策，并得到对专业发展有益的启示，即通过我们的思考与实践，发现上述所引的格罗皮乌斯的话（包括其他被忽略的但有价值的文

---

① W . Gropius . The new architecture and the Bauhaus. 1935.

② 吴良镛 . 广义建筑学 . 北京：清华大学出版社，1989.

③ 中国国家自然科学基金重点研究项目，清华大学、东南大学、同济大学建筑学院及地方规划建设机构参加。

献）甚得吾心，增加了自信。

建筑的发展要分析与综合相结合。从目前专业的一般状况看，人们在分析上的自觉远大于在综合上的自觉，因此，有必要更加强调综合。广义建筑学并非要建筑师成为万事俱通的专家，而是倡导广义的、综合的观念和整体的思维，在广阔天地里寻找新的专业结合点，面对问题，解决问题，发展理论，即要把人类数千年来，特别是在20世纪百年创造的精华汇总起来，把人类建筑知识的总和作为新世纪建筑学的起点。这种汇总不是叠加，而是科学地提炼有利于建筑发展的积极因素，加以归纳、整合，形成系统的知识，作为创造的起点。

四、从传统建筑学到广义建筑学

从事建筑，当然要讲求形式的创造，面对建筑风格、流派纷呈，莫衷一是，我们重新提倡要首先了解建筑的本质。只有结合历史、社会、经济、人文背景，用自己的理解与语言、用现代的材料技术，才能设计出有特色的现代建筑。也就是说，我们要从沉醉于“手法”“式样”“主义”中醒悟过来，综合世界建筑与地区建筑之长，力臻建筑的科学的理性思维与艺术的形象创造的结合。

1. 基于科学的理性思维

第一，回归基本原理。其理由如上所述，即要从建筑的本质中，展扩、深化、重构传统建筑学的基本原理与知识框架。

第二，走向建筑、地景[①]、城市规划的融合。广义建筑学，就其学科内涵来说，是通过城市设计的核心作用，从观念上和理论基础上把建筑、地景和城市规划学科的精髓整合为一体，使得建筑师能在较为广阔的范域内寻求设计的答案。这样有利于从就建筑论建筑走向“城市建筑学”“地区建筑学”以至于从区域的文化视野观察研究建筑与城市，从单纯注视人工环境走向人工与自然相结合，从独善其身地追求建筑的自我表现到对土地和自然的尊重、对社会的尊重，等等。

第三，建立人居环境循环体系。新陈代谢是人居环境发展的客观规律，新建筑与城镇住区的构思、设计都要根据建筑的寿命周期，纳入一个动态的、生生不息的循环体系之中，不断提高环境质量，这也是可持续发展在建筑与城市建设中的一个体现。

第四，建构多层次的技术体系。充分发挥技术对人类文明进步的促进作用，扩展建筑技术功能的内涵，直至覆盖心理范畴。由于不同地区的建设条件千差万别，技术发展参差不齐，文化背景各有特点，每一设计项目都必须根据实际情况，选择适合的技术路线——高技术、中间技术、低技术、适宜技术等等——寻求具体的整合的途径。

第五，创造和而不同的建筑文化。文化的全球化推动着地区的迅速变化与发展，要对世界建筑进行“融贯文化”（trans-culture）的研究，不断吸取古今中外有利于此时此地建筑创作的有益经验；随着全球各文化之间同质性的增加，发掘地域文化精华也愈显迫切。要整体地分析与创造新的有地区特色的建筑文化。总之，“现代建筑的地区

① Landscape architecture 一般译为园林建筑，今取“地景”，有较为广泛的含义。

化，乡土建筑的现代化”[1]，殊途同归，推动世界和地区的进步与丰富多彩。

第六，实施全方位的建筑教育。未来建筑学的发展寄望于新一代建筑师的成长，建筑教育要重视扩大学生视野，建立开放的、科技和人文相结合的知识体系。并且，建筑教育绝不限于专业人员，应加强实施全民建筑教育。

第七，面向全社会。建筑师作为社会的一分子，在实现人类“住者有其屋”的理想中，有义不容辞的社会职责，要把社会整体作为最高的业主。评价建筑的根本准则是人的利益，是社会个体和全体的满意程度。

简言之，建筑是科学，我们一定要加强理性的思考。当然，建筑又是艺术，作为物质的有体有形的建筑，我们必须按照美的法则去塑造和经营。

2. 基于艺术的形象创造

建筑学与大千世界的辩证关系，归根到底，集中在建筑的空间组合与形式的创造上。建筑的任务就是综合社会的、经济的、技术的因素，为人的发展创造合适的形式与空间，塑造良好的物质环境。

（1）从混沌中追求相对的整体的协调美

在环境的塑造上，我们要加强对整体性的追求。我们不能放弃秩

---

① 吴良镛. 乡土建筑的现代化，现代建筑的地区化. 华中建筑，1998（1）；*Modernized Regionalism and Regionalized Modernism*：*Towards A New Chinese Regional Architecture*. Architecture of the Future Document. UIA，JIA。

序，没有秩序就造成混乱。如何达到秩序？如今，由于时代变化太快，一些影响建筑发展的不确定因素难以驾驭，因此不可能由绝对的权威规定同一的秩序，建筑师只能从城乡布局形态中寻求广泛的适应性，即在变化中寻找相对不变的因素，化解那些庞大的城市延绵带，在较小的规模的人类价值体系中追求相对的整体的秩序，例如，用社区（community）的观念促使其中的组成要素的合理与完善。这样，城市或建筑由合理的、较为完善的各个组成要素，建立在人的尺度上，有机组合，最终则形成新的总体特征。

城市本身就是一个内容庞杂的巨系统，如果再缺乏必要的规划与设计，势必呈现出无序、紊乱之态。过去人们对一些美好的城市每每有"巨大的艺术品"的赞誉，此中有一个基本的前提，即城市井然有序，建筑形象有机结合，和而不同……中国古籍《释名》中称"美者，合异类共成一体也"，今天城市规模巨大，内容繁多，种种"异类"比比皆是，如果能将它们妥善地加以组织，使之具备一定的整体性，无论有体有形的实体还是它所围合、形成的空间皆有一定的规律性，那么，所谓城市美的境界也就不难达到了。

（2）将建筑、城市镶嵌在绿野中

建筑与自然的谐调是既古老又不乏新意的话题。沙里宁总结出西方城市"人工的建筑"（architecture of man）与"自然的建筑"（architecture of nature）相结合的经验，这在中国古代城市更是一种基本的法则，人们在规划城市、建筑群、园林时，都讲求"相地"，重视整体布局，建筑的构图要与山水地形相结合，既有基于小气候考虑通风、向阳等科学的内容，也有与山川形胜相结合，进行建筑艺术构图，步移景换，形成城市特色等内容。

现代城市的规划设计宜于吸取并发扬这一传统。由于人口积聚，现代城市日趋密集，必须发挥城市设计的作用，合理布局，千方百计地争取系列的更多的开敞空间，特别是争取城市郊野以至城市间大面积的生态绿地系统，改善城市环境，取得生态平衡。这样，建筑群与城市得以分解，镶嵌于如花似锦的绿色原野之中。

现代工程规模日益扩大、建设周期缩短，且形象上尺度巨大，这也为将建筑、地景、城市三者结为一体，将建筑与自然结为一体，从整体上着眼于环境形象的创造提出了更切实的要求；同时，也带来了更大的机遇，空间的组合形式的创造、人工与自然、新与旧、各种不同功能间的参差与组合、集中与分散等有了更多的相互联系的可能性。

（3）孕育饶有意趣的“场所”

无论在城市还是郊野，总有一些富于意趣、人们乐于逗留之处。在城市中，广场、绿地、某些富有特色的街苑等；在郊野中，一些风景名胜等，它们或是历史地形成，经过时代的积淀，增加了时间的斑痕，富有意境，在新的时代里，随着生活的发展，其内涵又在不断地增补着，这些多是城市的精华，西方建筑学称之为“场所”“场所精神”，中国的美学称之为“环境的意境”“会心处”[①]。如果是历史遗迹，当然要加以保护并审慎地加以发展，如上海的城隍庙、南京的夫子庙就是佳例；如果是新规划地区，则更要精心塑造，形成新的饶有意趣

① 会心处是人们共同心领神会的环境境界。《世说新语》记载，简文帝入华林园，顾谓左右曰：“会心处不必在远，翳然林木，便自有濠濮间想也。”

的中心。

场所的肯定与发展永远是未完成的交响乐，每一个过程都浑然整体，源远流长，独具性格，堪称城市文化之魂。

（4）把握、融汇众多的建筑理论的共同点，形成艺术哲学

广义建筑学建立在上述思考基础之上，其在创作理论上与“有机建筑论”、“地区建筑论”以及“新画意论”（new pictureqe）等种种理论和道路是沟通的。

近代建筑理论是一个浩瀚的思想库，令人目不暇接，我们首先宜寻求一些基本的共同点，即在可能的条件下，把一些可以共通的东西加以梳理、概括、整合，包括将东西方建筑文化的某些方面在新的基础上加以互补、融会，并根据变化中的实际情况予以创造。果如此，我们就有可能达到多样统一（unity from diversity），和而不同（unity from difference），乱中求序（order from chaos），并将建筑与城市规划中某些可以相通的概念如有机建筑论（organic architecture）、有机更新论（organic renewal）、有机生长论（organic growth），包括建筑形象追求中的有机形式（organic form）、有机疏散论（organic decentralization）等融会贯通，并且可与可持续发展战略之要义 sustainability（可持续）相通起来，形成更为开阔活跃的艺术哲学与设计思想，以及随之而来的各种各样的特色。

我们提倡广义建筑学，并非呼吁去编写新世纪的建筑百科全书，尽管这种工作当然也值得去做，也一定会有人去做，这里特别强调的是，要以新的时空观驾驭建筑活动，就像中国古语“思接千载，视通万里”所追求的一种境界，从思想修养来从事建筑与城市规划的创

造，弥合科学与人文的畛域。

总之，我们可以借用中国成语“一法得道，变法万千”来对广义建筑学的方法论加以简单概括。“一法”指前述的一些建筑的本质、基本原理、行动指南，是指导建筑发展的基本准则，是“道”，是必然，这是对广义建筑学进行理性思维的结果。“变法万千”则是指以基本原理准则为基础的城市、建筑具体形象的创造，尽可以千变万化，容许并鼓励其多样性，亦即通过“必然”就能获得“自由”，无须也不可能定于一尊，至少在建筑师思想上没有创作的桎梏和藩篱，而将诸多学派纳入囊中，高瞻远瞩，归纳其共同点，大而化之，并针对所承担的规划设计对象的特殊点，为我所用，随机应变，进行意匠独造，以至无穷。

五、美好的建筑环境与美好的人类社会同时缔造——全球建筑师的共同责任

人类美好的世界不能脱离美好的建筑环境而存在，美好的环境秩序是良好的社会秩序的反映。世纪之交，人们仍在渴望着世界的“秩序”。

令人遗憾的是，如今多数人已摒弃了一个基本的观点——“在现代建筑中，和谐统一的源泉来自于整个社会”。建筑师成为消费主义者的雇佣者，我们是将它作为商业剥削的工具加以否定，还是将它作

为服务于社会理想的人类志向的最高表现形式加以肯定？[①]

在20世纪，人类花了大半个世纪才认识到人居环境的重要性。自1976年温哥华联合国第一次“人类住区”大会发表《温哥华宣言》后，经过了整整20年的时间，即到了1996年，才在伊斯坦布尔联合国第二次“人类住区”会议（简称“人居二”）发表《伊斯坦布尔宣言》，提出了一个响亮的目标，即“城市化进程中可持续发展的人类住区”及“人人皆有合适的住房”，人们终于找到了时代的议题和努力的方向，这是时代的进步。然而，在“人居二”会议上多学科积极参与的情况下，原来处于主导学科地位的建筑师与城市规划家的作用却相形失色[②]，这又是为什么？

尽管目前人类距这美好理想的全然实现仍然甚为遥远，但无论如何，我们不能因此而失去信心。人类为了生存发展，需要理想，需要正义的旗帜，需要一个合作的世界、合作的社会、团结合作的建筑师职业团体，从而共同促进“地球村”中建筑百花园的繁荣。

国际建协就是在半个世纪前，为修补这个遭受战争破坏的地球而成立的国际组织。半个世纪来，在无数积极参与者的共同努力下，国际建协与其他兄弟组织一道，团结世界建筑工作者历尽艰辛，携手共进，向时代的矛盾挑战，努力实现“人人都能安居”这一古老的理想。

人类的共同理想联系着我们，我们追求建筑的以人为本，人工与自然和谐共处和可持续发展，世界建筑师有着共同的语言、信仰和

---

① Allen Cunningham 关于《北京宪章》致吴良镛教授的信（1999.2.14）。

② Cliff Hague. 伊斯坦布尔之路：“人居二”大会对规划师和建筑师的挑战，国外城市规划，1998(2)；*The Road from Istanbul*：*The Challenge of Habitat II for Planners and Architecture*。

目的。

良好的世界物质环境的创造依赖于建筑师，但并不完全取决于建筑师，它需要全社会的支持，需要决策者之明察与支持，因此我们呼吁提高建筑师的社会地位，尊重建筑师的创造，并要求各国政府加强对建筑学研究与建筑教育发展的支持。对此，在 1990 年国际建协第 17 届世界建筑师大会的《蒙特利尔宣言》中，已经有所强调，这里我们再次加以重申。

最后，在结束讲话之前，请容许我表达一下个人的情怀。1940 年，世界正陷于二战的泥淖中，我开始学习建筑，当时我关注到，尽管战事正酣，西方杂志上已经出现关于战争城市之重建与住宅的建设的讨论，这对当时受战乱颠沛流离的我来说是一种极大的鼓舞与激励。1955 年，我作为中国建筑代表团的成员参加了在荷兰海牙举行的国际建协第 4 届世界建筑师大会，有幸与尊敬的先驱者如国际建协第一任主席阿伯克隆比教授等在代尔夫特（Delft）河畔漫步、交谈，以后我又在中国接待过来访的前辈建筑师们，如今尽管他们多早已谢世，但是他们对建筑事业的美好想象与真知灼见，我依然记忆犹新，并抱有崇敬之情。现在我受命负责《北京宪章》的起草，念及中国古语“薪尽火传”之意涵，深感肩负责任之重大，我豪情满怀地目睹半个世纪的进步，也看到了我们前进道路之漫长与艰辛，不禁感慨系之。我每每扪心自问：我们将把一个什么样的世界交给我们的子孙后代？这不仅仅是将什么样的物质环境、良好的城市与建筑、园林的作品交留给子孙，还要将百年来乃至几千年来，从赫赫有名的建筑师到默默无闻的工匠为人类造福的理想、为广大人民改善生活减轻疾苦的精神流传给后代，将建筑事业中的成功经验与失败教训留予他们参考。

人类美好的物质环境与美好的世界同时缔造，美好的建筑环境的缔造不仅在于建筑师的职业技巧，还寄托于缔造者高尚的心灵。愿建筑师的人文精神、进取精神、敬业精神、创造精神发扬光大！愿新世纪美好繁荣！愿新世界的建筑事业昌盛！

[附]《北京宪章》[①]

在世纪交会、千年转折之际，我们来自世界100多个国家和地区的建筑师，聚首在东方的古都北京，举行国际建协成立半个世纪以来的第20次大会。

未来由现在开始缔造，现在从历史中走来，我们总结昨天的经验与教训，剖析今天的问题与机遇，以期21世纪里能够更为自觉地把我们的星球——人类的家园——营建得更加美好、宜人。

与会者认为，新世纪的特点和我们的行动纲领是：变化的时代，纷繁的世界，共同的议题，协调的行动。

1 认识时代

1.1 20世纪："大发展"和"大破坏"

20世纪既是人类从未经历过的伟大而进步的时代，又是史无前例

① 1999年国际建协第20次大会讨论通过。

的患难与迷惘的时代。

20 世纪以其独特的方式丰富了建筑史：大规模的技术和艺术革新造就了丰富的建筑设计作品，在两次世界大战后医治战争创伤及重建中，建筑师的卓越作用意义深远。

然而，无可否认的是，许多建筑环境难尽人意；人类对自然以及对文化遗产的破坏已经危及其自身的生存；始料未及的“建设性破坏”屡见不鲜：“许多明天的城市正由今天的贫民所建造。”

100 年来，世界已经发生了翻天覆地的变化，但是有一点是相同的，即建筑学和建筑职业仍在发展的十字路口。

1.2 21 世纪“大转折”

时光轮转，众说纷纭，但认为我们处在永恒的变化中则是共识。令人瞩目的政治、经济、社会改革和技术发展、思想文化活跃等，都是这个时代的特征。在下一个世纪里，变化的进程将会更快，更加难以捉摸。在新的世纪里，全球化和多样化的矛盾将继续存在，并且更加尖锐。如今，一方面，生产、金融、技术等方面的全球化趋势日渐明显，全球意识成为发展中的一个共同取向；另一方面，地域差异客观存在，国家之间的贫富差距正在加大，地区冲突和全球经济动荡如阴云笼罩。

在这种错综复杂的、矛盾的情况下，我们不能不看到，现代交通和通信手段致使多样的文化传统紧密相连，综合乃至整合作为新世纪的主题正在悄然兴起。

对立通常引起人们的觉醒，作为建筑师，我们无法承担那些明显处于我们职业以外的任务，但是不能置奔腾汹涌的社会、文化变化的潮流于不顾。“每一代人都……必须从当代角度重新阐述旧的观念。”我们需要激情、力量和勇气，直面现实，自觉思考 21 世纪建筑学的角色。

2 面临挑战

2.1 繁杂的问题

环境祸患

工业革命后，人类在利用和改造自然的过程中，取得了骄人的成就，同时也付出了高昂的代价。如今，生命支持资源——空气、水和土地——日益退化，环境祸患正在威胁人类，而我们的所作所为仍然与基本的共识相悖，人类正走在与自然相抵触的道路上。

人类尚未揭开地球生态系统的谜底，生态危机却到了千钧一发的关头。用历史的眼光看，我们并不拥有自身所居住的世界，仅仅是从子孙处借得，暂为保管罢了。我们将把一个什么样的城市和乡村交给下一代？在人类的生存和繁衍过程中，人居环境建设起着关键的作用，我们建筑师又如何作出自身的贡献？

混乱的城市化

人类为了生存得更加美好，聚居于城市，集中并弘扬了科学文化、生产资料和生产力。在 20 世纪，大都市的光彩璀璨夺目；在未来的世纪里，城市居民的数量将有史以来首次超过农村居民，成为名副其实的“城市时代”，城市化是我们共同的趋向。

然而，城市化也带来了诸多难题和困扰。在 20 世纪中叶，人口爆炸、农用土地被吞噬和退化、贫穷、交通堵塞等城市问题开始恶化。

半个世纪过去了，问题却更为严峻。现行的城市化道路是否可行？“我们的城市能否存在？”城镇是由我们所构建的建筑物组成的，然而当我们试图对它们做些改变时，为何又如此无能为力？在城市住区影响我们的同时，我们又怎样应对城市住区问题？传统的建筑观念能否适应城市化趋势？

技术“双刃剑”

技术是一种解放的力量。人类经数千年的积累，终于使科技在近百年来释放了空前的能量。科技发展、新材料、新结构和新设备的应用，创造了20世纪特有的建筑形式。如今，我们仍然处在利用技术的力量和潜能的进程中。

技术的建设力量和破坏力量在同时增加。技术发展改变了人和自然的关系，改变了人类的生活，进而向固有的价值观念挑战。如今技术已经把人类带到一个新的分叉点。人类如何才能安度这个分叉点，又怎样对待和利用技术？

建筑魂的失落

文化是历史的积淀，存留于城市和建筑中，融会在人们的生活中，对城市的建造、市民的观念和行为起着无形的影响，是城市和建筑之魂。

技术和生产方式的全球化带来了人与传统地域空间的分离。地域文化的多样性和特色逐渐衰微、消失；城市和建筑物的标准化和商品化致使建筑特色逐渐隐退。建筑文化和城市文化出现趋同现象和特色危机。由于建筑形式的精神意义植根于文化传统，建筑师如何因应这些存在于全球和地方各层次的变化？建筑创作受地方传统和外来文化的影响有多大?

如今，建筑学正面临众多纷繁复杂的问题，它们都相互关联、互为影响、难解难分，以上仅举其要，但也不难看出，建筑学需要再思考。

2.2 共同的选择

我们所面临的多方面的挑战，实际上，是社会、政治、经济过程在地区和全球层次上交织的反映。要解决这些复杂的问题，最重要的是必须有一个辩证的考察。面对上述种种问题，人类逐步认识到“只有一个地球”，1989 年 5 月明确提出“可持续发展”的思想，如今这一思想正逐渐成为人类社会的共同追求。可持续发展含义广泛，涉及政治、经济、社会、技术、文化、美学等各个方面的内容。建筑学的发展是综合利用多种要素以满足人类住区需要的完整现象。走可持续发展之路是以新的观念对待 21 世纪建筑学的发展，这将带来又一个新的建筑运动，包括建筑科学技术的进步和艺术的创造等。为此，有必要对未来建筑学的体系加以系统的思考。

3 从传统建筑学走向广义建筑学

在过去的几十年里，世界建筑师已经聚首讨论了许多话题，集中我们在 20 世纪里对建筑学的各种理解，可以发现，对建筑学有一个广义的、整合的定义是新世纪建筑学发展的关键。

3.1 三个前提

历史上，建筑学所包括的内容、建筑业的任务以及建筑师的职责总是随时代而拓展，不断变化。传统的建筑学已不足以解决当前的矛盾，21 世纪建筑学的发展不能局限在狭小的范围内。

强调综合，并在综合的前提下予以新的创造，是建筑学的核心观念。然而，20 世纪建筑学技术、知识日益专业化，其将我们“共同的问题”分裂成个别单独论题的做法，使得建筑学的前景趋向狭窄和破碎。新世纪的建筑学的发展，除了继续深入各专业的分析研究外，有必要重新认识综合的价值，将各方面的碎片整合起来，从局部走向整体，并在此基础上进行新的创造。

目前，一方面人们提出了“人居环境”的概念，综合考虑建设问题；另一方面建筑师在建设中的作用却在不断被削弱。要保持建筑学在人居环境建设中主导专业的作用，就必须面向时代和社会，加以展扩，而不能抱残守缺，株守固有专业技能。这是建筑学的时代任务，是维系自身生存的基础。

3.2　基本理论的建构

中国先哲云“一法得道，变法万千”，这说明设计的基本哲理（“道”）是共通的，形式的变化（“法”）是无穷的。近百年来，建筑学术上，特别是风格、流派纷呈，莫衷一是，可以说这是舍本逐末，为今之计，宜回归基本原理，做本质上的概括，并随机应变，在新的条件下创造性地加以发展。

回归基本原理宜从关系建筑发展的若干基本问题、不同侧面，例如聚居、地区、文化、科技、经济、艺术、政策法规、业务、教育、方法论等，分别探讨；以此为出发点，着眼于汇“时间—空间—人间”为一体，有意识地探索建筑若干方面的科学时空观：

——从“建筑天地”走向“大千世界”（建筑的人文时空观）

——“建筑是地区的建筑”（建筑的地理时空观）

——“提高系统生产力，发挥建筑在发展经济中的作用”（建筑的技术经济时空观）

——“发扬文化自尊，重视文化建设”（建筑的文化时空观）

——“创造美好宜人的生活环境”（建筑的艺术时空观）

……

广义建筑学学术建构的任务繁重而艰巨，需要全球建筑师的共同努力，共同谱写时代的新篇章。

3.3　三位一体：走向建筑学—地景学—城市规划学的融合

建筑学与更广阔的世界的辩证关系最终集中在建筑的空间组合与形式的创造上。“……建筑学的任务就是综合社会的、经济的、技术的因素，为人的发展创造三维形式和合适的空间。”

广义建筑学，就其学科内涵来说，是通过城市设计的核心作用，从观念上和理论基础上把建筑学、地景学、城市规划学的要点整合为一。

在现代发展中，规模和视野日益加大，建设周期一般缩短，这为建筑师视建筑、地景和城市规划为一体提出了更加切实的要求，也带来更大的机遇。这种三位一体使设计者有可能在更广阔的范围内寻求问题的答案。

3.4　循环体系：着眼于人居环境建造的建筑学

新陈代谢是人居环境发展的客观规律，建筑学着眼于人居环境的建设，就理所当然地把建设的物质对象看作一个循环的体系，将建筑生命周期作为设计要素之一。

建筑物的生命周期不仅结合建筑的生产与使用阶段，还要基于：最小的耗材、少量的“灰色能源”消费和污染排放、最大限度的循环使用和随时对环境加以运营、整治。

对城镇住区来说，宜将规划建设、新建筑的设计、历史环境的保护、一般建筑的维修与改建、古旧建筑合理的重新使用、城市和地区的整治、更新与重建以及地下空间的利用和地下基础设施的持续发展等，纳入一个动态的、生生不息的循环体系之中。这是一个在时空因素作用下，建立对环境质量不断提高的建设体系，也是可持续发展在建筑与城市建设中的体现。

3.5　多层次的技术建构以及技术与人文相结合

充分发挥技术对人类社会文明进步应有的促进作用，这将成为我们在新世纪的重要使命。

第一，由于不同地区的客观建设条件千差万别，技术发展并不平衡，技术的文化背景不尽一致，21 世纪将是多种技术并存的时代。

从理论上讲，重视高新技术的开拓在建筑学发展中所起的作用，积极而有选择地把国际先进技术与国家或地区的实际相结合，推动此时此地技术的进步，这是非常必要的。如果建筑师能认识到人类面临的生态挑战，创造性地运用先进的技术，满足了建筑经济、实用和美观的要求，那么，这样的建筑物将是可持续发展的。

从技术的复杂性来看，低技术、轻型技术、高技术各不相同，并且差别很大，因此每一个设计项目都必须选择适合的技术路线，寻求具体的整合的途径，亦即要根据各地自身的建设条件，对多种技术加以综合利用、继承、改进和创新。

在技术应用上，结合人文的、生态的、经济的、地区的观点等，进行不同程度的革新，推动新的建筑艺术的创造。目前不少理论与实践的创举已见端倪，可以预期，21世纪将会有更大的发展。

第二，当今的文化包括了科学与技术，技术的发展必须考虑人的因素，正如阿尔瓦·阿尔托所说："只有把技术功能主义的内涵加以扩展，使其甚至覆盖心理领域，它才有可能是正确的。这是实现建筑人性化的唯一途径。"

3.6 文化多元：建立"全球—地区建筑学"

全球化和多元化是一体之两面，随着全球各文化——包括物质的层面与精神的层面——之间同质性的增加，对差异的坚持可能也会相对增加，建筑学问题和发展植根于本国、本区域的土壤，必须结合自身的实际情况，发现问题的本质，从而提出相应的解决办法：以此为基础，吸取外来文化的精华，并加以整合，最终建立一个"和而不同"的人类社会。

建筑学是地区的产物，建筑形式的意义来源于地方文脉，并解释着地方文脉。但是，这并不意味着地区建筑学只是地区历史的产物。恰恰相反，地区建筑学更与地区的未来相连。我们职业的深远意义就在于运用专业知识，以创造性的设计联系历史和将来，使多种取向中并未成型的选择更接近地方社会。"不同国度和地区之间的经验交流，不应简单地认为是一种预备的解决方法的转让，而是激发地方想象力的一种手段。"

"现代建筑的地区化，乡土建筑的现代化，殊途同归，推动世界和地区的进步与丰富多彩。"

3.7　整体的环境艺术

工业革命后，由于作为建设基础的城市化速度很快，城市的结构与建筑形态有了很大的变化，物质环境俨然从秩序走向混沌。我们应当乱中求序，从混沌中追求相对的整体的协调美和“秩序的真谛”。

用传统的建筑概念或设计方式来考虑建筑群及其与环境的关系已经不尽适合时宜。我们要用群体的观念、城市的观念看建筑：从单个建筑到建筑群的规划建设，到城市与乡村规划的结合、融合，以至区域的协调发展，都应当成为建筑学考虑的基本点，在成长中随时追求建筑环境的相对整体性及其与自然的结合。

在历史上，美术、工艺与建筑是相互结合、相辅相成的，随着近代建筑的发展，国际式建筑的盛行，美术、工艺与建筑又出现了分离和复活。今天需要提倡“一切造型艺术的最终目的是完整的建筑”，向着新建筑以及作为它不可分割的组成部分——雕塑、绘画、工艺、手工劳动重新统一的目标而努力。

3.8　全社会的建筑学

在许多传统社会的城乡建设中，建筑师起着不同行业总协调人的作用。然而，如今大多数建筑师每每只着眼于建筑形式，拘泥于其狭隘的技术—美学意义，越来越脱离真正的决策，这种现象值得注意。建筑学的发展要考虑到全面的社会—政治背景，只有这样，建筑师才能“作为专业人员参与所有层次的决策”。

建筑师作为社会工作者，要扩大职业责任的视野，理解社会，忠实于人民，积极参与社会变革，努力使“住者有其屋”，包括向如贫穷者、无家可归者提供住房。职业的自由并不能降低建筑师的社会责任感。

建筑学是为人民服务的科学，要提高社会对建筑的共识和参与，共同保护与创造美好的生活与工作环境。其中既包括使用者参与，也包括决策者参与，这主要集中体现在政府行为对建筑事业发展的支持与引导上。

决策者的文化素质和对建筑的修养水平是设计优劣的关键因素之一，要加强全社会的建筑关注与理解。

3.9　全方位的教育

未来建筑事业的开拓、创造以及建筑学术的发展寄望于建筑教育的发展与新一代建筑师的成长。建筑师、建筑学生首先要有高尚的道德修养和精神境界，提高环境道德与伦理，关怀社会整体——最高的业主——的利益，探讨建设良好的“人居环境”的基本战略。

建筑教育要重视创造性地扩大的视野，建立开放的知识体系（既有科学的训练，又有人文的素养）；要培养学生的自学能力、研究能力、表达能力与组织管理能力，随时能吸取新思想，运用新的科学成就，发展、整合专业思想，创造新事物。

建筑教育是终身的教育。环境设计方面的教育是从学龄前教育到中小学教育，到专业教育以及后续教育的长期过程。

3.10　广义建筑学的方法论

经过半个世纪的发展，重申格罗比乌斯的下列观念是必要的：“建筑师作为一个协调者，其工作是统一各种与建筑物相关的形式、技术、社会和经济问题……新的建筑学将驾驭一个比如今单体建筑物更加综合的范围：我们将逐步地把个别的技术进步结合到一个更为宽广、更为深远的作为一个有机整体的设计概念中去。”

建筑学的发展必须分析与综合兼顾，但当前宜重在“整合”，提倡广义建筑学，并非要建筑师成为万事俱通的专家（这永远是不可能的），而是要求建筑师加强业务修养，具备广义的、综合的观念和哲学思维，能与有关专业合作，寻找新的结合点，解决问题，发展理论。

世界充满矛盾，例如全球化与地区化、国际和国家、普遍性与特殊性、灵活性与稳定性……未来建筑学理论与实践的发展有赖于我们善于分析、处理好这些矛盾；一些具体的建筑设计也并不是多种矛盾的交叉，例如规律与自由、艺术与科学、传统与现代、继承与创新、技术与场所以及趋同与多样……广义建筑学就是在承认这些矛盾的前提下，努力辩证地对其加以处理的尝试。

4 基本结论：一致百虑，殊途同归

客观世界千头万绪，千变万化，我们无须也不可能求得某个一致的、技术性的结论。但是，如果我们能审时度势，冷静思考，从中国古代哲学思想“天下一致而百虑，同归而殊途”中吸取智慧，则不难得出下列基本结论：

第一，在纷繁的世界中，探寻整合之点。

中国成语“高屋建瓴”“兼容并包”“和则生物”以及中国山水画论“以大观小”等，这些话内涵不尽一致，但其总的精神都是强调在观察和处理事物时要整体思维，综合集成。

20世纪建筑学的成就史无前例，但是历史地看，只不过是长河之细流。要让新世纪建筑学百川归海，就必须把现有的闪光片片、思绪

万千的思想与成就去粗存精、去伪存真地整合起来，回归基本的理论，并以此为出发点，从时代的高度，发展基本理论，从事更伟大的创造，这是 21 世纪建筑学发展的共同追求。

第二，各循不同的道路达到共同目标。

区域差异客观存在，对于不同的地区和国家，建筑学的发展必须探求适合自身条件的蹊径，即所谓的“殊途”。只有这样，人类才能真正地共生、可持续发展……

西谚云“条条大路通罗马”，没有同样的道路，但是可以走向共同的未来，即全人类安居乐业，享有良好的生活环境。

为此，建筑师要追求“人本”“质量”“能力”“创造”……在有限的地球资源条件下，建立一个更加美好、更加公平的人居环境。

时值世纪之交，我们认识到时代主旋律，捕捉到发展中的主要矛盾，努力在共同的议题中谋求共识，并在协调的实践中随时加以发展。应当看到，进入下一个世纪只是连续的社会、政治进程中的短暂的一刻。今天我们的探索可能还只是一个开始，一个寄期望于人类在总目标上协调行动的开始，一个在某些方面改弦易辙的伟大的开始。

21 世纪人居环境建设任务庄严而沉重，但我们并不望而却步。无论面临着多少疑虑和困难，我们都将信心百倍，不失胆识而又十分审慎地迎接未来，创造未来！

我的建筑创作观

一、建筑教育科学研究与创作实践的结合

我从 1946 年秋来清华，当时醉恋学校卓越的学术环境，即矢志将建筑教育作为终身之事业。半个多世纪以来，坚信教学必须与科学研究、设计实践三者结合。1983 年之前，由于大部分时间用于系务，虽然尽可能不放弃规划设计实践的机会，但主持之项目不多，直至 1983 年从行政岗位退下来后才能专心致志，把精力集中在科研与创作上，但得以贯彻始终的项目亦不多。尽管如此，对我来说，三者相互促进，有助于深化对建筑学术的理解，深感得益匪浅。

二、建筑、地景（园林）、城市规划的融合

我的专业学习是 1940 年从建筑开始的，在大学阶段，作为选修课程学习过城市规划与园林（当时称庭园学）。后来出于阅历增加和

现实需要，从建筑扩向城市设计、城市规划，进而从事园林研究、区域研究等，多学科交叉促使眼界与思路日宽。

我曾谓时代需要“大科学”，也在孕育“大艺术”[①]。建筑学正介于这两大门类中，我们应当多方面努力，提高建筑的科学性，反对忽视科学的种种不良现象。另外，我们还要提倡建筑艺术的创造，我除了建筑科学艺术本身探索外，也注意加强绘画、雕塑、书法、文学、工艺美术等的欣赏与修养。

在上述探索中，我对建筑、园林、城市规划三者之相互交融渐渐自觉，但也有一个认识过程：

——从中国建筑史、城市史与园林史中，看到三者的联系与共同点，如中国城市在不同地理基础、历史等条件下，形成各自的格局，从中可以领悟到构成中国建筑、城市与园林设计理念与方法等基础。

——从近代建筑、园林、城市规划专业教育之发展中，可以看到三者之相互关系。

——近 20 多年来，通过“广义建筑学”与“人居环境科学”等探索，进一步发现诸学科的内在联系。

基于以上的认识，1999 年，我终于将它明确地写入 1999 年国际建协《北京宪章》[②] 中，并作为该会的正式文件获得通过。

建筑、地景和城市规划的融合无论在理论上还是在实践中，还大有发展余地。

---

① 吴良镛.科学、艺术与建筑.清华大学艺术与科学国际学术研讨会论文集.武汉：湖北美术出版社，2000.

② 吴良镛.国际建协《北京宪章》：建筑学的未来.北京：清华大学出版社，2002.

三、创作的探索

在现代建设发展中，规模和视野日益加大，专业的门类在增加，建设周期一般缩短，这为建筑师视建筑、地景和城市规划为一体提出了更加切实的要求，也带来了更大的机遇。这三者的融合使设计者有可能从区域的视野、城市的视野、生态环境的视野，以及从更广的范围内进行建筑设计研究，这有助于整体概念的形成，触类旁通，释放更大的创造力。具体说来包括：

1. 在规划设计上，宏观与微观相结合。将大尺度的自然山水以至于无垠的宏观宇宙与微观建筑群的构图结合起来。

2. “人工建筑”（Architecture of Man）与“自然建筑”（Architecture of Nature）的结合。将山、水、植物、建筑等诸多要素做整体处理。

3. 在形式创造上，规整与自由相结合；空间布局上，虚与实、疏与密相结合，既有“法度”，又巧于“变法”。

4. 关注建筑的演变，分析研究建筑的“原型（Prototype）”并探索可能的新的“范式”。

四、发扬建筑文化内涵，提倡地区建筑

文化是历史的积淀，存留于城市和建筑中，融合在人们的生活中，对城市的建造、市民的观念和行为起着无形的影响，是城市和建筑之魂。

20 世纪 50 年代初，梁思成先生提倡民族形式，我在建筑理论上

受其影响。经过二三十年的思考与感悟，认为更应该强调建筑的地域性[①]。

全球化是一个尚在争议的话题，随着科学技术的发展、交通传媒的进步，全球经济一体化的到来，从积极的意义来说，可以促进文化交流，给地域文化发展以新的内容、新的启示、新的机遇；地域文化与世界文化的沟通，也可以对世界文化发展有所贡献[②]。但是，事实上，全球化的发展与所在地的文化和经济日益脱节。技术和生产方式的全球化带来了人与传统地域空间的分离。地域文化的多样性和特色逐渐衰微，甚至消失；城市和建筑物的标准化和商品化致使建筑文化和城市文化出现趋同现象和特色危机。

面临席卷而来的“强势”文化，处于“弱势”的地域文化如果缺乏内在的活力，没有明确的发展方向和自强意识，没有自觉的保护与发展，就会显得被动，有可能丧失自我的创造力与竞争力，淹没在世界“文化趋同”的大潮中。

“我们在全球化进程中，学习吸取先进的科学技术，创造全球优秀文化的同时，对本土文化更要有一种文化自觉的意识，文化自尊的态度，文化自强的精神。”

文化是有地域性的，中国城市生长于特定的地域中，或者说处于不同的地域文化的哺育之中。愈来愈多的考古发掘成果证明，历史久远的中华文化实际上是多种聚落的镶嵌，如就全中华而言，亦可称亚文化的镶嵌（mosaic of subculture），如河姆渡文化、良渚文化、龙山

① 吴良镛．中国民族建筑．南京：江苏科技出版社，1998：序言．

② 特茨拉夫．全球化压力下的世界文化．吴志成，韦苏，译．南昌：江西人民出版社，2001.

文化、二里头文化、三星堆文化、巴蜀文化等，地域文化发掘连绵不断。地域文化是人们生活在特定的地理环境和历史条件下，世代耕耘经营、创造、演变的结果。一方水土养一方人，哺育并形成了独具特色的地域文化；各具特色的地域文化相互交融，相互影响，共同组合出色彩斑斓的中国文化空间的万花筒式图景。

多年来，我提倡地区建筑，其理论与实践就建立在有地域文化研究的根基上。前人云“十步之内必有芳草”，地域文化有待我们发掘、学习、光大，当然这里指的地域建筑文化内涵较为广泛，从建筑到城市，从人工建筑文化到山水文化，从文态到生态的综合内容。例如，中国的山水文化有了不起的底蕴，中国的名山文化基于不同哲理的审美精神，并与传统的诗画中的意境美相结合，别有天地，在我们对西方园林、地景领域有所浏览之后，再把中国山水园林下一番功夫，当更能领略天地之大美。

必须说明的是，地域文化本身是一潭活水，而不是一成不变的。有学者谓全球文化为“杂合”文化（Hybridization）[①]，地域文化本身也具有“杂合”性质，不能简单理解为纯之又纯，随着时代的发展，地域文化也要发展变化；另一方面，随着本土文化的积淀，它又在新形式的创造与构成中发挥一定的影响。

建筑学是地区的产物，建筑形式的意义来源于地方文脉，并解释着地方文脉。但是，这并不意味着地区建筑学只是地区历史的产物。恰恰相反，地区建筑学更与地区的未来相连。我们专业的深远意义就

---

① 皮特斯. 作为杂合的全球化 // 梁展. 全球化话语. 上海：上海三联书店，2002.

在于运用专业知识，以创造性的设计联系历史和将来，使多种取向中并未成型的选择更接近地方社会。“不同国度和地区之间的经验交流，不应简单地认为是一种预备好的解决方法的转让，而是激发地方想象力的一种手段。”

“现代建筑的地区化，乡土建筑的现代化，殊途同归，推动世界和地区的进步与丰富多彩。”

五、创作实践

1. 菊儿胡同类四合院住宅设计[①]

北京的城市设计是大至故宫宫廷广场，小到民居四合院，是大小不一但俨然系列的合院体系，再以大街、胡同为经纬，建筑物高低有致，形成严谨的城市肌理（urban fabric）。近代新建筑的安置，特别是住宅建设，每每破坏了这一传统的环境肌理。菊儿胡同住宅建筑群的试验，是建立在“有机更新”的历史城市发展理论上，对北京旧城内小规模改造的“类四合院”“新住宅体系”的一种尝试。自 1987 年到 90 年代初，第一、第二期试验成功后得到广泛的认可，一度因 1993 年后房地产开发暴涨而停顿，在今天已重新被肯定。

一个学术思想可以“发酵”：时间可以是一个星期，也可以是一个月、一年，甚至更久。

以菊儿胡同的规划研究为例，具体规划设计是在 1987 年，但其

① 吴良镛．北京旧城与菊儿胡同．北京：中国建筑工业出版社，1994.

思想根源可以追溯到1978年，当时刚刚改革开放，我与朱自煊教授鉴于北京城在“文革”中遭受的破坏，以无比的激情从事第一个课题的研究，对北京总体规划进行了回顾，探讨如何使北京旧城恢复与发展传统秩序，后来在1980年的《建筑学报》以清华大学建筑系城市规划教研组的名义发表。文章一方面提出了北京旧城“分片发展”的理论，另一方面试图重新探索北京旧城的发展模式，后来我建议对什刹海进行详细规划研究。当时的规划设计探索了鼓楼南大街步行区的想法。规划设计过程中，我总感觉不能不涉及居住区。改革开放以前没人太关心传统住宅区的保护研究（“文革”前由赵冬日规划设计的白纸坊住宅区基本是苏联的街坊模式布局）。对什刹海的研究一方面分析了北京旧城“大街—胡同—四合院”的结构模式，一方面希望探索以单元式组合为大四合院的模式，可以说“有机更新”的理论已颇具雏形。后来在科委的报告会上我第一次将这些理念提出，还是引起了不小的重视。

其实对北京旧城街道、胡同和四合院的关注还可以回溯到1951年。当时我在都市计划委员会担任顾问，都委会开会常常会谈到北京旧城。林徽因曾建议我去崇文门外花市看北京旧城的街巷和住宅区，包括鲁班馆那条街，有许许多多旧式店铺（现在清华大学建筑学院“中国营造学社纪念馆”陈设的多件明清家具就是当时在鲁班馆购置的，当时花了2000元）。1951年对北京旧城街巷、四合院的调查给我留下了深刻的印象。

这样看来，菊儿胡同的思想可以一直追溯到1951年。很多学术问题不是一次能够得到答案，尽管没有答案，但是经过几十年的思想酝酿会自动“发酵”，并受现实种种条件要求（如容积率的提高）、其他学术思想的启发［如城市肌理（urban fabric）等学术观念］而逐渐成熟起来。以至在1987年当危旧房改造提出后，进入实践的阶段，这一命题可以说一直到今天还未终结。

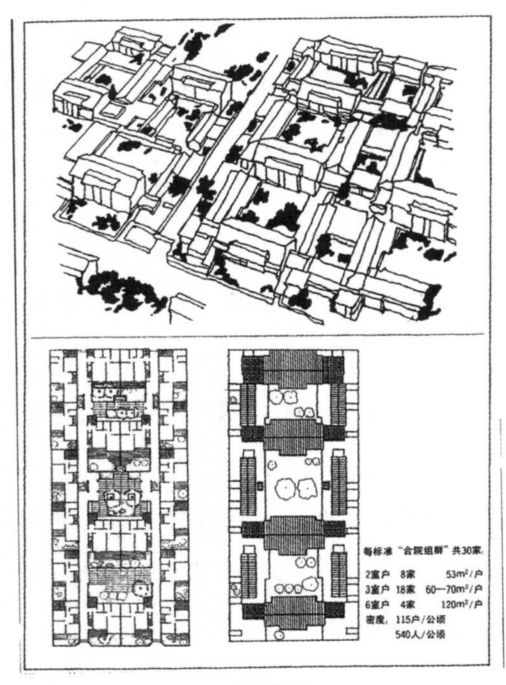

设计草图

菊儿胡同鸟瞰

2. 曲阜孔子研究院[①]

曲阜孔子研究院坐落于孔子的家乡曲阜，该城是一个历史文化名城，孔庙居中，旁有孔府，北面是孔林，即所谓的“三孔”。在城南的大成路（原来是一个“神道”）南800米处拟建孔子研究院。孔子研究院基址北邻孔庙，东接新建成的“论语碑苑”，包括五个方面的内容，博物馆、图书馆、学术会堂、研究所和管理部门。除了这些建筑使用功能的要求外，在造型上要求它能代表中华文化，具有地区的个性。这是一组很特殊的文化建筑，有它特有的内涵。

① 参与设计的有吴良镛、张杰、单军、卢连生等。

（1）总体布局的探求

孔子研究院的总体布局以“九宫格”为基础。“九宫”实际上就是一种中国上古宇宙图案或空间定位的图式。在西北布置山，因为在曲阜有“尼山”，据说是孔子出生的地方，此处象征尼山。基址南边河对面已经盖了一组比较高的政府大楼，我们借此堆一个土山，叫“案山”，多少可以遮挡一下高楼，也可以增加层次。这之间正好有水——小沂河，可以象征“九曲水”或“玉带水”。孔子研究院虽然处于城市环境之中，通过借鉴中国的空间布局传统，也可创造一个相对独立的自然环境。

（2）建筑创作的构思

建筑创作的整个设计采取“高台明堂”的布局形式。构图用方和圆作为基本母题，不仅从抽象的形式出发，而且有它特定的内涵。“辟雍”是古代书院，这里借鉴“辟雍”的格局象征孔子研究院是当代书院。

建筑造型

战国时代有一个铜器，上面有一个房子的纹样，主体建筑建在高台之上（证实文献中的“高台榭”），可以说这是目前仅存的与孔子同时期具体的建筑形象。古代高台有“礼贤下士”的意思（战国时燕昭王在易水河边筑了一个高台，放了千金在上面，表示“招贤纳士”）。因此，我们把主体建筑建在高台之上。台下作图书馆，从大台阶两边进去。上面二、三层作博物馆，从平台进入。二层圆形的外墙用红色大理石砌成，上面用中、英、俄、日等八种文字嵌刻着《礼记·大同章》里面的一段文字。博物馆屋顶开了天窗，天

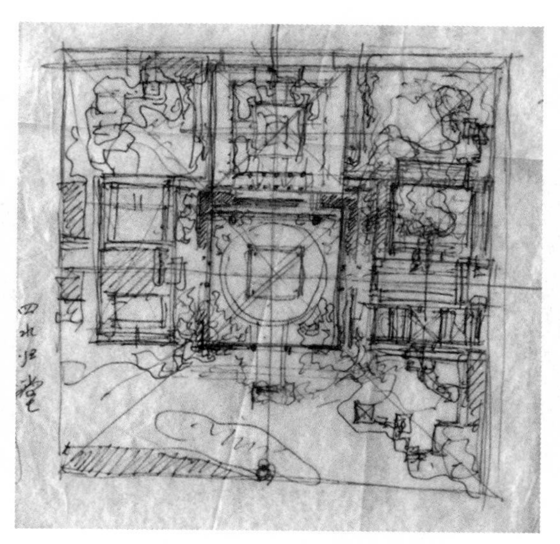

建筑群总体布局“九宫格”设计手稿

光直接照到二楼的中庭。这是一个气势宏大的空间，中庭的中间放孔子及其弟子的群像，在平台上极目四眺，视野很开阔。

室外环境

中央广场采用“辟雍”的形式，上面有平台，平台可以有多种功能：演出时可作舞台；讲演时可作主席台。主体建筑的大台阶，也可以作主席台。在孔子文化节时，可作演出场所。台子上有喷泉，需要时可以喷水，水随台阶流入水池。四周设水池，十六根“玉琮”形式的灯柱立于池中，并有喷泉相配。广场铺地的图案，根据考证，在《周礼·春官·大宗伯》中有“以玉作六器，以礼天地四方：以苍

中央广场苍璧台喷泉开启时的实景照片

璧礼天，以黄琮礼地；以青圭礼东方，以赤璋礼南方，以白琥礼西方，以玄璜礼北方”，均有特定的含义。

艺术造型

装饰纹样可以进一步赋予建筑地方和民俗性。如大屋顶的屋脊运用汉代凤凰展翼的图案，表现凤凰飞动之美。这组雕塑由张宝贵先生创作，是整个建筑的制高点，加强了建筑的个性。

中庭的雕塑是一组群像，典出《论语·先进·侍坐》一章，孔子和子路、冉有、曾点、公西华等四个学生在一起，问说各人的志向。曾点说：“莫春者，春服既成，冠者五六人，童子六七人，浴乎沂，风乎舞雩，咏而归。”我们用这个题材请雕刻家钱绍武先生制作雕塑群像。作为思想家、教育家的孔子气势非凡，弟子环坐，曾点站立而言，孔子为之动容，严肃而有生活气息。

群像背后有浮雕，构思是“山高水长”，意思是孔子的仁德是“直与天地万物上下同流”的气概。高冬教授主持这组山水浮雕的创作，是用东阳木雕完成的。现在看来，无论木雕和雕塑的配合，还是构图、粗壮与细致的结合等，都很成功。

主题雕塑《侍坐》中孔子及其弟子

环境与园林

古代书院建筑除部分在城市中外，不少建于山林之中，讲求“畅适人情”，有生活气息；又要有山有水，认为“山端正而出文才”，“水清纯，涓涓不息则百川归海，无不可至”，“仁者乐山，智者乐水”。孔子研究院的园林设计就是根据上述思想而作的。院东有“汇泽池”；院子的西北就是以山为主，象征孔子诞生地尼山，上立“仰止亭”，表达“高山仰止，景行行止”之意；东南面临小沂河边已建有亭子，拟取名“观川亭”，取意于孔子“逝者如斯夫，不舍昼夜”的话。

（3）创作思想的体会

第一，“建筑是表现人们崇高的思想、热情、人性、信仰、宗教的结晶”（格罗皮乌斯）。在一些纪念性、宗教性建筑中，瞻仰者身临其境，总会感到一种无名的气势，一种和谐、寂静的境界袭上心头，无以名之，曰“圣地感”。在孔子研究院的设计中，我们的创作追求一种“场所意境”——既要表现建筑美，又要表现自然美，将高尚的艺术文化内涵和时代精神、地方特色等结合起来，形成整体，创造一种圣地感（sacred space）——一种不同一般的环境，不像孔庙等礼制建筑那么严肃，要有祥和的“书院”文化气氛，又是孔子文化节游者欢聚之所，因名之曰“欢乐的圣地感”。

第二，在城市设计、建筑设计、装饰设计和园林设计中，寻找一个共同的母题（motif），融贯于所有的方面。这个母题就是孔子的美学思想，把它用现代人所能够理解的方式和手法来表达，也希望把它建成曲阜的一个新的标志性建筑，实际上它是做到了。

第三，用隐喻的方式来表达中国的文化内涵。后现代主义也讲隐喻，但他们的隐喻是隐晦、新奇、难懂的，不求人们立刻了解。我们追求易懂，似曾相识，其中的典故一经了解，便感到意味深长，这是中华丰厚的传统文化所赋予的。

第四，发扬中国画卷的美。现在一般的建筑群是沿袭西方的设计思路，营造一种雕塑般的空间构图变化——“雕塑的美”。孔子研究院的设计希望体现东方传统建筑群的那种“画卷之美”。通过散点透视、抑扬顿挫、起承转合等，来体现山、水、树、石、亭、台、楼、阁和人物等的画卷之美。现在从大成桥，特别是从小沂河对岸来看孔子研究院，可以欣赏到这种画卷之美。

第五，在西方建筑界有一个现象，就是在现代派影响下培养出来的建筑大师，像斯特林（J. Stirling）、文丘里（R. Venturi）等，当他们发现古典建筑之美时，就开始在作品中有所体现，这可从他们的一些重要作品中看出来。孔子研究院的设计目的在于挖掘中国传统文化精神，融合西方建筑理论，创造新的建筑文化。但需要说明的是，这是在特定的条件下引申出来的，并不要求一切的建筑创作都应如此。当前有一种现象：在一些特定的地点，在性质上须反映中国文化、民族精神的建筑任务，现在却在所谓的“新潮”或“前卫”思想的口号下面，避难就易，沦为平庸之作，这种现象值得重视！

3. 北京中央美术学院[①]

中央美院是具有 70 年历史的艺术院校，但因原地无法发展，20

---

① 参与设计的有吴良镛、栗德祥、朱文一、庄惟敏、单军等。

世纪90年代中期，决定迁至北京城东北望京小区的公园东侧，临近主要干道，占地40公顷，在地段东北有一条80米宽的直通公园的绿地将地段一分为二，分别为美院本部与美院附中。其中，中央美院包括行政办公部分，教学部分（图书馆、美术馆、专业教室、绘画系、雕塑系等，其中雕塑陈列馆兼素描教室），宿舍、食堂等生活部分以及运动场地、后勤服务部分等，另有青年教师公寓位于西北角。美院附中包括行政、教室、报告厅、图书馆、健身房以及学生宿舍、食堂等。总建筑面积计8万平方米。

设计遇到的难题有：（1）新院址所在原为一废窑坑，最深处30米，临近建设时被作为建筑垃圾的新填充地，仅有东部沿街一狭长台地（宽7—8米）比较适宜进行建设，如何在这狭长地段紧凑布局，以节省地基的费用是必须考虑的。（2）美院建筑有特殊的功能——如油画教室要有天然的采光，雕塑壁画教室要有高低不同的创作空间，这些都需要建筑朝正北方向，而80米宽的绿地又将地段斜切为二——带来布局的困难，等等。

该学院于2001年10月完成，设计中有两点体会：

第一，限制与创造的矛盾统一。

学校坐落于窑坑之上，因地段受自然条件及环境条件的种种约束，的确给设计工作带来了极大的困难。设计者对限制条件的认识和如何克服这些限制，是至关重要的一点，作为确立创作的指导思想的第一步。

创造是多层次、多样化的，而在创造过程中人类要付出大量的思想劳动这是无疑的，限制可以激发人们在设计过程中进行更多的、更深层次的思考，为迸发创造火花提供了更大的机会。所以说，限制是创造的催化剂，创造并非一种没有束缚的任意自由的产物。正如老沙里宁所说的："想象力并不是任意地摆弄观念、思想和形式——但它在发挥自己的作用时，也应当有活动的自由，它必须摆脱各种规划和教条的束缚，但要奠定基本原则……""建筑的价值并不在于丰富的想象力，艺术的价值在于如何驾驭想象力。"闻一多先生在诗论中，谈到诗词是要讲求格律的，这似乎也是一种束缚，但诗人必须"戴着脚镣跳舞"[①]，而在一些历史名城中建筑师不都戴着共同的"脚镣"吗？但这些建筑"舞蹈"却千姿百态，有各自的表现力。由此可见，限制可以诱发创造，创造也可因限制而激发。

基于以上的认识，设计者坚信，越过艰难的设计条件，认清必然，发挥创造，就能取得创作自由，就能取得独特的成果，结论是首先在整体布局上下功夫，具体途径是：（1）力求城市设计、建筑设计、园林设计相互结合，建筑群相连成片，面向公园洼地，使面向街道的建筑群、面向公园的建筑群以及面向 80 米宽绿地的建筑群都有良好的外部景观。（2）建筑高低错落，统一中有变化，色彩采用灰面砖，既承袭传统北京城的色泽，又与周围建筑光怪陆离的色彩有所区别。（3）因为是学校建筑，是学习场所，因此要力求简洁朴素，特别是室内要求适用大方。（4）规划中就考虑为发展留有余地，采用灵活的组合，以利有机生长。

---

① 吴良镛 . 广义建筑学 . 北京：清华大学出版社，1989.

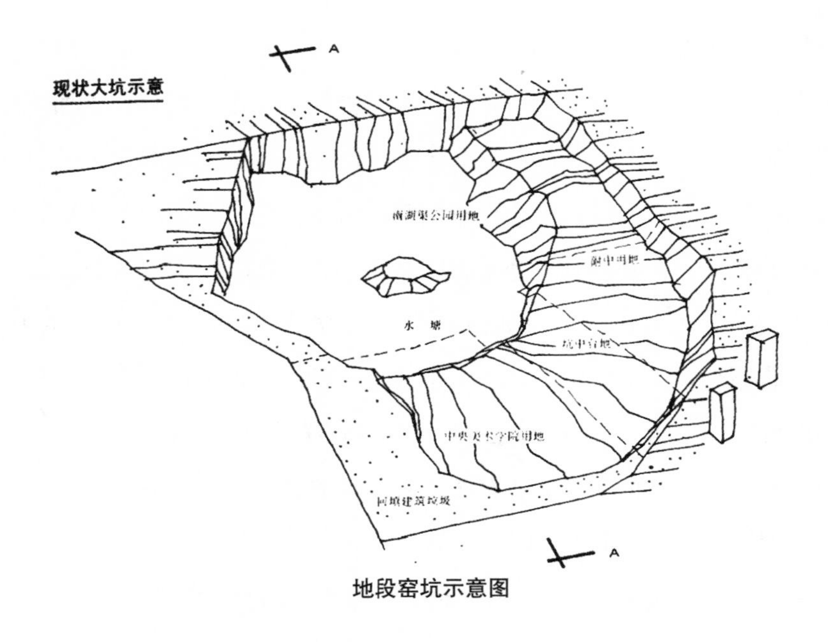

地段窑坑示意图

第二，艺术性与科学性的交织。

建筑是科学与艺术结合的产物，具有文化性质的建筑物对艺术性、科学性的要求注定更高一些。中央美院设计的过程中，我们是注意到这一点的，例如从在可以支配进行建设的用地上要建设一定数量有天光的教室，经多方案比较，就只能把建筑群铺开，进行院落式的布局；在如此密集的建筑群中，做到内外交通路线的流畅并强调其整体性，事实上是将整个建筑群当作“一栋房子”来设计，建筑物之间要能对应、对话，每幢建筑并力求有其个性。

在规划布局上，借鉴西方学院建筑的滥觞——修道院的“空庭

中央美术学院环境设计初衷

(court)”和中国四合院的格局，解决内外空间的结合和内部使用功能特殊性问题。各种各样的内庭、庭院内植物栽培、小建筑以及雕刻、坐凳的安置可以随未来生活的需要而增添，作为师生室外公共空间，富有不同的文化内涵。在设计过程中，中央美院校舍群与公园是统一设计的，原希望窑坑四周填土，中央留有一点水面，则建筑群像“新月”一般弯向水面，而坡度由高渐低，通过绿地渐与水面相结合，可惜这一点不能实现，因为公园属于另一单位，设计施工过程未能协调好，过多的建筑垃圾不断倒入坑内，最后竟成一小山。原规划是建筑群水平铺开面向湖水，现在竟成“开门见山”，事与愿违，令设计者啼笑皆非，终成遗憾。

4. 南通博物苑

原南通博物苑创建于1905年，是中国人自己创办的最早的博物馆。新馆在总体布局中突出两条南北向轴线，一为旧有的北馆—中馆—南馆轴线，作为东轴线；一为濠南别业轴线向南延伸，作为新馆的建筑中轴线。这样新老建筑互为交织，相得益彰。

由于旧馆无论北馆、中馆、南馆建筑体量均不大，因此新馆一定要控制体量，尽可能避免成为庞然大物，故整个平面布局与体量造型采用与“中馆”大小相当的“亭”式建筑，为建筑群组合基本单位。

博物苑北面全景

将张謇亲笔写的咏博物苑诗篇刻于白石墙作为博物苑母题。张謇《营博物苑》诗原出自日记随抄，字迹娟秀，一气呵成，可称杰作。西方每以建筑、绘画、雕刻为综合艺术，文艺复兴以“三艺”称之；中国书法艺术与诗咏结合，独立于世界艺术之林，今在南通博物苑新馆，突出地加以发挥，借以弘扬中国传统艺术文化特色。

5. 泰山博物馆

泰山是在自然美景中将历史文化、文学、书法、雕刻、绘画、建筑等中国多种艺术门类融合于一身的大自然的博物馆，但参观者走马观花，很难得到这一综合的概念。建设泰山博物馆恰恰能帮助游客深入了解泰山丰富的历史文化艺术内涵。泰山博物馆之建立可以使中国艺文以其独特之文化特色鼎立于全世界。

我们在设计中提出“南庙北馆”的城市设计意象。“南庙”即岱庙，同时是现在的泰安博物馆。“北馆”则是我们规划设计中的泰山博物馆。选址位于泰山登山入口东南侧、红门路东、虎山水库以西、环山路以北的地段，与岱庙—岱宗坊的南北轴线正对，“南庙北馆”遥相呼应。

经石峪的奇伟景观直接启示了我们的博物馆造型构思：特别是高山流水刻石及试剑石一组刻石，在青山绿水间一组自由布局的巨石，很符合“长于泰山上，化在自然中”的建筑意象。以“泰山石”“泰山石亭”作为造型母题，在大自然中立馆，馆内围合大自然。

“长于泰山上，化在自然中”设计草图

泰山博物馆全景表现图

6. 江宁织造博物馆

江宁织造博物馆是在江宁织造府旧址上建造的一座现代博物馆，我们将这座博物馆丰富的内涵归纳为“一府三馆”。一府者，通过一些传统风格建筑的片断，使人们产生对江宁织造府的历史联想；三馆者，红楼梦博物馆、曹雪芹纪念馆和云锦博物馆。

设计中提出两种模式：一种是“核桃模式”——出自明代魏学洢《核舟记》，启发我们将清代江宁织造府的历史故事浓缩在“核桃模式”

之中。另外一种是“盆景模式”——将小说中“大观园”的空间意象浓缩于两园这一“盆景”之中，在喧嚣城市中营造“石头城”中的现代“红楼梦”。

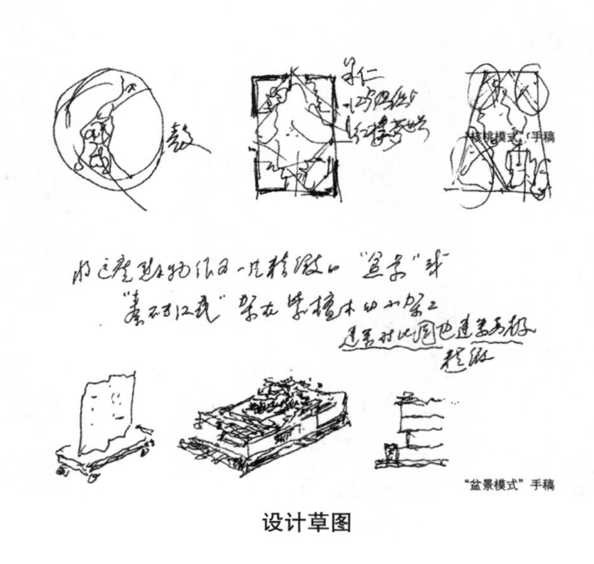

设计草图

设计的目标是创造“三种世界”：历史世界、艺术世界、建筑世界。所谓历史世界，就是要通过建筑隐喻其富含的历史信息与价值。所谓艺术世界，博物馆建筑无论从造型上，还是从空间上，都应该更注重其在艺术上的创造。所谓建筑世界，除了在建筑艺术上的种种思考，还要将这样一座综合了“三馆”“一府”，以及展览、会议、游览、餐饮等诸多功能内涵的建筑物融为一个建筑整体。

园林东入口与水池

六、建筑创作体会

第一，从城市设计出发，以结合自然为基础，进行建筑群的组合，分为若干部分，审慎地组织建筑与建筑群体之间的公共空间部分（space between）。

第二，在现代规划设计中，根据不同的内容，恰如其分地运用和发展古代模式理念。例如运用合院体系、“九宫”图式，以及西方院落（court）体系、园林格局等作为原型（prototype），加以近代发展，巧为应变。

总的说来，以城市规划的原则明确城市设计的思路，以城市设计的观念来指导建筑设计，在建筑设计的基础上推进、充实城市设计，以保护自然，利用自然，“妙造自然”的园林设计组织生态空间，刻画表现时代精神与人文内涵，如此反复。这是我在探索中的整体创作观。

第三，建筑当随时代，这是毋庸置疑的，我们可以从多种途径发挥创造，例如从科学技术、生态环境、节能、节约等角度，达到各种目的，但建筑也是一种文化创造。作为一位中国建筑师，我深信，中国拥有深厚建筑、园林和城市的文化传统，以及丰富的东方哲学思维与美学精神，如何能运用现代的设计理念和技术条件，吸取多元的文化内涵，探索新的形式，创造优美的生活环境，这可能是寻找失去的美学精神，避免世界文化趋同，促进当今城乡环境丰富多彩的途径之一。

20 世纪以来，中国建筑师对此做了不懈的努力，有着历史的功绩，也走过了曲折的道路，如今事实愈为明确，如果仅仅从个体建筑，仅仅盲目抄袭西方或仅仅从古代建筑形式论形式，已经难以取得大的进展和突破，我们的思路必须宽阔，方法必须创新。而如此大规模的全面建设说明，从多方面研究成果的渗透，对创作观展拓的客观条件已经具备。当然，这条道路是艰难的，我本人的尝试有成功也有失败，有欢乐也有沮丧，这些都微不足道，但我深信我们从事的中国城市建设与建筑专业是有着光辉的前途的，它必将是新世纪中世界建筑的璀璨篇章。

关于建筑的艺术问题的几点意见 [①]

一

大家都很熟悉我们在创作方向上是经历了曲折的道路的，我们一会儿搞玻璃匣子，一会儿热衷于大屋顶，经过批判，一时莫知所从，又复西方之古。“西风”刮来，又有些人想到西方的所谓近代建筑中找出路，闹来闹去，好像嘀咕的都是些建筑形式问题，现在看来这不过是问题的一方面，不过是现象，问题的本质还不在这里，问题的本质还在于我们对社会主义建筑事业的性质缺乏了解。

长期以来由于我们思想觉悟很差，缺乏群众观点，我们摸不清也不愿去摸清群众的需要是什么，狂妄地认为群众不懂建筑，于是主观地，随自己的爱好把形形色色的东西硬塞给群众，强迫群众爱我们所

① 本文是作者在 1959 年 5 月 28 日上海住宅标准及建筑艺术座谈会上的发言。原载于《建筑学报》1959 年第 7 期。

喜爱的东西，我们还自以为是地以“知识里手”的姿态，大言不惭地要教育群众，要提高群众的欣赏水平，而我们的喜爱又是那么的不纯正，不是夹杂着封建士大夫的爱好，就是带有着资产阶级的趣味，一句话——思想感情不对头，还和群众有着不短的距离，这样又怎能创造出为广大群众喜闻乐见的作品呢？所以归根到底还是为谁服务的问题并未解决。

通过双反的教育，我校教学两条路线的大辩论，这个问题在理论上、在认识上算是基本解决了，并且经过一段短时间的实践，我们有了很多的体会，例如我们在首都重点工程的剧院设计中，为了剧院符合各方面的需要，我们进行了广泛的调查访问，我们访问了梅兰芳先生等及其他男女老少，各剧种的演员和各方面的音乐家，我们体验了他们严肃紧张的舞台生活（也理解到一个不合要求的后台设计是多么严重地影响了他们的演出），我们访问了各部门的管理人员，了解了他们特殊的要求，为了校正书本上厕所需要量的数据，同学们曾去天桥剧场厕所内统计剧院从入场演出到休息散场的各种不同时期内厕具的使用情况……在工程技术上，老师傅们、老一辈专家们教给我们不少东西，告诉我们一些不同材料的配合，在光线不同的情况下油漆色彩的变化，在高低不同的地方线脚的处理，花纹的刻画，等等，这些都是通过他们的长期实践的甘苦自得的经验，是极其宝贵的知识。不仅在使用上在工程做法上走了群众路线，在建筑艺术的造型上我们也广泛地征求了群众的意见（这在过去是难于想象的事），我们访问了许多领导同志，访问了石景山钢铁厂的工人、四季青人民公社的社员、公共汽车上的乘客，以及校内的职工、同学，等等，这给我们的教育是很大的，事实上并不是如我们过去所想象的群众不懂建筑艺术，恰恰相反，群众对建筑艺术的要求是很高的，比我们要求于自己的还高，倒是我们的技术水平常满足不了他们的要求。更值得我们深思的是我们体会到虽然在某些具体的问题上、细节上，好多人是各有偏爱的，但总的来说，从领导到群众，他们对建筑形象的一些要求的基本精神是一致的，那就是在这些重点工程中要表现我们今天丰富多彩的生活，表现广大群众向上的、乐观主义的精神，要有共产主义豪迈的思想感情，他们对一些纪念性的建筑物的要求要庄严、大方，要气魄大，要精神足，要热闹，要开明，要明快等，他们反对“老一套”，“没新东西”。但是群众却也不是一味地要热闹的，一位工人同志说得好，“这要看什么场所”，例如对另一个性质不同、位置不同的建筑，他们就要求典雅素净些（当然他们所说的素净些，和我们建筑师所片面追求的那种含蓄，“干干净净”，可能还有一些距离）。

如今我们真是感到在设计工作中离不开群众了，任何一个设计如不征求群众意见，我们就放心不下，如果一些东西，为群众所满意了，那对我们真是极大喜悦。我们体会到所有这些就是建筑艺术创作的无限生命力的源泉，过去从对群众的意见发生抵触到今天能理解这些，并努力去体会这些，比起过去来无疑地是有了很大的进步。

但是我们还必须认识到，像这样一个问题，是思想情感和思想意识问题，要我们今天很快地在我们思想深处和群众的喜爱，同呼吸，同脉搏，对千千万万劳动人民生活需要有广泛而深入的了解，这不是短时期的事，这对我们来说还需要一个自觉努力和自我改造的过程。

我们这样说并没有抹杀一个问题，那就是发挥设计工作者的创作能力和提高群众水平的问题，我们认为不能把走群众路线消极地理解为群众要怎样就怎样，不求有功但求无过，放弃了设计者对设计工作的意匠经营，这是不正确的。设计者既要虚心倾听各方面意见，向人民群众学习，吸取蜜汁，又要将群众的要求加以分析提炼，加以集中，把群众的思想情感，通过建筑师的智慧的双手，以清新独创、韵味隽永的形象表达出来。的确，对于群众的水平，这里面有个提高的问题，但必须弄清所谓提高，只能从群众中提高，即沿着群众“自己前进的方向”在提高，沿着“无产阶级方向去提高”，而不是像过去我们所想象的那样，向我看齐，沿着我们过去资产阶级建筑路线去“提高”，要群众去欣赏神秘的“流动空间”，没有文化的抽象图案等等。这是问题的关键所在。

这样说可能抽象一些，现举例说明，去年我们在某地人民公社建设新农村居民点时，在总体布局上曾经有过这样一场对于设计的意图的争论，原设计是一群住宅和生活福利建筑，如食堂、俱乐部，围绕在一个中央花园的四周，争论发生在南部一幢住宅的布局上。一派的意见，由于园子以南现有几棵大树，前面是一片丰产田，南望金黄色的麦浪，一望无际，风景很好，所以这里不应该放一幢高大的住宅建筑；另一派的意见坚持要照当地的领导和农民们的要求办事，因为他们再三希望南边建一幢比较壮观的住宅大楼，上面放两个亭子，他们称之为“兜底楼”，堵一堵气，使得院内“聚气”一点，向南看“神气”一些。单从艺术观点来说，这两者谁好谁坏很难下结论，讨论的结果，多数人认为我们的为人民群众服务的新农村是为农民群众所居住的，我们应该满足群众的要求，即在尊重群众的喜爱的基础上发展方案。尽管当时持前一种意见的少数人可能想不通，但无疑后一派的主张是正确的。后来根据农民同志的意图，通过建筑师的努力做了一番设计，现在房子盖起来了，当地的农民同志们非常满意（因为这正是他们的心愿）。我们建筑师看来倒也新鲜别致，也感到不错。

所以说提高也必须从群众的喜爱出发，建筑师不应自居提高。我们现在才理解到，毛主席说人民生活是“一切文学艺术取之不尽用之不竭的唯一源泉”“此外不能有第二源泉”这几句话的深刻意义。如果说我们在某地人民公社做了一些和过去一般老一套建筑设计有不一样的地方，出现了一点新的气象，归根到底，就是因为在其中渗进了农民同志的一些血液。如果说我们某些重点工程设计中，后来的图样比起我们苍白无力的原方案来更为群众所喜爱，那也是因为集中了一些群众的创造的结果，是贯彻了“六亿人民共同作设计”的精神的结果。

毛主席所提出的文艺作家和群众的关系，是我们每一个建筑师所应当学习的。毛主席说，所有的专门家要“使自己的专门不成为脱离群众，脱离实际，毫无内容，毫无生气的空中楼阁……”，那只有“联系群众，表现群众，把自己当作群众的代言人，他们的工作才有意义，只有代表群众才能教育群众，只有作群众的学生，才能作群众的先生，如果把自己看作群众的主人，看作高踞于‘下等人’头上的贵族，那么，不管他们有多大的才能，也是群众所不需要的，他们的工作是没有前途的”。这些话对我们建筑工作者也是完全适用的，应该努力加以体会并作为我们长时期努力的方向。

只有我们的工作永远“联系群众，表现群众”，我们的工作永远得到这不尽的源泉的滋润，我们的创作的花朵才能够万紫千红，永远昌盛。对于这一真理，我们从工作中有了初步体会，当然，我们做得还很不够，但是它已经成为我们坚定不移的信念了。

二

若干年来，我们在许多设计问题上总是摇摆不定，不是一会儿只沉醉于建筑艺术，很少考虑经济问题，一会儿又片面地强调经济，单纯经济观点，避而不敢谈美，深怕被扣上“唯美主义”的帽子，对长远和目前的问题，我们一会儿只考虑远景，忽略一些现实的具体问题，一会儿又只顾眼前，很少深谋远虑，兼顾将来。对建筑的设计，不是强调从内到外，内在功能决定形式，根本不照顾整体，就是片面地强调总体的协调要成为城市“定音”，又忽略了建筑物内部的要求。对街坊布局，不是一律从街景出发的周边式，就是千篇一律的行列式……非此即彼，时左时右。虽然在我们对一件事物认识的过程中难免有摇摆现象，虽然党总是不断地在每一时期及时地纠正我们的偏向，指出正确的道路。但是，由于我们思想水平太差，总是“扶得东来西又倒”，不能辩证地认识这些问题，因而每每不能吸取足够的教训，提高认识。建筑界复古主义的一阵风，已成为过去了，如果回溯一下当时的一些理论，可以看出我们的思想方法是多么不对头。

复古主义，一般地说，当然也是形形色色形式主义的一种表现形式。它的错误在于脱离了建筑物的内容（脱离了生活实用上的要求、精神上的要求），以及科学技术上的条件而单纯追求形式的美。既然形式脱离了内容，也就成了无本之木、无源之水，只剩下了虚假的形象。对复古主义的认识还不能止于此，除此以外，我们还可以看出一系列认识的根源：

第一，复古派的理论者是看不见事物是不断运动和发展的，而是把它看作孤立的、一成不变的、静止的东西。他们只习惯于向后看（对祖先的辉煌成就一唱三叹，认为中国古代建筑“是最古最长寿最有传统活力的建筑”，认为是“无比的杰作”，是无法超越的），而不能向前看（看不见新事物，看不见我们无限宽阔的未来），画地为牢，我们只有在这里面打圈子的份儿，没有跳出框框的勇气。

第二，这一派理论的倡议者曾经对中国封建时期的建筑，下了很大功夫。作了一些比较分析，也总结出一些规律来。就这些规律本身来说，一般也是正确的，但复古主义者的错误在于抓住历史上一个时期的规律，把它夸大成对建筑普遍不变的、适合于各个时期的规律，好像一切建筑就得具备这几大特征。同样的情况，这些理论把建立在木结构体系基础上面发展的建筑造型规律（如梁、柱、斗拱等）作为适合于任何材料任何结构形式的普遍规律。不可否认，特殊规律中是有一般规律存在，无个别即无一般，但不能把特殊就当作一般。

第三，这派理论在传统和革新的问题上也存在着错误。复古主义者只看到传统的一面，忽略了革新的一面；只看到建筑历史发展过程中形象的相对稳定性的一面，看不到新技术新材料对建筑艺术形式的发展起促进作用的一面。而正确的创作态度应当是既要吸取优秀的传统，也要具有革新精神，传统与革新这互相对立、互相依赖的矛盾着的两个方面应加以辩证地统一起来。

我们知道矛盾着的两方面中，必有一方面是主要的、起主导作用的，另一方面是次要的。就传统与革新的问题来说，在大多数情况下，革新应当是矛盾的主要方面。这是由不断发展的事物本身的运动所决定的。没有这一点，我们就停滞不前。（当然在某些特殊情况下，由于特殊的地点，联系条件，例如文物建筑地区，传统又可能成为矛盾的主要方面，而革新居于次要方面了。）

第四，复古主义形式主义还反映了设计者的主观主义，孤立地将建筑强调为艺术，艺术又与生活脱离，因为他们不是从人民的实际需要出发，而是主观臆测，以自己的爱好，强加于人民，这当然要为人民所反对，所唾弃，而在实践中彻底破产。

当然，复古主义的根源还反映出如前所说的建筑师的思想感情问题，它反映着一种沉湎于过去的阶级没落的思想情绪。

以上所说的复古主义认识根源的种种，这不过是一个例子，说明在我们建筑创造中，由于资产阶级世界观的局限性，思想上的绝对化、片面性，总是夸大了一方，忽略了另一方，只看见局部，看不见整体，总是把矛盾的斗争方面绝对化而不把矛盾统一起来，总是以形而上学的思想方法代替辩证地思考问题，主客观不一致，工作中存在着很大的盲目性，这就必然会走向错误的道路。

我们常说要坚决贯彻党的政策（主观上也希望这样做），但党的政策是建立在马列主义哲学基础上的，党的政策是辩证的，不懂得辩证唯物主义又怎能全面地领会党的政策呢？

思想方法的绝对化、片面性，反映在以唯心主义为世界观的西方资产阶级的所谓“近代建筑”的理论和创作实践中就更为突出了。由于我们过去曾经长时期接受过这些理论，我们有必要加以认真研究，加以全面的评价，这里只就认识根源加以分析。

在19世纪末20世纪初，由于生产力的发展，新的社会生活的需要，资产阶级一些先进的建筑师在要求建筑适合于生活（当时是指资产阶级的生活），要求在建筑中广泛地利用先进的技术，与当时的形形色色的复古主义、浪漫主义、折中主义作斗争，这是有一定的进步意义的。它推动了建筑学的发展，打开了建筑史上新的一页。这一点我们应当加以肯定。但资产阶级建筑师对建筑艺术问题却并未得到全面的解决，它只满足于要求建筑艺术的表现和它的功能结构相一致（在当初提出这些问题时基本上是正确的），却回避了建筑艺术的本身，但这个“真空”，随着资本主义进入帝国主义阶段，却很快就为文学艺术上的形形色色的“主义”——新印象主义、立体主义、未来主义、浪漫主义、抽象主义、纯粹主义、超现实主义等所填补了。建筑师在文艺观点上、在艺术的表现形式上，不同程度地做了这形形色色派别的俘虏，一些建筑师以其片面性（当然也有一得之见，局部正确的部分）把建筑中某些孤立的因素加以单方面的夸张和极端化，作为他们的语不惊人死不休的理论基础和学派的标新立异的风格，他们不是片面地强调功能，就是片面地强调新材料、新技术、新结构，或是片面地强调建筑的空间变化、建筑的动态等，一些风行的建筑理论总是攻其一点，尽情夸大，不及其余，形式在艺术里获得了独立的意义，与内容等脱离，艺术与生活脱离，与人民脱离，技术与艺术不正常地等同起来……

感觉和思维之间也完全脱离了，建筑师不是走入绝对的感性主义（只凭设计者的原始感觉本能的冲动，如只把建筑作为在空间中的空间艺术……），就是绝对的理性主义（把建筑艺术建立在片面夸张的抽象思维和逻辑思维上，例如追求美的数学规律以及所谓唯理主义等）。总之，总是把其中的一部分加以单方面的夸张，而摒弃另一部分，从西方的一些建筑大师的理论和作品中都可以看出这种偏向，有时在一人身上兼备这两种特性的也不乏其人。

正如列宁所说的："人的认识不是直线（也不是沿着直线进行的），而是无限地近乎一串圆圈，近似乎螺旋的曲线，这一曲线的任何一个片断、碎片、小段都能被变成（被片面地变成）独立的完整的直线，而这条直线能把人们（如果只见树木，不见森林的话）引到泥坑里去，引到僧侣主义那里去（在那里统治阶级就会把它巩固起来）。"资产阶级形形色色的建筑学派的认识根源恰恰就反映这种情况。我们是以马列主义的世界观以辩证唯物主义指导我们实践的，辩证法是和这种绝对主义不相容的，我们反对结构主义，并非否定先进技术的重要性，相反地我们还要从多快好省的原则出发积极地发展先进技术，我们反对功能主义并非说建筑物不要适用，而我们在日常工作中适用问题还解决得不深不透，还是要进一步努力的。但我们反对的是实际上把所谓"功能"作为一种美学概念的组成部分，而形成一种"功能式样"堕入形式主义的深渊，并且作建筑物外形丑陋的借口，我们反对资产阶级建筑师把建筑当作空间组合的游戏，但我们并非否定建筑中空间变化的艺术……总之我们反对的是诚如列宁所说的这种"脱离了物质，脱离了自然，神秘化了的绝对"。

那么怎样对待资本主义建筑呢？我们承认西方资产阶级建筑师是有他们的理论和实践，有许多建筑师也不乏艺术技巧，他们也出现一些好的作品，我们对资产阶级建筑学的态度是既要看到它和我们根本分歧的地方，也要看到有共同性的所在，所谓根本分歧的地方，在由于社会制度所决定的本质上不同，一些理论和观点、哲学思想体系的不同，艺术标准的不同。毛主席说过各个阶级社会中的各个阶级都有不同的政治标准与艺术标准，否定这种不同的存在，我们要犯路线的错误。但同时我们也要看到共同性的存在，因为在解决生活物质要求方面，在满足生理要求方面（对阳光、空气、绿化……的要求），在某些科学技术方面包括建筑艺术技巧上一般说来这是没有阶级性的，也不可否认在资产阶级社会制度下也会存在有富有人民性的艺术，其中也有不少可供我们学习和借鉴的地方，这是人类文化遗产的一部分，否定了这些就拒绝接受了一部分好东西，这是在创造无产阶级文化中的损失。但是我们应当，也只有对资产阶级建筑作全面了解，认清它的本质所在，并首先打破资产阶级的理论体系、唯心主义的哲学观点，我们才有可能吸收它局部的、合理的经验和技巧。

辩证法告诉我们，一切事物本来是矛盾的统一体，是随着内外条件不断地变化和发展着的，我们要学会对各种复杂事物，细致地、反复地深入研究。例如关于技术与艺术问题，会上有不少同志已对它发表了不少意见，我们认为这确是值得讨论的一个问题。

不同的建筑观点对待新技术问题抱有不同的态度，前几年一些复古主义者曾提出过先进技术是为人所用的，但是他们先有思古之幽情，他们借人民喜爱为名就想尽办法来做倒挂斗拱、石膏雀替，他们否定了建筑技术条件在建筑艺术形象创作中的促进作用。结构主义者又走入另一极端，认为建筑的艺术就在表现结构、表现技巧，而否定建筑的艺术创造。正确地对待这个问题，还需要具体地分析现代技术与建筑艺术之间存在的辩证关系：

（1）历史上很多例子可以说明先进技术的进步、新材料结构的发明创造会为建筑的发展、建筑艺术形象的创造提供新的途径，扩大建筑艺术造型的领域，我们对此应有足够的估计，应该认真研究，忽略了这一点会使我们因循保守，甚至于犯错误。

（2）在一种新技术革命刚开始，常常还不能立即探讨到适应它新结构的比较成熟的新形势时，先进的技术与历史上已发展成熟的建筑艺术形象之间会存在矛盾，这时或者常常出现一些形象很不完满的建筑作品来，或者不得不局部借用已成熟的艺术形式（例如中央美术馆设计），但经过一定时期的摸索，总可以创造出与先进技术相适应的、为人民所喜爱的新形式出来，历史上各时代的优秀建筑作品总是材料结构与艺术形式统一、内容与形式统一的。形式与内容的统一是暂时的、相对的，与新技术相联系的新形式，发展到一定阶段由于技术的进步，新技术与旧形式之间又会有新的矛盾产生，而为另一个对立面的斗争所继承，这时又在孕育着新的变革。

（3）新建筑艺术形式的创造并不单纯取决于技术条件的利用上（否则无法解释同样是砖石结构为什么世界上出现了多种多样的砖石结构艺术形式，荷兰用砖石结构与北欧和中国的砖石结构就不一样，山西和广东的砖石结构形式就不全一样。同是利用玻璃，布鲁塞尔的苏联展览馆和一般资本主义国家玻璃房子给人不同的印象）。技术水平的提高也并不等于艺术水平的提高，在技术落后的情况下会建造起艺术水平很高的建筑物来（布达拉宫的艺术价值很高，但技术还很原始）。相反地，技术虽先进但艺术水平极低的国内外建筑实例就更不胜枚举（特别资本主义时期所发展起来的建筑），所以建筑艺术形象的形成并不取决于技术条件单方面因素的影响，而是生活的物质和精神上的需要，古今中外文化艺术的传统等多方面互为影响的结果。在这里人的生活需要（物质的和精神上的需要，体现在建筑艺术的思想性中），它向技术提出任务，新技术只是实现这要求的手段，当然它也给生活上的要求的现实性起一定的约束作用。

这里就接触到一个根本问题，我们和结构主义者，根本的分歧所在，结构主义者只承认艺术形式要表现新材料新技术，即只见物不见人，我们认为新的材料、新的技术如善为处理是可以产生美的，但归根到底人的生活需要是建筑创作的内容，也是建筑艺术的源泉，而技术条件只是物质基础。物质条件是服从于人的意志的，是为我所用的，但又对我们要求起约束作用的。所以我们对待技术和艺术的态度是既要“见人”，又要“见物”，而物是为人所支配的，人是物的主人，因此更主要的是要“见人”，我们要坚持这一点，因为不坚持这一点就否定了建筑艺术的思想性，否定了建筑要表现社会主义的时代精神，否定了建筑师在建筑艺术创作中的主观努力。能够“见人”则一切物质财富、人类的一切技术成就皆为我所用，不会抽象地、脱离具体条件地为新而新。也不会主观地认为某些材料落后而把它打下十八层地狱，剥夺它出头露面为人民服务的机会，不会因为没有想象中的新材料而感到英雄无用武之地，这也就会对建筑艺术的创作采取现实的态度。

现代技术的发展是基于生产力发展的水平的，首先要满足于实用和经济上的要求，服从多快好省的目的，为了建筑艺术的要求而大使用其新技术的情况是不会很多的。

另外也要看到各种不同性质的建筑物的建筑艺术创作应根据不同的技术要求，采取不同的途径。例如对大量建造的，采用标准设计的住宅建筑，就会更多地从适合于工业化的发展方向探讨其清新悦目的艺术形式，而对一些个体设计和建造的公共性、纪念性建筑，就应首先考虑到这种建筑物的思想内容需要采取什么独特的风格，而采取与之相适应的结构形式，当然必须最完善地满足各种建筑物对功能的要求则不在话下。

以上仅就建筑艺术和技术之间的关系作了一些粗浅的分析。

现在我们建筑的理论研究工作还做得很不够，类似的问题如建筑的形式和内容、传统和革新、现实主义与浪漫主义、科学性与艺术性、洋和土、新和旧……这些“统一之物分解为两个部分”的矛盾，我们对它还缺乏深入细致的研究。对资产阶级的形形色色学派看来五光十色，光怪陆离，我们掉进里面去就永远和他们纠缠不清，看来还应多请教马列主义，这样才能做到有分析有批判。可惜我们这种理论功夫也还不够，即使在建筑艺术形象的创作方法上，如果我们能运用辩证唯物主义可以使我们方法更科学些，例如我们处理调和与对比、统一与多样、人工与自然、建筑气氛与自然气氛、规则与自由、对称与均衡、严整与活泼、丰富与简练、“多”和“少”、虚和实、封闭与开朗、粗壮与纤巧、粗糙和细腻、浓郁与冲淡、冷和暖、明快与晦暗……以及在构图上的分离与联系、集中与分散、比例的权衡关系等，我们对待这些多少有一定了解，但如果对这些问题从辩证法进一步研究，可以提高以有限的空间创造无限的空间等，就会以有限的形象反映广阔的内容，能在必然中反映偶然。

这样说并不是拿辩证法代替建筑艺术创作方法，而是说马克思主义哲学可以在实际工作中引导我们走科学的道路，如果我们思想水平高些，看问题更准些，可以帮助我们在工作中游刃有余，少走弯路。过去由于思想认识上的错误而跌过不少跤，我们的体会是很深的。

三

建筑既然负担着要满足人们物质生活和精神生活需要的双重任务，作为一种艺术，它就必须具有强烈的艺术力量来感染人。这就既需要有丰富充实的思想内容（关键在设计者自己有没有正确的、丰富的思想感情），也需要有足以表现这些内容的优美的形式。总而言之，艺术是以其优美的形象来概括集中地反映出更为丰富深远的人民生活和思想感情的。所以说在我们强调内容的时候，丝毫也没有降低形式的作用的意思。好的艺术形象，总是经过一番意匠经营千锤百炼的功夫的。这里只想谈两个问题：第一，我们从哪些方面来提高创作技巧？第二，如何提高？

第一，从哪些方面来提高创作水平呢？我们想不外下面几方面：

要提高建筑群的艺术创作技巧——一个城市或村镇不外是各种性

质不同的建筑群（如街道建筑群、住宅建筑群、广场建筑群、园林建筑群等），成团成组地，点、线、面相结合地综合成城市整体。社会主义城市的风格特点之一就是以它的建筑的群体性和整体秩序感染人，而资本主义国家除局部地区外，总是杂乱无章的。我们建筑设计者必须善于处理建筑物与建筑物间，建筑群与建筑群间，建筑物与自然地形及树木草地水面之间的空间组合关系，使之有主有次，有规律有自然，高低错落，色彩有致，参错变化，相得益彰，合奏成一曲优美的交响乐。

1949年以来我们对这方面是越来越重视了，但不能认为我们在这方面已经做得很好了。例如北京长安街的民族宫，设计了一座很漂亮的大楼（当然是希望要引起很多人注意的），而同时就紧贴在两旁又建造两座体形庞大的办公楼、旅馆，把它给遮蔽起来，缩减它的影响面，每个路人都为此惋惜。迎宾馆有其对总体布局加以完整规划的一切良好条件，遗憾的是没有加以足够的努力。

城市总体规划的建筑艺术布局是全市建筑艺术创作的战略思想，给建筑群的创作带来了极大影响。怎样根据各城市的特点（气候、地理条件，与大山大江大河大海的关系，地方建筑材料，旧有建筑传统风格等）创造出其独特的城市建筑面貌，使人一入其境就感到只能是北京，只能是重庆或只能是兰州……这正是我们所要探讨的。目前城市规划工作除了少数城市外，一般还停留在粗线条的阶段，对城市建设艺术还有些力不暇及的情况。建筑物的位置如分布不当，也影响建筑艺术作用的发挥，例如北京天文馆就是例子，将来附近高建筑物建成后，马路展宽了，广场没有了，本来可以对城市轮廓线起很大作用的圆拱顶就会越来越显著了。为什么不把这座建筑物放在附近的紫竹院公园，或者放在其他更高一点的地方，使更多的人，在更多的地方欣赏到这丰满有力的建筑轮廓线呢？就全国城市来说，各个城市应有其特色（个性）。就一个城市来说全城应有其整体性（共性）。就每幢建筑物来说，要各有其特点（个性）。就每种建筑类型来说，也要发展其一定风格（共性）：使剧院一看就知道是剧院，办公楼就是办公楼。对建筑物共性和个性的探讨，必须细致分析其外在条件（指建筑物的环境、位置在建筑群中的作用）及内在条件（建筑物内部功能要求、建筑物性质、所要表达的思想情感等……），然后组成艺术的构思，从它的平面安排，用体量、体积组合，立体轮廓，细部的处理，材料结构形式的选择，建筑物色彩及表面材料质地的变幻，恰如其分的建筑装饰……给予表达出来。很多同志对我们一些建筑缺乏特征提出了批评，我们完全同意，例如在北京像全国文联那座房子，作为全国文联大楼就使人感到不怎么文化了。

我们要城市百花齐放百花争艳，某些成功的建筑物加以创作经验总结是好的，但反对抄袭翻版某一种成功的建筑物，不能作为所有建筑物的设计方向。我们认为目前建筑师们处理建筑物比例、尺度、色彩、空间变化等的技巧还要大大提高。建筑物的窗子，犹如人的眼睛，它的美丑对建筑物影响很大。我们常发现很多建筑物的尺度推敲得不够细致，建筑物的体量与自然环境之间、建筑物各部位间、各构件间都存在一定的比例关系，这种关系是相对的，而人的尺度是绝对的，在推敲比例权衡的时候，就要探讨这种相对和绝对的关系，使之增一分则太肥，减一分则太瘦，恰到好处。比例关系只是在一定的情况下存在，例如清式做法“柱高一丈出檐三尺”就不能无条件地运用，超过一定范围，矛盾就要发生转化，甚至于量变还引起质的变化。例如调和的色彩就可以成为对比的色彩，同是房子所围起来的空间，可以是天井，可以是院子，可以变成广场，也可以大而无当成为空场，应当掌握这种比例的辩证关系。设计中要善于利用对比的关系，好像唱戏要善于选择和安排它的配角一样，烘云托月，重点突出，形象就更生动有力了。不善于处理比例关系，特别某些部分失其尺度，会给人很大的不愉快，使一座各方面处理得很好的建筑物也大为逊色，正由于各种建筑物比例关系是相对的，因此小建筑物的体形比例，就不能照样放大，正像小孩子外形放大还是一个小孩子的轮廓一样。历史上有名的罗马圣彼得教堂，就是由于各个部件之间按小建筑的比例关系放大，结果虽然建筑物本身的绝对尺度很大，但并未得到它预期的效果，如果处理得当还可以增加它的雄伟感，这种情况在 1949 年后我们某些纪念性大建筑物中也曾发现。

建筑物体积与自然环境的关系非常密切，特别某些城市建筑据点或风景区中的建筑物更应注意，如西湖边的建筑物设计，应考虑西湖并不太大，如建筑物体量过大，就会影响湖面的浩阔感，如果必须建大建筑物，最好化整为零，化一幢大建筑物为层次叠落、曲折有致的建筑群（实际上杭州原有建筑物多是这样，如净祠就是很好的例子），西湖边大建筑物最好不逼近水面，隐现于绿树丛中则比较含蓄。由于湖面平静，长堤横卧，因此建筑物最好强调横线条，与水波山形相一致，这些意见当然只是个人的见解，意见本身不一定对，但只为着要说明一个问题：任何设计，都要根据具体的情况作具体的分析而意匠经营。拿前人的话说，“景随境出”，“随势生机”，“随机应变”，只有这样才能克服公式化。

人是我们时代的主人，设计的出发点就要使由建筑物所组成的体形环境亲切近人，而不是咄咄逼人。在这方面要使“万物皆备于我”，而不是使人感到像在资本主义国家城市（如纽约）一样的人，成了一个可怜的动物从属于建筑。高尔基指纽约是黄色的魔鬼城，使人只想一有机会就离开那不愉快的地方。即使我们在处理一些纪念性建筑物，尽管建筑物庄严雄伟、体积庞大，和人的关系也应是协调一致的，这和阶级统治者将建筑作为镇压人精神的工具毫无共同之处。这全在建筑师正确的设计思想和技巧水平。

当然以上只是粗略地提出一些问题，问题的方面还很多，如室内的设计、绿化的设计等，也不应忽视。

其次要谈如何来提高技巧。关键还在不断地从创作实践中学习，我们要学习古今中外一切遗产，一切成功的作品都可作为“此时此地”的借鉴。从前有句老话，“泰山不让土壤故能成其大，河海不择细流故能成其深”，对一点一滴好的东西都不轻易放过。必须注意这是借鉴，而不是替代；不是生吞活剥的硬搬。我们和西方资产阶级“虚无主义”哲学思想指导下的建筑师的分歧就在这里。他们认为旧的就是旧的，新的就是新的，它们之间没有任何联系。他们把以前种种一脚踢开，否定了继承性［如美国建筑师米斯（Meis）说：不是昨天也不是明天，只有今天产生形式］。我们和建筑史上的折中主义者（集仿主义者）的分歧之一也在这里。他们也讲古今中外，但他们是要把原件搬来，来个大杂烩（重庆礼堂就是这种杂烩），而我们是否定和继承的统一、传统和革新的统一。

有这个借鉴和没有这个借鉴是不同的，诚如毛主席所说，这有“文野之分、高低之分、快慢之分”，好好吸取前人的创作经验可以提高我们的创作水平和修养。举个例子来说，中国建筑玻璃，除了琉璃瓦以外很少单色大片运用的，常常是几种色彩互相交错，例如一朵绿的琉璃花就有一颗黄的花心，一片黄的图案可以有一块紫的花纹等，这样色彩显得丰富生动。可惜这一个有益的经验和设计技巧未被民族宫的设计运用，在民族宫的四个小亭子，从琉璃瓦顶到檐下额枋都是一整片的孔雀蓝琉璃，这里面虽然也有花纹细部还是加以处理了的，但很多花纹的刻画不太起作用，使人感到单调、枯燥。当然这不过是为了说明一个问题而随便举出的例子，这里并不企图对这座建筑物做总的评价。

艺术造型的技巧，不是什么神秘的，并不是只能意会不能言传的。其间每个方面都可以通过古今中外实例，进行科学的分析研究，为人所掌握。这从几年来在教学工作中的经验也可以感觉到。有些造型问题，只要教师总结得好，介绍给同学，同学很快就能体会，并加以运用，相反，有些问题教师没有很好总结，就要花一番摸索的功夫。

如何总结，这里不能细谈，但必须指出，不能忘了分析它在当时是如何发展来的，现在有哪些可取处，新的发展方向等。不能把这些东西说得太绝对化，因为它只是在一定范围内的某些规律，贵在灵活运用，否则“尽信书不如无书”。例如设计天安门广场时，就不能硬拿欧洲中世纪广场的大小和当时建筑物比例尺度的关系为准。因为今天天安门的广场和中世纪的广场无论在生活内容上、思想内容上、面积大小上都是迥然不同的，从中世纪广场总结出来的尺度关系已经不适应于像这样大的广场。设计天安门广场，要求我们探讨新的尺度关系。

我们必须在正确的设计思想下来总结这些技巧。资本主义国家的建筑师也提倡技巧，也讲求建筑群，也讲求建筑风格，不少建筑师也讲求向遗产学习，例如意大利威尼斯的圣马可广场是得到各种学派的人欣赏的。各人摘其所要来武装自己的理论。这些资本主义建筑理论的总结有正确的，也有片面的地方，在有些美学观点上我们是不能同意的，必须有所取舍，择其正确者而吸取之，所以说在技巧的探索上也不能离开我们的设计方向，取舍的尺度只有一个，那就是：是不是符合广大人民的喜爱，建筑的形式和内容是否统一。这是我们衡量一切问题的准绳。

提高创作技巧，吸取遗产只能是一个方面。毛主席说，历史上一切文艺的优秀作品是“流”，人民的生活是“源”，有源有流，汇成江海，更根本的还是我们深入体会人民的需要（就艺术来说，要特别体会群众的生活要求和思想感情），发挥建筑师的巧思，以自己的感受来清新独创，创造出新的形式来。吸取前人创作经验，只是我们的手段、方法，不是我们的目的。

认真地投入实践，多研究、多思想酝酿、多画、多做比较方案、多做参观访问、多请教群众，这才是提高水平的基本方法，任何创作水平的提高都需要通过艰苦的劳动，创作的态度要认真严肃。一挥而就、草草定案是不会出好作品的。

我们的社会在飞跃地前进，广大的人民群众对社会的物质生活和精神生活的要求也日益提高。建筑师们要永远前进，以自己的作品满足人民群众的需要。建筑师必须是不断革命论者，作品要不断推陈出新，不懈地努力探讨新形式。推陈是出新的开始，从前人作文章，要“唯陈言之务去”，也就是要我们不落俗套，不要公式化，而群众是最不欢迎老一套的，只有这样才能有新的东西出来。有成就的建筑师更不要为自己所创造的某种风格，或所掌握了的某些特有的技巧所束缚。艺术应该是包罗万象而又变化多端的东西。风格可以丰富多彩，技巧也永无止境。历史上很多建筑大师创造了某些风格，但又为自己的技巧所局限的人是很多的，我们应引以为训。

总之，建筑艺术创作水平的提高，对我们来说第一要有坚定的群众观点，要联系群众，要创造群众所喜闻乐见的作品。第二要不断学习马列主义，提高我们的思想水平。第三要不断提高创作思想和艺术技巧。这三者是不可分割的，相辅而成的，不可偏废的，而后者又必须在前两者的指导下进行。

我们处于一个史无前例的伟大时代，建筑事业随社会主义建设蓬勃发展也日益走向繁荣，我们应看到我们的工作有党的领导，有全民的支持，有伟大的实践，这是建筑艺术创作繁荣的根本保证，这是中国建筑师的幸福，我们创作的道路是无限宽广的，关键在于我们是否努力学习和创造。

论江南建筑文化

建筑的地区性是建筑的基本特征之一，“讨论建筑避不开地域的概念”[①]。所谓地域，既是一个独立的地理单元，也是一个经济载体，更是一个人文区域；一个区域、一个城市都存在着深层次的文化差异。自然和人文的影响愈是多样化，城市的整体性就愈复杂，只有认识、把握这一规律（现象），才是避免人们长期形成的过分简单化趋向的一种永久保证。

一、江南地区概况

我国幅员辽阔，历史悠久，不同地区间的经济文化发展存在着很大的差异。其中，江南地区就是一个富有特色的地域单元。

我国的江南地区原是一范围很广、历史很久的地域概念。广义地讲，在我国历史上，凡属长江以南、五岭以北的广大地区都泛称为江

① 吴良镛．广义建筑学．北京：清华大学出版社，1989：25.

南地区；但在各个时代又有广狭不同[①]。现代的江南地区同样有广义与狭义之分：广义的江南地区包括苏南（江苏长江以南）、皖南（安徽长江以南）及浙江全部；狭义的江南地区则专指这一范围东北部的平原部分，即苏南苏锡常地区、浙江杭嘉湖地区以及上海市。

本文所述的江南地区主要是指广义的现代江南地区，重点着眼于文化地理概念，并没有一个绝对严格的地理界线[②]。

1. 江南地区的自然环境

江南地区自然环境的显著特点是南高北低，水网密集，自然资源条件十分优越。

全区地貌可分平原和丘陵（山地）两大部分。后者主要分布在本区南部地带，包括雁荡山、括苍山、仙霞岭、天台山、会稽山、天目山、龙门山、黄山、九华山、宜溧山地等，山岭连绵，群峰峥嵘，景色称奇。本区北部主要是沿江及以太湖为中心的平原地区，海拔在3—5米；其西有一些低丘起伏，海拔多在200—300米，如宁镇山脉、茅山等；其东则有许多孤丘，形似岛屿散布其间，如江阴、常熟间长江南岸的黄山、虞山，环绕太湖的灵岩山、天平山、惠山、雪浪山，以及太湖中的洞庭东山[③]、洞庭西山，等等。广袤的平原之上，或岗峦蜿蜒，或

---

① 春秋战国及秦汉时，江南地区一般指今湖北的江南部分和湖南、江西一带。后经唐置江南道，宋置江南东西路，及至清顺治二年置江南省，其地域范围迭有变化。迨及近代，则几乎专指今苏南和浙江一带了。参见《辞源》（修订本）第931页，商务印书馆，1988年版。

② 例如，宁镇扬丘陵山地绵亘大江南北，是一个比较完整的地理单元，自古“京口瓜洲一水间”，扬州与苏南联系亦十分密切；如今南京长江大桥飞驾南北，南京发展也早已越江而北。可见，江南地区的北界已逾越长江而包括扬州在内了，所以本文所述的江南地区，实际上是一个宽泛的概念。

③ 洞庭东山原在太湖中，今已与陆地相连成为半岛。

孤丘兀立，山虽不高，却“出人头地”，丰富了大地景观，这对该区的风景名胜建设来说，实是得天独厚，各具特色。

江南地区河网稠密，湖荡罗列，河湖相通，一派“水乡泽国”风光；并且，这里四季分明，热量丰裕，雨水充沛；其土地资源经长期开发利用，类型多样，垦殖程度高。地沃水美，物产丰饶，无疑为该区城市的发展提供了最基本的前提条件。此外，该区山石颇丰，水态多姿，宜于多种花木生长，又直接为风景园林的建设提供了先天之利。

当然，江南地区的这些自然条件，特别是水系特征，是有其不断开发、整治和形成的过程的。相传从西周泰伯开泰伯渎（今称伯渎港），到史载南宋大兴水利[①]，江南水网的基本格局逐步形成，明清两代又在此基础上疏浚、整修，最终塑成了今日之平原水网景观。从江南地区的城市建设来看，人们在利用、改造自然的过程中，也日益创造了自身的聚居环境，形成了各具特色的水乡城镇风貌。如绍兴自范蠡筑城，逐步改造扩展，包融了一些自然河道，加上人工填掘，形成“鱼骨式”的水网系统；杭州自唐代李泌开凿六井，引入西湖淡水，后白居易、苏轼筑堤导水，西湖逐渐开发，城市终而“环以湖山，左右映带”[②]，与自然融为一体。简言之，江南地区自古天然水道发达，加以历代人民为水利、城建需要，因势利导，脉分缕刻，久之形成了水网密布的格局，这对本区发展经济文化，开展城市建设，以至形成具有地区特色的建筑文化，显然具有深刻而久远的影响。

---

① 《宋史·食货志》载：“大抵南渡后，水田之利，富于中原，故水利大兴。”

② 《欧阳文忠公文集·居士集》。

2. 江南地区的经济文化发展

江南地区拥有优越的自然物质基础，在特定的社会历史条件下得到不断开发，地区的经济文化也相应地逐步发展。

先秦时期，江南地区荒芜落后。大体在西汉初年，这里还是“地广人稀”[①]，其民“比技量力，不足与中原相抗”[②]。三国时，孙氏立国江南，江南地区首次得以进行较大规模的开发，然则“从全国总的经济发展来看，江南仍是薄弱地区，开发地区只限于平川和交通发达的地区”[③]。西晋末年，中原丧乱，侨民以其劳力与财富加入江南，助长了江南的富庶，也为文化树下一个良基。东晋及宋、齐、梁、陈五朝，汉族精华，汇聚于此，江南经济发展到相当的程度，“已成为国内范围最大、经济最发达的新开发区”[④]。文化也一时特盛，“向来的史家，喜把孙吴加到五朝之上”[⑤]，合称之“六代繁华”。“自三国乃至东晋、南朝时，江浙虽已有很大的进步，但是那时的财富，主要还是靠商税，米粮则赖荆襄接济，人物则多半是外来的。唐中叶以后的南方，渐渐地有它自己的生命……”[⑥]安史之乱后，因黄河流域经济凋敝，唐室遂赖江南一带财赋立国，诚如韩愈所云，“当今赋出于天下，江南居十九”[⑦]。五代十国时，北方连遭天灾战祸，日渐萧条，不少北人于是相率南徙，参与江南的开发；北宋百年承平，江南经济更为发展，

① 《史记·货殖列传》。
② 《三国志》卷四注引《汉晋春秋》。
③ 张大可．论孙吴政权对江南的开发 // 三国史研究．兰州：甘肃人民出版社，1988.
④ 滕复．浙江文化史．杭州：浙江人民出版社，1992：107.
⑤ 周谷城．中国通史（上册）．上海：上海人民出版社，1957：367.
⑥ 钱穆．国史大纲．北京：商务印书馆，1994：770.
⑦ ［唐］韩愈《韩昌黎集·送陆歙州诗序》。

明显地超过了北方。靖康之难后，天下俊杰多流寓江南，全国的文化重心也移至该区。此后，江南地区的文化进步与经济发展同流并汇，进入了中国经济文化发展史上的“江南时代”。

南宋以降，江南“庠序之风，师儒之说，始于邦，达于乡，至于室，莫不有学”[①]，人文之盛，冠于天下。入明以后，江南农业生产仍保持着较高水平，并且由于商品经济的影响，开始大量栽植蚕桑和棉花等经济作物，丝绸、棉布的生产和交易市场随之兴起；特别在明代后期，资本主义萌芽开始出现，工场手工业发达，江南市镇经济因而兴盛。另一方面，从清代尤其是清中期开始，江南地区人口增长迅速，因人多地少，一部分人从土地中释放出来为商、为贾、为工，同样有力地促进了地区、市镇经济的发展。乾隆说，“江浙地远京畿，其民文而慧。……而且财赋所出，国家藏赋之地也”[②]。其时江南经济、文化之鼎盛情形，不难想见。

古云“钟灵毓秀”，良好的自然环境加之长期以来的人事开拓，使江南地区经济日盛，自隋唐时便富甲天下，为文化发展奠定了雄厚的物质基础；而且，江南文风夙盛，发达的教育成了其文化发育的温床；南宋以来，江南文化又后来居上，成为“人文渊薮”，这势必对江南人民生活的方方面面产生重大的影响。

城市通常是某一地区的政治、经济、文化中心，上述影响最集中的表现，盖莫过于江南城市之发展了。一方面由于江南财力富盛，刺激了人们大规模的建筑需求，并给予强有力的支撑；另一方面，因该

① 《宋文鉴》卷十九，张伯玉《吴郡学经阁记》。

② 《恭奉皇太后驾临金山记》。

区尚文重教，对建筑的要求品位较高，其能工巧匠、文人学士会集，也为此提供可能，终而使得在江南城市发展过程中，其建筑的文化特色尤显突出。

二、江南地区的城市发展

从城市发展史的角度看，城市最本质的特征是它的积聚性，它积聚了人类的两大文明——物质文明与精神文明。江南地区地理、经济、文化等因素的综合作用，集中地反映在城市的大规模建设及其较高的文化含量上。兹分别以六朝建康、南宋临安、明清苏州这三个典型时期、不同特点的城市为例，对江南地区的城市发展，尤其是城市文化的形成与发展作一概略阐述。[①]

1. 六朝建康（229—589 年）

六朝时期，江南地区在政治上比较稳定，其优越的自然资源得到了前所未有的开发。建康城郊地广野丰，“良田美柘，畎畦相望，连宇高甍，阡陌如绣”[②]，在此基础上，建康城的经济迅速发展，很快成为长江下游第一大城市。据史载，此时建康城内的丝织、造纸、冶炼等手工业、商业颇为发达，城里有四个商市，城外秦淮河畔的商市更

① 南京，始称秣陵。汉建安十六年（211 年），孙权从京口（今镇江）迁至秣陵，次年改秣陵为建业，并筑石头城为沿江军事重镇。公元 229 年，孙权于武昌（今湖北鄂城）称帝，秋九月迁都建业，南京建都也自此开始。西晋统一后，太康三年（282 年）改建业为建邺，建兴元年（313 年）又改称建康。

② 《隋书 · 宣帝传》。

多，计有大小集市百余，并有纱市、谷市、盐市、砚市等专业商市以及皇宫后面的苑市。国内贸易近以“三吴”地区为中心，上及长江中、下游，东南达闽、粤沿海以至海外印度、马来半岛，北及朝鲜半岛各地。

六代繁华，使得建康成了一座人文荟萃的文化名城。南朝政府曾在建康设儒学、玄学、文学和史学四所学馆，以搜罗并培养各种人才。许多名人志士先后居于建康，几部著名的文史著作，如刘宋刘义庆的《世说新语》、范晔的《后汉书》、裴松之的《三国志注》，齐梁之际刘勰的《文心雕龙》、钟嵘的《诗品》，梁朝沈约的《宋书》、萧统的《文选》、萧子显的《南齐书》等，都成于建康。当时著名的画家顾恺之、张僧繇，书法家王羲之、王献之父子，雕塑家戴逵，也都曾会集于此，留下了杰出的作品。

城市社会的安定、经济文化的发展，在建康城的规划建设上有着明显的反映。讨论城市的发展不能不追溯其历史的延续性。公元229年，孙权因建业“舟车便利，无艰阻之虞，田野沃饶，有转输之藉，……进可以战，退足以守”[①]，在此定都，并筑城于鸡笼山、覆舟山下的一片河漫滩上。城东钟山龙蟠，城西石城虎踞，且有岗峦穿插，与河湖辉映，气象宏伟。城周二十里十九步，布局自由，不拘礼制；中部偏北建有宫城，主要由宫殿、园囿等建筑群组成，居住区和商业区则集中于城南秦淮河两岸。西晋末年，建邺（即建业）遭战争破坏，东晋在此基础上整建建康城，布局袭东吴旧制，规模也大致相同。然而，

---

①《建康实录》卷二。

由于大批北方人口侨居建康，南北文化的差异使建康城的人文传统、风俗习惯等发生了很大改变，对城市的结构风格也产生了重大影响。

东晋中期，建康城仿照曹魏邺城和魏晋洛阳城的制度加以改建[①]，后又经南朝各代改建、扩充，终而形成了中轴对称的规整布局：一条横街贯通东西，分都城为南窄北宽的两部分，南为朝廷各台省所在地，北为仿魏晋洛阳宫殿布局的宫城；从宣阳门到秦淮河的御道贯穿全城，与宫前横街构成“丁”字形骨架，御道两侧是中央机构和重要商市、居民区以及权臣宅舍。城市形制严整，宏大壮丽，堪称结合自然进行规整布局的杰作；并且，为适应当时的社会环境，建康城还据其地理环境修建了大量的庙宇寺院和艺苑园林，梁朝初年，“都下佛寺五百余所，穷极宏丽”[②]，唐朝杜牧也有“南朝四百八十寺，多少楼台烟雨中”[③]的描绘。除建康宫外，东晋南朝时期的建康城内外，尤其是玄武湖四周，皇家园囿、离宫别馆比比皆是，如永安宫、未央宫、上林苑、新林苑、梁东苑等等。梵刹林立，宫苑星罗，这不仅是建筑、园林艺术的结晶，也为当时的画家、雕塑家等进行文艺创作活动提供了场所。

2. 南宋临安（1127—1279 年）

自隋以来，由于东南经济的逐渐开发，杭州已成为重要的经济中心，兼以襟江带河，又是东南交通的枢纽，所谓“川泽沃衍，有海

① 郭黎安 . 试论六朝时的建业 // 中国古都学会 . 中国古都研究 . 杭州：浙江人民出版社，1985.
② 《南史・郭祖深传》。
③ ［唐］杜牧《樊川文集・江南春绝句》。

陆之饶，珍异所聚，故商贾并凑”[①]。唐时其贸易日盛，呈现出“骈樯二十里，开肆三万室”[②]的局面。五代十国，吴越都杭州，“其民幸富足安乐。又其习俗工巧，色屋华丽，盖十万余家”[③]。北宋时杭州已是“地有湖山美，东南第一州”[④]了。宋室南渡，绍兴二年（1132 年）以杭州为临时都城，称之临安[⑤]，此后的 144 年则是临安作为南宋都城的鼎盛时期。

“绍兴和议”（1141 年）后，江南相对安定，北人大量南迁，给杭州增加了大量的劳动人手和先进的生产技术、工具，加之南宋为谋求生存也采取了一些有利于生产的措施，如兴修水利、开垦荒地与圩田、推广农作物等，杭州一带因而得到加速开发，经济很快地发展起来；其中最为突出的就是城市经济。“大驾初驻跸临安，故都及四方士民商贾辐辏”[⑥]，临安城的工商业大为发展，城内造船、陶瓷、纺织、印刷、造纸等手工业都建立了大规模的作坊，专业性的集市和商行遍布城内外，“自大街及诸坊巷，大小铺席，连门俱是，即无虚空之屋”[⑦]。临安已成为当时全国最大的商贸中心。

升府定都后，临安居民倍增，经济日盛，高宗也大兴土木，扩建皇宫，开拓城郭，最终形成了南跨吴山、北抵武林门（余杭门）、左临钱塘江、右濒西子湖的宏伟都城。与历代都城相比，临安的路网布

---

① 《隋书·地理志下》。

② ［唐］李华《杭州刺史厅壁记》。

③ 《欧阳文忠公文集·居士集》。

④ ［明］田汝成《西湖游览志余》卷十“才情雅致”，仁宗赵祯赐太守梅挚诗。

⑤ 绍兴八年（1138 年），南宋正式定都临安。至元十三年（1276 年），元军攻陷临安，1279 年南宋完全灭亡。

⑥ ［宋］陆游《老学庵笔记》卷八。

⑦ ［宋］吴自牧《梦粱录》卷十三“铺席”。

局与功能分区可以说是最不规范的：宫城位于南部岗区，城区向四方伸展，从皇宫到武林门的一条御街将全城联成一体；以御街为轴心，水陆孔道向四周延伸，形成临安城的基本骨架。御街两侧店铺林立，是全城商业鼎盛之地；数以万计的各类店铺深入大小坊巷，冲破了旧坊市严格分界的陈规，甚至突破城墙的局限向地区扩散，出现“城之南、西、北三处，各数十里，人烟生聚。市井坊陌，数日经行不尽，各可比外路一小小州郡”[①]的局面。这种布局形态，显然是因地制宜、迁就现状以及政治、经济因素共同作用的结果。

南宋临安的发展渗透到城市文化生活中，主要表现为文化教育的蓬勃兴起和西湖建设的繁盛。杭刻书籍是我国宋版书的精华，“天下印书，以杭州为上”[②]；临安设有太学、宗学、武学等最高学府，合称“三学”；此外，尚有算学、书学、医学和画学等专门学校，“乡校、家塾、舍馆、书会，每里巷须一两所，弦诵之声，往往相闻”[③]；民间戏艺的活动场所也满城皆是，著名的如“瓦市”，供演杂剧、杂技、相扑、说书、讲史等，昼夜不辍；其文教事业与前代相比，可谓兴盛发达。另一方面，临安一跃成为全国的政治、经济、文化中心，西湖的地位也日趋重要。苏轼曾说“杭州之有西湖，如人之有眉目”；在南宋时，西湖不仅对农田水利有重大作用，也是风景优美的游览胜地，一百多年来得到了有意识的开发治理，在其周围建立了大小庭园数百处，在西子湖畔形成了“山外青山楼外楼”的格局，延续至今也未曾

① ［宋］耐得翁《都城纪胜》。
② ［宋］叶梦得《石林燕语》。
③ ［宋］耐得翁《都城纪胜》。

有变；特别是著名的西湖十景，在此时业已形成，成为临安城文化建设的非凡之笔。

3. 明清（晚清前）苏州（1368—1840 年）

苏州是一座历史悠久的文化古城，吴王阖闾时，曾使伍子胥"相土尝水，相天法地"，建水陆城门各八座的大城，此为建城之始。至隋唐时，苏州已相当繁荣，成为江南地区的经济重心之一[①]；五代纷争，苏州一隅比较太平，"上有天堂，下有苏杭"从此流行。南宋建炎二年（1128 年），金兵攻陷苏州；德祐元年（1275 年）蒙古入侵，城市两遭破坏，但旋即恢复。现存宋平江图碑描绘的就是金兵陷城后，经半个世纪重建的苏州城市面貌；城市以河道为结构骨架，形成"遥望家家临水望，似隔垂杨无路通"的水乡特色，与现今苏州状况基本相符。明清时，江南商品经济仍颇繁荣，城市里手工工场逐渐增多，雇佣关系有所发展，商业资本也活跃于城市经济、文化生活的各个领域；到了明朝后期，资本主义萌芽产生，处于缓慢发展的进程之中，因此带来了苏州城市发展两个方面的变化。

一方面，苏州城在经济繁荣的基础上，其与文化艺术的结合也日趋紧密[②]，并大规模地扩展开来，致使城市生活的每一方面都具有了一种文化品格，苏州园林、苏州家具、苏州彩灯、苏州琢玉、苏扇等无

---

① 范成大《吴郡志》说，"唐时苏州之繁荣，固为江右第一矣"，唐王朝分天下州郡为辅、雄、望、紧、上、中、下七等，苏州为江南唯一的"雄州"。

② 事实上，早在宋代苏州的文化艺术与工艺技术就已走上了相互促进、协调发展的道路。例如，宋锦是宋代最著名的贡品，其装饰纹样就是以唐宋诗词的意境，并结合苏州地方风格创造的；缂丝是宋代发展起来的特殊丝织品，特别适于织造书画作品，书画织物化，织物书画化，使纺织和艺术结合起来。

不追求一种“文化风格”，引导着苏州城市经济的蓬勃发展。

另一方面，苏州城市商品经济的发展给周围农村地区以巨大的影响，作为城乡纽带的小城镇也进入繁盛时期，最明显的是小城镇数量迅速增加。例如，吴江县在北宋以前只有松陵一镇，南宋产生了平望、震泽二镇，明代产生了同里、黎里二镇，清代产生了盛泽、芦墟、章练塘三镇，至此今吴江七大镇均已形成（今七大镇不包括章练塘）；又如吴县在北宋时只有木渎一镇，南宋时形成了浒墅、胥口二镇，明代增加了陈墓（今属昆山）、彝亭、唐浦、彝口等四镇，清代又增加了横塘、横金、望亭等三镇。同时，城镇规模迅速扩大，如吴江盛泽在明初尚是只有五六十户的小村，明中叶约有百户人家，此后由于“丝绸之利日扩，南北商货咸集焉，遂成巨镇”[①]，至清康熙年间已发展成拥有五万人口的大镇。此外，木棉、蚕桑等经济作物的种植、加工与贸易，带来了一大批专业市镇的崛起与繁荣，主要的有丝织市镇——盛泽、震泽、光福，米粮贸易市镇——浒关、月桥、枫桥、松陵、黎里、平望等；这些城镇的工商业极为兴盛，冯梦龙《醒世恒言》中对盛泽镇的描述，“镇上居民稠广，……俱以蚕桑为业。男女勤谨，络纬杼机之声，通宵彻夜。那市上两岸绸丝牙行，约有千百余家，远近村坊织成绸匹，俱到此上市。四方商贾来收买的，蜂攒蚁集”，就是对其时江南市镇资本主义萌芽情况的形象写照。

巨大的经济活力，为城镇文化的发展提供了肥沃的土壤。明清时期，江南城镇大多人文蔚起，成为文萃之邦。例如，吴江县同里镇“自

① 乾隆《吴江县志》卷四。

古遵朴素，尚文学，多诗礼之家，比他镇为蔚，自宋迄今，故科等不绝，儒风不衰”[①]，有“一泓月色含规影，两岸书声接榜歌”[②]之赞；嘉定南翔镇自明代以来，一直以其人才辈出、文化昌盛而誉满江南，其中颇多文人雅士，如王圻退休归里，著书三十余种，以《续文献通考》《稗史汇编》《三才图会》最为知名[③]；李先芳与其弟李名芳、李流芳共噪词坛，一时传为佳话；流芳子杭子、孙圣芝、曾孙禔，三代精于诗文，里中引以为誉。文人雅士荟萃之所，无不兴建园林，如李流芳所建檀园，即为南翔胜景之一；闽士籍所建猗园，乾隆间重葺，改称古猗园，至今仍是南翔名胜；其他如计氏园（后改名“来鹤园”）、怡园、巢寄园、桐园等，亦堪称江南名园；吴江黎里镇颇具规模的园林别业竟多达53处[④]。苏州城镇文化的兴盛在其镇志中有着较为突出的反映，实际上，该区有如此众多的镇志，本身就是城镇文化发达的明证。

“城市是文化的最高表现”，通过上述三个典型时期、不同城市的发展过程不难窥见，在特定的自然环境基础上，江南地区经济文化的发生、发展乃至发达的过程在城市发展的过程中有着集中的反映，说明城市的规划建设是地理、经济、文化等多种因素综合影响作用的产物；并且，经济发展带来文化的繁荣，两者相互影响，使得江南地区的城市往往是经济中心与文化中心的重合，城市建设的每一具体过程和细微角落，都蕴有不同的文化特征。

---

① 嘉庆《同里志》卷六《典制志·风俗》。
② 同里小东溪桥对联。
③ ［明］王圻《续文献通考》卷首序。
④ 嘉庆《黎里志》卷四《园亭》，光绪《黎里续志》卷三《园第》。

三、论江南建筑文化

江南地区经济与文化相互促进，推动了城市的大规模建设，也因此造就了大量的建筑工匠，吸引了众多的文化名人参与。文人的意匠经营和工匠的制作技术相结合，使得江南地区的城市在规划设计，风景名胜、园林、街巷、民居的构建，以及建筑的装修与陈设等方面，从宏观到微观，从整体到细节，都体现着江南建筑深邃的文化内涵。

1. 城市的规划设计

在中国古代城市的建设中，城市的规划和设计是统一的；也就是说，在进行城市规划和总体布局的同时，总是自觉不自觉地包含了城市设计的内容，用广义的建筑设计观来看待城市，努力将城市规划与建筑设计相结合，将城市与自然相结合，将城市、园林、建筑与工艺美术相结合，以臻至城市整体和谐的境界。这一中国城市规划设计体系的特色，在江南地区的城市建设中得到了充分反映，而且被发挥到一种极致，形成一套融于山水之间的规划设计体系，成为中国城市史上的一个特有成就。

大抵看来，江南城市的结构布局在注重建筑群体格局的基础上，还糅进了其秀丽山川的独特结构，努力凭借城市四周的山水环境，形成风格独具的城市构图。以苏州为例，历来言苏州者称其水胜，太湖、娄江、大运河绕城而卧，构成城外的水系脉络；城内“三横四直”，经纬分明，奠定城市形体的基本骨架；“水道脉分棹鳞次，里闾棋布城册方”（唐·白居易），典型的河网城市布局，水陆并联的双套交

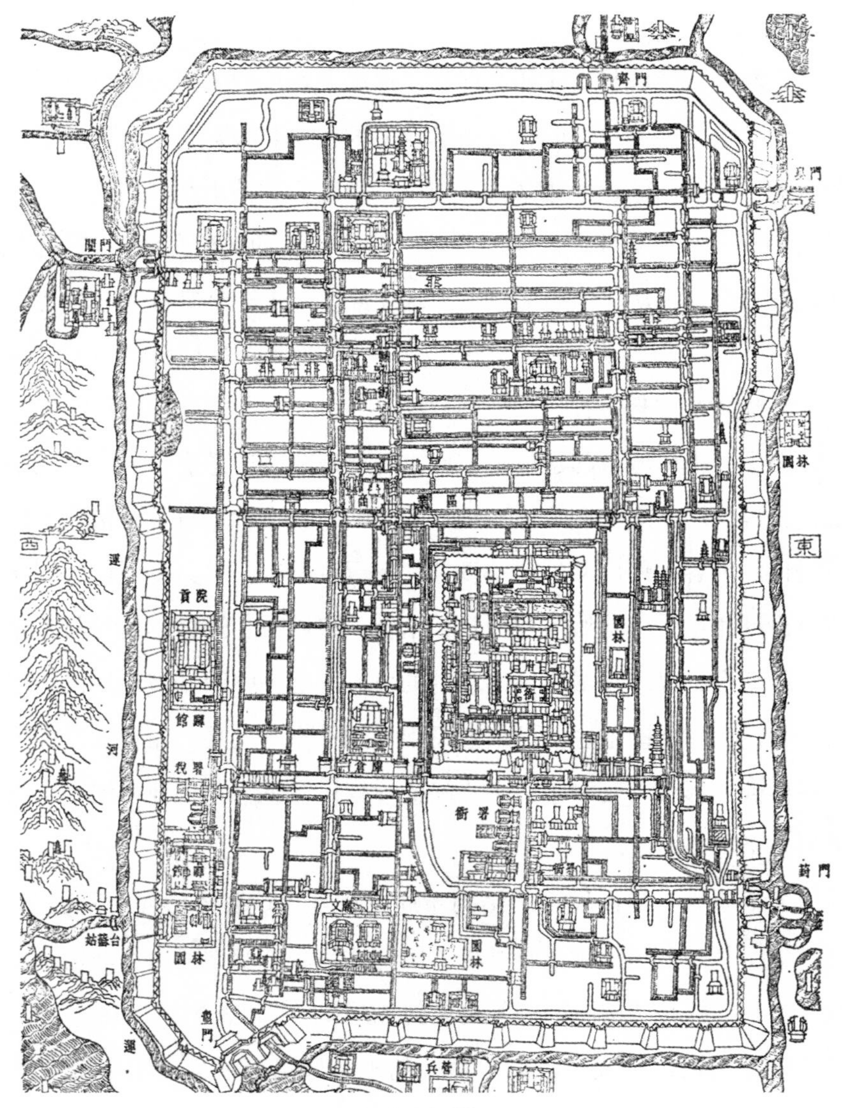

宋平江图

通体系，一直为人称道；此外，苏州巧妙利用低阜孤丘，构建“城市山林”，“云埋虎寺山藏色，月耀娃宫水放光”（唐·白居易），城融山水间，意趣横生。

再如常熟，虞山东端伸入城中，西迤二十里，城“腾山而起”；南有尚湖相依，为江南奇观；又有一水纵贯，七支（流）横流；山城之美、水乡之秀相互辉映，形成“七溪流水皆通海，十里青山半入城”（明·沈以潜）的总体格局；城市虽小，气势浩大，可谓城市设计的绝妙佳作。

江南地区的地理环境赋予江南城市规划设计以独特色彩，进而形成了大异于其他地区的城市景观，这在历代富有才华的文化艺术家的辞章咏述中，常常被刻画得充满诗情画意，气象万千。例如，南京被明彭泽描绘为“千年壮丽山为郭，十里人家水绕楼”；镇江在唐刘禹锡的诗句中被称为“山是千重嶂，江为四面壕”；无锡则被清钱国珩描绘成“湖上青山山里湖，天然一幅辋川图”。

与西方城市异曲同工的是，欧洲城市为人们留下了大量的真实描绘城市现状的油画、铜版画，使人们看到照片似的当时城市形象的实录；而中国城市的写真则多以独特的画卷表达出来，如《姑苏繁华图》（即《盛世滋生图》）、《南都繁会图卷》、《康熙南巡图》、《乾隆南巡图》、《广陵名胜图》等全景式画卷，熔山水、城市、建筑、人物、绘画于一炉，对江南地区颇有画意的城市格局进行了完整的阐述与再现，给人以整体概念；图中山川、城郭、街巷、民居、人物、舟车、桥梁、河渠、市廛百业等城市风物皆历历在目。例如《姑苏繁华图》正像其作者清代画家徐扬在跋文中所述，“其间城池之峻险，廨署之

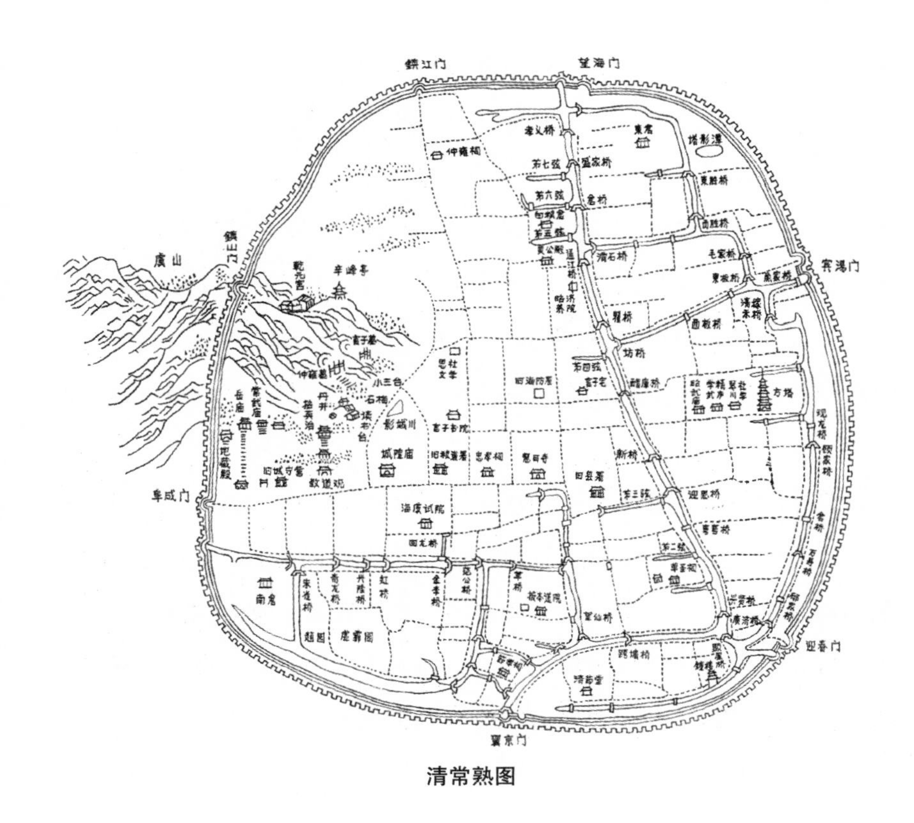

清常熟图

森罗，山川之秀丽，以及渔樵上下，耕织纷纭；商贾云屯，市廛鳞列，为东南一都会”，从艺术角度集中、典型、形象地刻画了苏州特有的文化风貌和生活气氛。这些图卷所显示出来的“意境”“艺境”，以及中国特有的散点式透视所表现出的建筑空间构图，可以说是中国城市设计的又一特色。

江南城镇，大多地处平原水乡，其发展与水密切相关。这从其取名，诸如板桥、乌溪、社渚、杨滩、横塘、南闸、木渎、张浦、盛泽、菱湖、南浔等等，就可以看出来；城镇的布局形态更是顺应水势，与水紧密结合，所谓“山夷水旷，溪桥映带村落间”（明·李流芳），“数间茅屋水边村，杨柳依依绿映门”（宋·孙觌）。根据水道的结构特征，城镇布局形态有以下几种类型。

一是密网型。镇外河流环绕，镇内水网密布。如归安县菱湖镇，“村墟船作市，地绝水为邻”，“众山遥映带，相对碧嶙峋”[①]；吴江县同里镇、归安县双林镇、青浦县城等，也都是由水道组成城镇的网状骨架。

二是十字型。城镇依托两河交叉，呈“十”字或“丁”字型布局；水道交接处成为城镇中心。如嘉定县马陆镇，“东西攘攘熙熙众，南北街头十字分”[②]；乌程县南浔镇，“市楼灯火映波红，十字中分处处通”[③]；昆山县甪直镇、乌程县乌镇、嘉定县南翔镇等，也均属此类。

三是一字型。一水中穿，城镇因水运带动，沿河伸展。一般此类城镇规模不大，如吴江县黎里镇、华亭县七宝镇以及吴江县震泽镇，在发展初期大抵如此。

至于那些山地丘陵地区的村镇，大多位于向阳山麓，前有溪水流过，不少村镇还筑坝开渠，引水入内；街道则顺应地形，全其自然；住宅临街，相互毗连；村镇之外常有文昌阁、文峰塔等作为点缀；碧水映照白墙黑瓦和周围的群山绿树，格调清新，意趣高雅。其随机应

① 乾隆《湖州府志》卷十五村镇。
② 嘉庆《马陆镇志》卷七杂类志。
③ 民国《南浔镇志》卷四河渠。

变的布局，可能与以山川形势为核心的风水“形势派”（主要传播于江西，后传及浙江、安徽等地）的影响有一定关系。

总之，经过人们自觉的规划建设，抑或不自觉的设计经营，江南地区大到城市、小到村镇，都能与自然糅为一体而形成与各自的山水环境相契合的布局形态，显现出江南城市规划设计的区域特色，这也是构成江南建筑文化的一个重要内容。并且，在江南地区内部，各城市的形态又是丰富多彩的。就拿苏州与绍兴来说，两者同处水网地区，其建城时间相近，指导思想类似，城市的发展时期也大体一致，然而两城的规划设计存在着很明显的差别，“历史上苏州较为繁华，绍兴较朴实；布局上苏州较严整，绍兴较灵活；苏州城内只是平地，绍兴城内部有三山；苏州尺度较大，绍兴尺度较小；苏州水网呈方格形而较密，绍兴则呈鱼骨形而较疏，等等”[①]。

2. 风景名胜

正如前文所述，江南北部是一平原水网地区，其东部有一些岛状残丘零星点缀，旁无连续，踞岩俯视，平畴广衍数万顷，河渠湖泊荡潏其间，秀画天施，万景都会。西部的山地丘陵，或起或伏，纷纷靡靡，加以江南气候湿润，降水丰富，年均温度较高，一般山体岩石风化明显，峰顶圆缓，与四周平原浑然一体，且覆有厚厚的植被，连山青翠相属，柔润灵秀。江南南部则山多岭密，石秀洞幽，盈山皆壑，水流淙淙，素以峰、瀑、洞、石著称东南。因之，总体看来，江南地

① 吴良镛.从绍兴城的发展看历史上环境的创造与传统的环境观念//城市规划设计论文集.北京：北京燕山出版社，1988：518.

区山明水秀，自然风光饶有画意。如董源“尤工秋岚远景，多写江南真山，不为奇峭之笔”[①]，客观地描绘出江南平原真景；米芾谓润州（今镇江）“南山可作画材”，其师法自然，创立“米家山水”而“极江南烟云变灭之趣”[②]；唐寅作《雁荡》长幅国画；黄公望留有《富春山居图》等等，俯首可拾。

更为可贵的是，江南千年风骚，自古文华，其优美的自然环境经历代的诗文品题、图画描摹，以及他人的不辍经营与人文活动的附丽，逐步成为具有浓厚的文化气息的风景名胜之地。文因景胜，景因文传，景文辉映，驰名遐迩。例如，镇江三山，长江横流于北，焦山、金山并悬江心[③]，北固山秀峙江滨，风景称最，有诗赞曰，“长江好似砚池波，提起金焦当墨磨。铁塔一支堪作笔，青山够写几行多”，长江浩荡，三山雄伟，无愧于“天下第一江山”。南京莫愁湖，北峙石头，东望钟阜，一湖碧水，山映城趣，湖畔一片平畴，垂柳成行，具有典型的江南水乡风情，宋元以来，游人趋至，明初便获“江南第一名湖”之誉，清代袁枚曾为诗云，“欲将西子西湖比，难向烟波判是非。但觉西湖输一着，江帆云外拍天飞”。苏州虎丘，非有穹谷高岩、深林幽涧，而以寺里藏山，小中见大，剑池石壁，浅中见深，历代名流题咏殆遍而为之增色，虽一小丘，能与天下名山争胜；又因其与城市密迩，每至中秋，“倾城阖户，连臂而至”[④]，名遍寰区。苏州吴县光福镇西之马嘉山，向未有名，因山民辛勤耕作，漫山遍植梅花，群树叠嶂，香波

① ［宋］沈括《梦溪笔谈》。

② 苏轼评论米氏父子画之语。

③ 金山原在江心，因大江北移，清道光年间逐渐与陆地相接，今已连成一片，立于江岸了。

④ ［明］袁宏道《虎丘听歌记》。

色错，清康熙间巡抚宋荦（牧仁）题“香雪海”三字于崖壁，其名遂显；加之微云弄白，轻烟缭青，左澄湖为镜，右崇山作屏，已成为一极富审美价值的自然景观，名播天下了。

值得特别指出的是，自汉而唐，佛教东来，臻至顶峰；道教形成体系，进入兴盛，因而信徒众多，寺院宫观浩若繁星[①]。这些宗教活动地的建设及其后的增修营造，往往与江南的秀丽景色相辅相成，相得益彰。例如，苏州虎丘“出城先见塔，入寺始登山”（宋·方仲荀）；镇江焦山“山里寺”、金山“寺裹山”，等等。肃穆的佛寺道观借山川而多彩多姿，壮丽的山川也因宗教建筑而更显幽雅神秘，成为名观胜景，即所谓的“曲径通幽处，禅房花木深”，将名胜区的建设与诗、书、画、禅理凝为一体，益增游者超凡脱俗之感。

我们通常所说的“虞山十八景”“京江二十四景”“金陵四十八景”“周庄八景”“乌镇八景”“甫里八景”等等，就是对江南城市（镇）风景名胜最为通俗而凝练的概括。景点的题名富有多种多样之功能，点拨画题、刻画意境、解说典故、引人联想等，是不同于西方而为中国风景设计所独有的可贵的美学特质。“有山皆图画，无水不文章”，所形成的风景名胜作为城市建筑与自然整体性创造的结晶，是构成江南城市特色的不可或缺的内容。

3. 园林

江南园林更是江南建筑文化瑰丽的奇葩。江南地区山川秀美，水

---

① 王友三. 中国宗教史. 济南：齐鲁书社，1991：7–8.

网密布，气候温和湿润，盛产花木石材；且建筑技术精湛，具有十分优厚的园林建设条件。到了明清时期，江南城市工商业相当繁荣，经济结构和生产关系已发展成为一种新的历史形态，人们的生活方式、价值观念发生了种种变化。当时在这一社会意识的驱使下，大批显宦富户集聚江南，竞相造园，纳千顷润洋，蓄万仞云山，收四时烂漫，以追求野趣、崇尚自然，如扬州影园①；一些仕途失意的文人士大夫为寻求精神上的解脱，也在江南修筑园第，寄情山水，以归隐自然，如无锡寄畅园②、同里退思园③。因之，江南园林一时纷呈迭起，造园之盛、建筑之精史无前例。

清代沈朝初《忆江南》曰："苏州好，城里半园亭。几片太湖堆崒嵂，一篙新涨接沙汀，山水自清灵。"据《苏州府志》所载资料统计，明代苏州园林有 271 处，每平方公里 12.8 处；清代有 130 处，每平方公里 6.3 处，其密度之高，在全国各地城市之中，恐无出其右者。扬州在明清时园林也十分兴盛，沈复在《浮生六记·浪游记快》中讲，"平山堂离城约三四里，行其途有八九里。虽全是人工，而奇思幻想，点缀天然，即阆苑瑶池，琼楼玉宇，谅不过如此。其妙处在十余家之园亭合而为一，联络至山，气势俱贯"，园林之盛，洵非虚语。

计成谓"三分匠，七分主人。……第园筑之主，犹须十九，而用匠十一"④。主持江南园林建造者多有较高的文化素养，使得江南园林

---

① 据园主郑元勋《影园自记》"地盖在柳影、水影、山影之间"，故命园之名为"影园"。

② 明代秦耀取东晋王羲之《兰亭序》"一觞一咏，亦足以畅叙幽情，……因寄所托，放浪形骸之外"的文意。

③ 清光绪十一年（1885 年），任兰生罢官归里，取"退则思过"之意，命名退思园。

④ ［明］计成《园冶·兴造论》。

不仅数量多、密度大，而且在立意、置景、建造上都有很高的文化品位，长期以来，名园迭出，绵延不替，其尤著者，如狮子林、拙政园、网师园、燕园、半亩园、退思园、随园、寄畅园、潜园、宜园、近园等等。

事实上，明清两代，江南园林沿着文人园的轨辙，以秀丽、清幽、淡雅、小巧相尚，因洼疏池，沿阜垒山，因地制宜，配置花木，营建亭榭，使人们不出城市而获山林之怡，这一总体特征已成为中国造园的主流，其艺术成就几可成为中国古典园林建筑水平的代表，甚至皇家园林也向它师法仿习。朱启钤说，“南国名园胜景，康、乾两朝，移而之北，故北都诸苑，乃至热河之避暑山庄，悉有江南之余韵”[①]。北方营第建园也往往延请江南名师为之擘画主持，如张南垣次子张然，在北京供奉内廷28年，燕京之瀛台、玉泉、畅春苑皆其所布置，又为大学士宛平王公构怡园于京城宣武门外南半截胡同，水石之妙，有若天然；张然子孙世其业，继续供奉内廷，百年未替，京师时称“山子张”。

江南园林作为诗、书、画、建筑、花卉树木、工艺美术等多种艺术的集合体，融自然风光、人工建筑及历史文化于一体，是人们利用自然、改造自然、妙造自然的杰出代表，其所蕴含的建筑文化与地域特色也自不待言了。

---

① 朱启钤《重刊园冶序》。

4. 街巷民居

江南地区河道纵横，湖荡罗列，为了适应这种多水的自然生态环境，江南城市有其独特的水陆交通体系和民居建筑形态，并组合成具有江南特色的城市空间，达到了生态、文态的有机统一。

水多是江南城市的共同特征，江南民居往往临河依水，粉墙照影，蠡窗映波，形成了独特的水乡民居风貌和强烈的水上人家的生活气息，根据河、路的基本特征，又可分为种种情形。

如水巷型。河道两侧民居压驳岸而建，形成一条幽深的水上小巷。舟楫穿梭，倒景浮荡，橹声欸乃；民居粉墙黛瓦，栉比鳞次，错落参差，形成了一条条水上风景线。水巷上常有节奏地架设着形式各异的石桥，以及跨河宅院的私家小桥、桥廊、水阁，“东西南北桥相望”（唐·白居易），商店、茶楼、酒肆、码头（河埠头）等往往与桥梁结合起来，成为人们活动的集中点，丰富着水巷的景观，共同塑造了城市安谧温馨的生活氛围，显现出“君到姑苏见，人家尽枕河。古宫闲地少，水港小桥多”（唐·杜荀鹤）的水乡意境。

再如街巷型。江南城市（镇）经济繁荣，街市上的民居常常正面临街，背面为河；前街后河，兼得水陆两套交通系统之便。临街住宅若是平房，则前店后宅；若是楼房，就底店楼宅，巧为布置。青石板铺地、高墙夹道的江南小巷与民居相通，巷门、牌坊、木塔、寺庙、亭台、水井等标志性建筑与民居有机组合，要素多而设计精巧，布局紧凑而不拥挤，增添了居住环境的生活情趣，构成了令人神往的艺术画面。

又如滨河街巷型。街巷与河平行，“小浜别派，旁夹路衢”[①]，民居布置在街河一侧。面水布置的民居，几步之遥就跨到水边，“处处楼前飘吹管，家家门前泊舟航”（唐·白居易）；出门踏街巷，水陆交通各得其利。街侧临河常砌有整齐曲折的条石驳岸，街河之间设有多种多样的码头踏步，河道交叉、街巷转折之处，则有二三座小桥巧为组合，既方便了交通，又强化了滨河街巷的水乡风韵。古时著名的阊门径通虎丘的七里山塘街，融河渠、街巷、岸堤为一体，留有“银勒牵骄马，花船载丽人”，“好住湖堤上，长留一道春”的清辞丽句，即为绝好的代表作。

浙江地区民居为适应复杂的地形，节约耕地，并根据当地气候湿热的特点，满足季节性农业生产的需要，多依山傍水，利用山坡河畔而建，创造了良好的居住环境。在村庄或城镇内部，多成不规则的曲折巷道，建筑与自然地形结合，利用山势创造台地，建造楼房，利用出挑争取空间，不规则的平面布局取得良好的空间效果，别有韵味；建筑内部则普遍利用敞厅、天井、通廊及可以灵活拆装的间壁，使建筑内外空间既有联系又有分隔，构成开敞、通透、明快的空间效果。

总体来看，江南城市大量的民居建筑体量小巧，千姿百态，白、灰、棕的建筑基调掩映于碧树蓝天之间，构成了明净、素雅、宜人的居住空间，风致婉丽，充满着建筑与自然的整体美，这在其他地区是鲜见的。特别是把河道、街道、桥梁、码头、牌坊与民居建筑等多种要素结合起来，当作一个系统来设计和处理，形成有机的建筑群体和

① ［宋］朱文长《吴郡图经续记·城邑》。

街坊，其所表现出的功能、艺术和技术上的成就，同样是卓尔不群的，是表征江南建筑文化之地方特色的一个主要方面。

5. 建筑装修与陈设

江南建筑的细部装修与陈设，也可谓综合运用各类艺术之大成，与建筑整体相得益彰。

一方面，江南建筑的内外装修集中了民间雕镂艺术的精华。明清以来，江南一带就讲究“无雕不成屋，有刻斯为贵”，一般建筑室内以木雕为主，雕刻于梁架、裙板、长窗、栏杆等处，以及相对独立的窗和罩；室外则有砖雕和石雕，如门楼、漏窗、抱鼓石等。三雕艺术手法多样，或写实，或夸张，或变形，或浮雕，或立体雕，或镂空，都有鲜明的装饰性，形象生动，布局美观，显示出艺师和工匠们的高超技艺。内外装修虽不像木构架那样是中国古建筑的主体骨架，但其附着于建筑实体，起着保护和装饰作用，是建筑外观的点睛之笔，增加了艺术风采。当然也毋庸讳言，因主人的素养情趣、时代、地区的不同，其中也不乏选用高贵的材料和繁复的工艺技巧，竭其财力为地位与享受效劳者（尤其是在清朝），使得建筑装修趋于烦琐，甚至饾饤堆砌，流于形式。

另一方面，江南地区十分注重与建筑整体配合的内外陈设，包括家具、盆景、书画、匾额等；陈设的大部分可称为家具，俗称“屋肚肠”。明清两代有不少著作涉及江南建筑的家具陈设，如文震亨《长物志》、朱舜水《谈绮》、李渔《笠翁一家言》等，特别是李渔主张“忌排偶，贵活变”[①] 的灵活多变的家具陈设，使得一些结构呆板的建筑平添生机，令人耳目一新。人们在制作家具时，往往先对主体建筑进行研究，究其不同性质、建筑空间的大小、进深，及不同的使用要求，由文人画家参与设计，经技艺高超的匠师制作而成，因而其功能完善，造型简明雅洁，色调和谐，做工精细，与主体建筑极其相称，所谓“几榻有度，器具有式，位置有定。贵其精，而使简，而裁巧，而自然也”[②]。江南建筑还注重盆景的设置。据《吴风录》所记，“虽闾阎下户，亦饰小山盆岛为玩”；沈朝初《忆江南》云，“苏州好，小树种山塘。半寸青松虬干古，一拳文石藓苔苍。盆里画潇湘”。由于苏州园林艺术、雕刻工艺、吴门画派等的综合影响，苏州盆景造型奇巧，构图美观，于咫尺盆中显现清雅的神韵与幽深的意境；并且，在追求盆景自身的诗情画意之外，还讲究盆、盘、盎、钵和几架的配置，素有“一景二盆三几架”之说，注重盆景的整体协调及其与周围建筑环境的配合等。陈设的另一种内容是书画作品及匾额对联，它们既是江南传统建筑典雅的装饰，往往又是对周围景物的“点题”与“破题”，题中之精蕴，题外之雅致，旨趣高远，文气逸然。概言之，江南建筑的陈设，无不与建筑和谐配合，既方便了人们的生活，又烘托了建筑的气氛，使人们得到美的享受。

综上所述，江南建筑文化尚有一些基本之点亟须道及。其一，江南地区山水旖旎，自然特色已多论及，值得指出的是江南地区发达的文化、善良的乡情民俗和人们较高的文化素质，自然与人文的共同作

---

① ［清］李渔《闲情偶寄·器玩部》。

② ［明］文震亨《长物志》。

用才使江南的人居环境充满着人情味，生机盎然。其二，江南建筑文化极富整体性，从区域到城市，到建筑整体、园林空间，到整幢建筑，以至建筑小品，俨然一体，浑若天成；并且，江南建筑文化也极富个性，从区域到不同城市，乃至园林小筑、一山一石，饶有特色，使建筑气氛或灵秀，或典雅，或深邃……各有情趣。正是这种整体个性，才使得江南建筑文化如此丰富多采。强调这一点极为重要，它不仅可以加深对江南建筑文化为何取得如此之成就的理解，也为今日循此规律进行新的创造指出了途径。

四、论江南建筑学派

城市是一个过程，江南建筑文化是后人对前人的建筑成果的逐步改进、不断升华，是随时间积淀而成的；同时，作为人们建筑实践活动的结晶和凝聚，江南建筑文化又无时不对生活在其中的人们的行为产生种种影响，从而孕育造就了许多卓有成就的建筑匠师。换言之，江南建筑匠师的群体特征与江南建筑文化的区域特色是相辅相成的两个方面，江南建筑文化的形成与发展就是江南地区的建筑匠师利用自然禀赋，将其建筑思想实物化，以及基于大量实践将其建筑经验理论化的过程。

1. 建筑匠师名人辈出

梁启雄先生曾作《哲匠录》，收录自唐虞至明清间的中国“哲匠”，分营造、叠山、锻冶、陶瓷、髹饰、雕塑、仪象、攻具、机巧、攻玉石、攻木、刻竹、细书画异画、女红，凡一十四类，其收录全国营造与叠山哲匠共 249 人，兹将该书所录江南地区哲匠的数量变化情况列表如次：

江南地区哲匠数量历代变化情况 单位：人

	合计	唐虞至隋唐	宋	元	明	清
全　国	249	98	31	9	61	50
江南地区	55	3	5	2	18	27
占全国 %	22.1	3.1	16.1	22.2	29.5	54.0

统计数据表明，隋唐以降，江南地区建筑匠师的数量在全国所占的比重逐代上升；其中，宋代是变化的关键时期，清朝臻至全盛。尽管梁氏对建筑匠师的收录不一定全面，但其所反映的江南建筑匠师在全国地位之变化的大势，以及宋元明清时期江南建筑匠师地位之显赫，则是无可非议的，这与前述江南地区的经济文化以及城市的发展确实密不可分，相互印证。

宋元明清各代，江南建筑文化突兀而起，蔚为大观。其时，名满天下、能书善画、会通工艺学术的建筑匠师，史不绝载。例如：

李嵩，南宋钱塘人。少为木工，工画人物，尤长于界画。光宁理三朝官，画院待诏。

倪瓒，字元镇，元无锡人。工诗，善书画。所居有云林堂、萧闲馆，阁如方塔，三层，疏窗四眺，遥峦远浦，云霞变幻，弹指万状。至正间，与僧天如等共商叠成狮子林，瓒为之图。

蒯祥，明吴县人。本香山木工，初授职营缮，仕至工部左侍郎，能主大营缮。据称永乐十五年建北京宫殿；正统中重作三殿，及文武诸司；天顺末所作之裕陵，皆其营度。凡殿阁楼榭，以至回廊曲宇，随手图之，无不中上意者。每修缮，持尺准度，若不经意；既造成，不失厘毫。宪宗时，年八十余犹执技供奉，上每以“蒯鲁班”呼之。既卒，子孙世其业。至今苏州香山存有蒯祥墓，景仰者不绝。

计成，字无否，明吴江县人。工画，好蓄奇石，尤能以画意筑园，誉之者谓与荆关绘事无异。中年曾漫游北方及两湖，返回江南后定居镇江。崇祯间，为吴又予造园于晋陵，又为汪士衡筑园于銮江，复为郑元勋作影园，成为专业造园家。平时注意艺术创作经验的总结，著有《园冶》三卷。家乡同里至今尚存其故居。

张涟，号南垣，清初华亭人。少学画于云间某氏，尽得其笔法。善绘人像，兼工山水，以山水画意叠山、冶园著闻于时，以此技游于江南诸郡五十余年。又妙作盆池小山。四子皆世其学，次子然（陶庵）、三子熊（叔祥）尤为知名。

戈裕良，清常州人。原是画家，后以造园为业，用画技于假山设计，运石似笔，悉符画本。能以大小石钩带联络如造环桥法，积久弥固，千年不坏。仪征之朴园，如皋之文园，江宁之五松园，虎丘之一榭园，孙古云书厅前之石山，及常熟北门内之蒋氏燕谷园，均出其手。至造亭馆池台，一切位置装修，亦无不独擅其长。

李渔，字笠翁，浙江钱塘人，康熙时流寓金陵。尝为贾汉复葺半亩园于燕京紫禁城外东北隅弓弦胡同，叠石土而为山，掘地导泉而为池；池中水亭，双桥通之；平台曲室，奥如旷如。又自营别业名伊园，晚年更筑芥子园，撰有《闲情偶寄》。

一般说来，过去的建筑工匠在长期实践中积累了丰富的经验，世代相传，共同创造了优秀的建筑文化，建筑的设计构思、园林的立意布局总是通过他们来实现，诚如李渔所言，“从来叠山名手俱非能诗善绘之人。见其随举一石，颠倒置之，无不苍古成文，迂回入画”[①]。但是，这些建筑工匠在当时的社会地位很低，除极个别的经文人偶有提及外，大都名不见经传。不过这种情形，自宋以后，特别是明清期间，明显地发生了变化。

细言之，江南的建筑匠师主要来源于两个方面。一方面，由于江南地区财力鼎盛，建筑活动十分频繁，大批工匠应运而生；加之封建社会内部资本主义因素的成长，与市民文化的勃兴而引起的社会价值观念的改变，建筑工匠中技艺精湛者逐渐受到了重视。他们在主人或文人与一般工匠之间起着承接作用，大大提高了江南地区的建筑水平和效率；其中，一部分人努力提高自己的文化素养，那些长于书画的便代替了文人，成为全面主持规划设计的建筑匠师而知名于世，如前述蒯祥、张涟等，是可谓工匠的“文人化”。另一方面，江南建筑业的发展需要有高层次的文人投身于具体的营造活动，由于社会价值观念的改变，一些文人画士也不视建筑技术为雕虫小技，其中不乏直接掌握技术而成为建筑匠师者，如计成就较为典型，这可称为文人的“工匠化”或“专业化”[②]。

这两类建筑匠师相结合，丘壑在胸，再与文人、一般工匠结成众

---

① ［清］李渔《闲情偶寄 · 居室部》。

② 周维权 . 中国古典园林史 . 北京：清华大学出版社，1990：166–167.

手，因地制宜，将其建筑思想现于实物，从而创造出别具一格的江南文化，形成中国建筑史上的重要篇章，也就不足为怪了。

2. 建筑制度与理论建树

前述城市（建筑）具体实物所体现出来的建筑文化，经过建筑名人匠师的总结提炼，则凝结为建筑制度和理论。我国第一部建筑术书《木经》，就是宋初浙东木工喻皓总结前代经验编著的，今虽已失传，推测其主要内容在李明仲的《营造法式》中当有所继承。明中叶在长江下游及其附近各省传布的《鲁班营造正式》，也是该时代江南民间建筑经验的总结，据刘敦桢教授考证，此书有着不同的刻本，即明天一阁藏本，明万历刻本《鲁班经匠家镜》，明崇祯刻本《鲁班经匠家镜》，及清代刻本[①]，它的世代流传从一个侧面说明了几百年来江南建筑的生命力。张至刚教授整理苏州人姚承祖所著的《营造法原》的出版，则是近代记录中国南方建筑的宝典。凡此，都是江南地区发达的建筑工程技术实践经验的总结，成为当时人们营建活动的技术规范。

并且，由于文人、匠师、一般工匠的结合，江南建筑在广泛实践的基础上所积累的大量经验，还被系统地向理论方面升华。于是，江南地区出现了许多有关建筑的理论著作刊行于世，其中《园冶》《长物志》《闲情偶寄》就是比较有代表性的三部著作。

《园冶》的作者是明代计成，书成于明崇祯四年（1631 年），刊行于崇祯七年（1634 年）。这是一部全面论述江南地区私家园林的

---

① 刘敦桢 . 评《鲁班营造正式》// 刘敦桢文集（四）. 北京：中国建筑工业出版社，1992 :187-193.

规划、设计、施工，以及各种局部、细部处理的综合性著作。全书共分三卷，第一卷包括“兴造论”一篇，“园说”四篇（“相地”“立基”“屋宇”“装折”）；第二卷专论栏杆；第三卷分论门窗、墙垣、铺地、掇山、选石、造景。通观全书，理论与实践相结合，艺术与工艺相结合，言简意赅，对造园的意义以及园林与自然、主体与客体的多种关系做了精辟的论述，可谓中国最早的有系统并富哲理的造园著作。曾有学者将此书与西方文艺复兴时阿尔伯蒂（Alberti）的《论建筑》一书（书成于1452年）进行比较研究，言其是一部划时代的东方造园名著。

《长物志》作者是明朝文震亨。如果说《园冶》是在总体联系中综合论述了园林建构序列的诸元素，那么《长物志》则是把园林分解成各个部分，分门别类地研究了室庐、花木、水石、禽鱼、蔬果，及书画、家具、陈设等各个方面，其独到见解颇多，也是人们评价江南园林的重要标准和依据。

《闲情偶寄》作者是明代李渔。全书分“词曲”“演习”“声容”“居室”“器玩”“饮馔”“种植”“颐养”等八部；其中“居室部”分“房舍”“窗栏”“墙壁”“联匾”“山石”五节，侧重于园林审美特点的研究，主张构园造亭自出手眼，并发挥了品石叠山、借景框景理论；“器玩部”分“制度”“位置”二节，对家具陈设鉴赏的看法也颇有见地。

此外，关于江南地区建筑的议论、评论还散见于文人的各种著述中，如王世贞的《游金陵诸园记》，沈复的《浮生六记》，李斗的《扬州画舫录》，陈继儒的《岩栖幽事》与《太平清话》，林有麟的《素园石谱》，屠隆的《山斋清闲供笺》，等等。

以上是就历史的综述。近人如童寯教授早在30年代即“以工作余暇，遍访江南园林，目睹旧迹凋零，与乎富商巨贾恣意兴作，虑传统艺术行有澌灭之虞，发愤而为此书”[①]。《江南园林志》是以近代建筑理论与方法整理园林遗产之始，其后有刘敦桢教授的《苏州园林》，陈从周教授的《扬州园林》等等，将江南园林研究，无论旧籍之整理、实物之调查、技术之探求、美学之领悟、中西之比较，等等，都推向一个新的历史阶段。

3. 建筑风格多种多样

过去，建筑工匠的技术是师徒相传、父子相传，徒弟多为本族子弟，这就使得江南地区的建筑工匠在地域上存在一些共同的特征，逐渐形成了技术上风格各异的建筑帮派。仅就叠山而言，“从前叠山，有苏帮、宁（南京）帮、金华帮、上海帮（后出，为宁、苏之混合体）。而南宋以后著名叠山师则来自吴兴、苏州，吴兴称山匠，苏州称花园子，浙中又称假山师或叠山师，上海（旧松江府）称山师，名称不一”[②]，可谓自成体系，学派林立。

实际上，这些建筑帮派反映着江南内部不同的地方风格。例如从总体上讲，江南园林有别于北方园林的粗犷、寺观园林的肃穆，以及皇家园林的辉煌，呈现出一种文人园的特征。然而，暂不论江南地区

① 童寯．江南园林志．北京：中国建筑工业出版社，1984：序．

② 陈从周《说园（三）》。

内部造园的自然条件存在着先天性差异①，由于造园过程中主其事者的身份、地位的不同，以及意趣、手法的高下，每每对园林风格产生重要的影响②，亦即俗话说的"三分匠，七分主人"，这使得江南园林建筑在地域内部存在着一定的差异。

今以苏州、扬州来看，尽管两地自然条件相近，物产风俗类同，且都属"园林城市"，但如果体味一下，仍不难发现两城的园林建筑有着相当的文化差异，具有各自的风格特征。自宋以来直至清末，苏州的文风一直很盛，其间虽有官僚、地主及商人的聚集，但城市园林的修建基本上保持着简远、疏朗、雅致、天然的文人园风格，主要是受文化的影响。扬州则不然，时至盛唐，扬州已是一繁华的商业都市，有"扬一益二"之说，中晚唐时，扬州更是"雄富过天下"的一方都会，商业经济对城市发展已十分重要；清代扬州又依赖盐业重称繁华，盐商是其市民中重要的阶层，他们多为儒商合一，出入官场，扶持文化，因而扬州也是江南地区的一个主要的文化名城，其时聚集了一大批文人、艺术家，书画有"扬州八怪"，工艺美术较为兴盛。在此情形下，商人们借扬州便利的水运，带来徽州、苏州及北方的工匠、石材，延聘叠山高手，竞相造园，以至有"扬州以名园胜，名园以叠山胜"的说法，表现出扬州园林南北相交、文商混杂的特点，亦即经济因素对园林建筑的影响较大。这一点在扬州盐商为迎合帝王游兴而"装点"的瘦西湖中，有着淋漓尽致的展现，兹不赘述。李斗《扬州

① 如各地产石不一，花木品种多样，山形水貌也各有千秋。

② 如杭州文人墨客修建之园，多幽雅质朴；苏州官僚地主荟萃之所，多显富豪之气；扬州商贾所造之宅，多华丽风格。张荷．吴越文化．沈阳：辽宁教育出版社，1995：102.

画舫录》中说，“杭州以湖山胜，苏州以市肆胜，扬州以园亭胜”，这是基于城市特色的评论，不无道理。

总之，江南建筑文化的流传与繁荣，从专业看，是规划、园林、建筑、工艺美术等的普遍繁荣；从实践看，是名城、嘉园、佳构迭出；从设计者的帮派看，则是制度、理论的总结和发展，世代相传。说江南地区的建筑文化发展已形成了不同于其他地区的建筑学派，这并非言过其实或凭空臆造，而是研究江南经济文化发展过程所发现的一个规律性现象和合乎逻辑的结论。

五、论地区建筑文化的创造

1. 江南建筑文化的“根”

长期以来，江南人民利用自然，整治山川，发展了经济文化，开拓了良好的人居环境。江南的自然环境是江南城市（建筑）和村镇聚落的空间载体，是建筑文化的自然之“根”；江南建筑之树扎根大地，因地制宜，就地茁长。江南建筑文化还是时间积淀的结果，江南地区社会经济环境的演变过程是建筑文化的人文之“根”，江南地区整个社会经济发展过程中各种因素的共同作用，使得江南建筑文化风格各异，丰富多彩。

此外还应看到，江南建筑文化（乃至其他方面的文化）早已非原本江南的“本土文化”或“初民文化”，而是移植、吸取、融合了不少中原文化，甚至海外文化，因此“开放性”和“善于吸收异质文化”

可以作为江南建筑文化的重要特征，这也是江南地区文化昌盛、后来居上的重要原因。

认识江南建筑文化的地区性，探寻其形成发展的自然之“根”、人文之“根”，研究其具体内容，分析其多方面的表现形式，从而揭示其发展规律和未来趋势，正是本文之主旨。

2. 江南建筑文化遗产的保护

江南地区经历代之经营，建筑文化遗产丰富，其历经水旱兵燹、社会变迁，建而毁，毁而建，历史更迭相沿。即以园林而言，童寯教授于 30 年代即浩叹“造园之艺已随其他国粹渐归淘汰，……天然人为之摧残，实无时不促园林之寿命矣”（《江南园林志》著者原序）。时至今日，城市化发展，人口剧增，城市扩大，土木之功无时不对城市、建筑、园林构成威胁，故呼吁保护者若干年来努力不懈，功不可没。

然而，这是一个整体而持续的工作。所谓保护，不能仅着眼于单个的历史文物或历史地段，而应从整体思考，区别不同价值，确定不同对策，此其一；其二，城市是一个过程，它总是处在发展变化之中，因此要深谋远虑，采取多种战略对策，处理好保护与发展的矛盾，使江南建筑的整体环境能得到妥善的保护。

如前所述，江南建筑文化是以整个社会经济结构为依托的。在近代西方文化东渐过程中，社会经济发生变化，文化也随之变迁，新的文化在催生，这个地区“海派”文化的出现（建筑文化也包含其中）就是明证。又如清末民初，在“新政”与“实业救国”思想的影响下，张謇规划南通，除建立我国第一个近代博物馆和公园等市政设施外，还为发展近代工业建立新的工业区；为发展航运在江岸辟建新港区，与旧城鼎足而三，形成多核心的城镇形态，成为中国近代城市规划建设的最初代表。当今，我国自给自足的自然经济已让位于进行社会化大生产的商品经济，科技水平的提高和社会生产方式的变化导致了人们思想意识的嬗变；并且随着改革开放的深入，具有强大冲击力的异域文化正在大规模地传播，都在诱导着传统文化观念的展拓、更新和新的文化意识的勃兴。在这种情况下，一方面，保护江南地区的整体建筑环境及其发展的持续性就尤显迫切，并且困难更多，一旦处理不善，甚至“有根本灭绝之虞”（童寯语），因而其意义也就更大；对此，在西方城市化过程中有许多成功与失败的经验教训可资借鉴。另一方面，我们不能不因势利导，以极大的力量注视、研究江南建筑文化之创新问题。

3. 江南建筑文化的创新

我们必须认识到，光靠保护既有遗存是远远不够的，必须把历史地段与历史建筑物的整体保护工作同新环境的创造工作融为一体，即在保护的同时更要进行开拓创新。我们要研究传统的江南建筑文化的本质，更要有意识地从传统中发掘出于今有益的建筑文化“基因”，使之在新的经济、文化背景下得以“遗传”，在新的人居环境建设中得到精心培植，创造性地发展。

当然，江南建筑文化的创新受到建筑技术、匠师素质，以及人们的生活水平、审美意趣、社会价值导向等多方面因素的复杂影响，其难度很大；但就我们建筑规划学人来说，应该循此方向，努力加强责任感，更新创作观念，并且还要呼吁提高社会认识。

一是加深理解，自觉创造。对我们建筑师来说，一般对江南风光之小桥流水、粉墙垂柳等并非全然没有感性认识，但诚如毛泽东同志在《实践论》中所说，“感觉到了的东西，我们不能立刻理解它，只有理解了的东西才更深刻地感觉到它”，对江南建筑文化的创新亦当如是。必须加强对传统江南建筑文化的理解和对历史文化遗产的修养，“温故而知新”；否则还谈什么发掘其“基因”，更何能发扬创造？另一方面，还要加深对新建筑的理解，“适我无非新”，努力使新的创作既适应现代生活的需要，又有新时代的地方特色，这可谓对新时代的江南建筑文化最为本质的关注。前文已谈到“海派”文化，有人说“‘海派’文化的内核是它的协调精神，那就是求新、求变、兼容、协同，它以革新的精神与变革着的文化相协调，能将本地域以外的文化，甚至海外文化成功地和上海地域文化相兼容”[①]，此语颇能给人以启发。应该看到，经济文化的大发展其实也为江南建筑在新的物质基础上，吸取多元文化的营养，充实自身的文化内涵而持续演进提供着可能，我们对江南建筑文化进行创新的自觉性正在萌起；创作方法的成熟也确有个过程，只要我们不断提高创造的自觉性，终会得到一定的成功。

二是整体性思考与追求。不言而喻，目前江南建筑文化生存发育的自然环境、社会经济状况已经发生了很大的变化，但是地区的特征仍蔚然存在，江南建筑文化发展的基本规律并没有变。无论是过

---

① 汪荀．沪上城雕之不足．文汇报，1996-05-06.

去、现在抑或将来，江南建筑文化都应该是区域、城市、建筑群、单体建筑以及建筑细部浑然一体，是规划、建筑、园林的整体创造，是经济、科技、文化、艺术、自然等的有机融合。今天，不少建筑师在江南建筑的形式上、手法上、“符号”上……虽然做了某些创造，甚至取得了某些成绩，然而那些新房子往往与环境格格不入，难尽如人意。可以说，其主要原因每每在于对江南建筑文化这种整体性特征把握不透；如果能整体地思考江南建筑文化的组成，系统地分析其方方面面，而又能循多方面进行努力，也许会给建筑水平的提高提供一个新的契机。

三是注重区域环境特色与城市设计遗产的继承。本区地处江南水乡，历史上城市与村镇之格局、街巷之设计、坊里之组织以及建筑形式之创造等等，很大程度上与水网等地区的地理因素密切相关，可谓传统江南建筑环境经营的一个独到之处。然而，在目前高速度、大规模的城市建设中，这种建筑与自然环境之间的融合无意间似乎被遗忘了，不加分析、生吞活剥地到处搬用西方城市设计手法，其结果既破坏了城镇（建筑）与自然山水之间的和谐，又丧失了江南建筑的艺术特征。自然环境特色的发掘、理解、重现和为我所用，理应是当今建筑创造的重要方面。

江南并不是单纯的地理区域，还是一种人文空间。长期以来，人们之所以对江南建筑一唱三叹，欣赏不已，就在于江南地区的城市建筑蕴蓄着无比丰富的文化。江南建筑不仅是技术上的奇巧，也是文化上的创造，特别是它的“意匠经营”，往往富有诗情画意，蕴有深邃的哲理。将对江南建筑文化的探根寻源贯穿于规划设计过程的始终，知其然并知其所以然，吸取地方建筑文化的历史精髓，并努力用新的技巧在规划设计中表现出来，显然是至关重要的。

当然，论江南建筑文化的创新问题，决不仅如上述，例如对中国建筑文化的局限性，如何在东西方文化的冲撞中把握东西南北四海文化，如何在世界趋同现象下发挥本土特色，等等，更需要有系统的思考，这些都是当代不可回避的问题。由于涉及过多，当另文述之。

4. 创造风格各异的地区建筑文化

本文对江南建筑文化的研究分析还仅仅是初步的，但它给我们一个启发，或者说增强了我们的一个信念，就是对地区建筑学的探索还是大有可为的。本论仅局限于江南，在我国的其他地区，诸如荆楚、巴蜀、三湘、中原、岭南等人文区域内，必然也存在着具有各自典型特色的，与江南迥然不同的建筑文化，值得我们继续探索。我国的建筑发展史经先驱者们含辛茹苦、披荆斩棘，后继者们的继续努力，今已建立了基本体系，但我们并不能就此止步。如果能进一步弄清不同地区建筑文化的渊源和各地区建筑文化发展的内在的而非臆造的规律，比较它们相互之间的差异，研究其空间格局，这将不仅大大深化我们对中国建筑发展的整体认识，并进一步阐明其个性所在，加深对整体个性的理解，且更有助于我们理解中国建筑的区域特色，从而培育具有地方特色的建筑学派，各逞风流，使中国建筑创作真正地实现和而不同、同中有异的繁盛局面。

区域文化作为一个独立的文化单元，是人类深思熟虑的愿望和意图的体现。我们着眼于区域特色，研究江南建筑文化，可以说是对城市特色的高层次的追求。城市脱离了其赖以生存的区域“根源”，文化发展便成了无本之木，无源之水，建筑也就苍白、枯萎，更何谈城市特色？故在此重复开篇所说的一句话：“一个区域、一个城市都存在着深层次的文化差异。自然的和人文的影响愈是多样化，城市的整体性就愈复杂，只有认识、把握这一规律（现象），才是避免人们长期形成的过分简单化趋向的一种永久保证。”

新中国成立后第一丰碑设计建造中的故事[1]

——写于人民英雄纪念碑落成 55 周年之际

1950 年底，我自美国留学归国，1951 年初即随梁思成先生参加一些会议和工作，人民英雄纪念碑就是其中的一项。关于这件事的具体情况，1978 年人民英雄纪念碑落成 20 周年时，我曾经写过一篇介绍文章，时隔 35 年，仍然感到有事要说，可谓“近史钩沉”。

一、设计方案的择定

人民英雄纪念碑意义重大，通过竞赛，梁思成先生的设计方案被采用。我曾在建筑系馆看到由莫宗江先生绘制的渲染图，非常精致，留下了深刻的印象。虽然设计竞赛已经定案，但是在 1951 年初的一次设计工作会上仍旧是众说纷纭。首先，建筑学家和雕塑家的意见就不一致。雕塑家希望以雕塑为主，在碑前或碑顶做群雕，或碑身就是

① 本文曾刊载于《光明日报》2013 年 5 月 2 日第 5 版，收入本书时文字略有改动。

雕塑。建筑学家梁思成先生则认为，人民英雄纪念碑本身是一座碑，要来承载字，如“人民英雄永垂不朽”（当时假定）等。1951 年国庆时，却另有一个设计方案的一比五的模型突然出现在天安门广场上，底下一个红墙台座，有三个门洞，台上立碑。据说这个新方案是陈干同志设计的，背景至今我也不清楚。梁先生见后，很是着急，特意用圆珠笔赶写了一封信给彭真市长，详细阐述了人民英雄纪念碑的设计意图，并对该方案表示反对。这说明即使是方案已经评定，也仍然有不同意见，推想在决策层也不尽一致。后来经过一段时间，再次确定使用梁先生的方案。

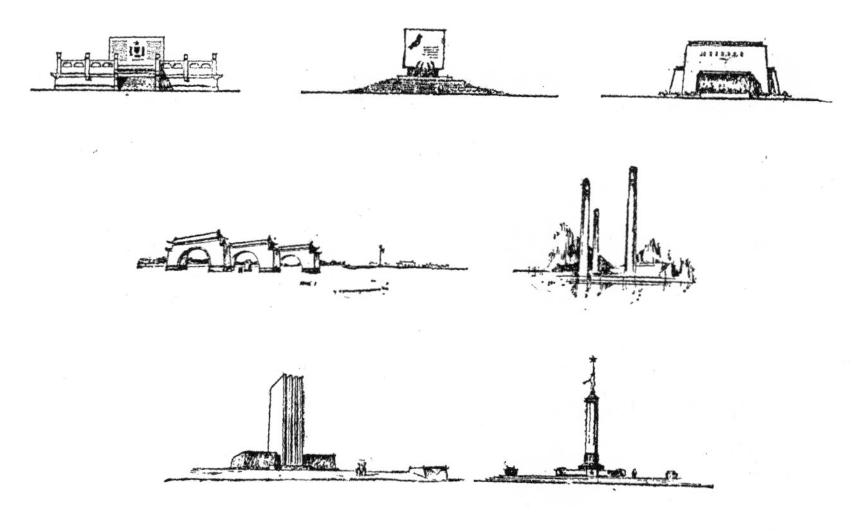

初步探讨的人民英雄纪念碑方案

1951 年国庆前陈列在天安门广场的设计方案模型

二、位置的改动与朝向的调整

1949 年 9 月 30 日，第一届政协会议闭幕后，毛主席在夜色中为人民英雄纪念碑奠基。由于较为匆忙，未顾及整个广场的布局，待到深化设计时发现奠基的位置离天安门和旗杆太近，当时还在酝酿碑身加高，如此就更会显得空间局促。梁先生告诉我他曾向彭真汇报：要不要向主席请示往南挪？彭说主席那么忙，你们要怎么挪就怎么挪吧。后来经过数次方案设计，最终由北京市规划局的赵冬日同志敲定放在绒线胡同东部路口。这个位置无论当时还是现在看来，都是非常合适的，即处于中轴线上略微偏南的位置上，为新中国成立十周年规划人民大会堂和革命历史博物馆的设计选址留有余地，使得这三个建筑物与天安门之间形成菱形关系，不同的位置都有非常好的视角。

碑身的朝向也曾进行过调整，毛主席题字的一面是正面，按照中国传统，要朝向南方，但是在建造过程中发现，主要的人流是从长安街进入天安门广场的，观众多集中在广场的北部，这样就看不到碑的正面，在天安门广场有大型纪念活动时更是这样，因此决定一反传统，调转方向，正面面对北面的天安门。当时，巨大的碑心石已经运至工地南头，而天安门广场原千步廊的长墙尚未拆除（直至十周年国庆期间广场才扩大），因而空间局促，要想把这样长的一块巨石再从南向北转向是非常困难的，但是最终还是想尽办法实现了。这一举措对后来广场的扩建，特别是毛主席纪念堂的面向问题，起了决定性的作用。

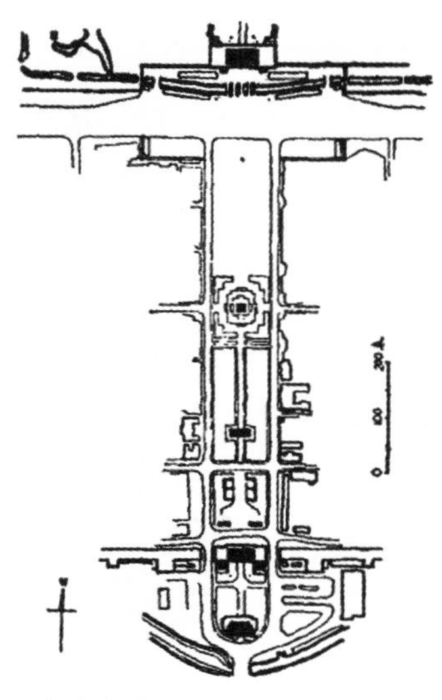

纪念碑建成后的天安门广场平面

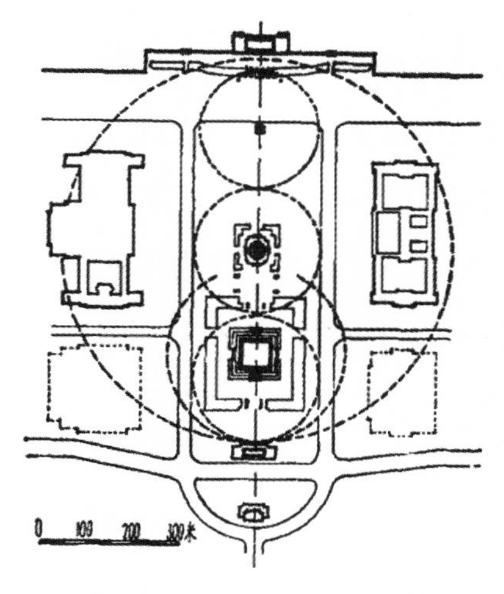

纪念碑在天安门广场中平面构图分析

三、建筑材料的选择

人民英雄纪念碑要永久长存，因而对于材料的选择非常慎重。当时从全国许多地方采来的石样，都送至清华大学材料实验室进行质量、密度、耐酸、耐蚀性等测定。我记得在市政府的一个会议室四周，有一大排石样整齐摆放在桌子上，最后青岛浮山的花岗石以其质地、色泽入选。接下来的问题是，为了避免碑身由石块拼接而成为“百衲碑”，必须有一定的重量与高度的碑心石来镌刻毛主席的题字，这样才能体现出独特的内容。最后选定在青岛浮山开采重达 280 吨的巨形花岗石，粗加工后净重 103 吨，在克服了重重运输困难后运至北京，凿成长 14.7 米、宽 2.9 米、厚约 1 米的碑心石，成材重 60 吨，在当时的技术条件下这已近乎极限了（附带说一句，后来在为毛主席纪念堂选材时，众说纷纭，有人希望用水晶大理石等人造新型材料。我建议还是使用青岛的花岗岩，这样可以使纪念碑和纪念堂两个主要建筑物取得协调并且器宇轩昂）。纪念碑其他部分的选材也颇具匠心，月台面用山东泰山灰绿花岗石，散水系周口店花岗石，甬道为昌平微黄花岗石，加上汉白玉浮雕、栏杆，再加上各种石料质地、色泽既统一而又有细致变化，工艺严谨精致、一丝不苟。这些细节未必引起非专业人员的注意，但给人一种纯洁、朴实的美的感受。

四、精益求精的设计与施工

纪念碑的设计方案虽已选定，但仍在不断地推敲改进，在我印象中重要的有若干次变动，例如：原方案中曾设计从纪念碑内部通过电梯直达顶层，向四周瞭望，纪念碑下还有检阅台，内部有陈列室，后来这些都取消了，仅以“纪念碑”为主。这可能是因为新中国成立之初这类大的工程尚未能推行设计任务书制度。我记得当时郑振铎先生曾多次到梁先生家，共同讨论设计方案的改动，例如两人曾共同推敲雕塑的安排，可惜后来郑先生遭遇空难逝世，梁先生失去了一位共同议事的知音。

纪念碑的建筑细部也经过精细的处理，并博采众长，可谓有古有今，有中有西。台座顺应中轴线，东西短，南北长，继承了中国传统台基的惯用手法。碑身在三分之一处略有收分，使得纪念碑更挺拔、有力，这是吸收西方古典柱式的做法。在纪念碑的纹样设计上，还有些设计者希望要新颖，林徽因先生则着眼于花纹饱满，认为这样显得有精神，尽管林先生的草图未被完全采用，但仍然起到了非常重要的作用。林先生去世后，梁先生为她设计墓地，被批准将她的一幅图稿试刻，安放在墓碑前。

碑身的题字“人民英雄永垂不朽”在设计时是预先代拟的，后来由毛主席信手题写在大信纸上，很洒脱，经过精心放大和修饰，最终镌刻在石碑上。纪念碑的背面是周恩来总理题写的政协赞文，字数较多，由于他平时工作繁忙，难以静心书写，因而特别抽出一两天时间住在北戴河，写了两个稿子供选用。碑身的文字镌刻完成之后，要进

林徽因先生墓上的浮雕

行鎏金，再用放大镜检查有无“砂眼”，最后再用玛瑙普遍细致地磨一遍，确定没有瑕疵，以防日后因雨水的侵蚀而变质。这也足见当时发挥了艺匠的传统工艺，施工认真、精细。

五、雕塑创作

雕塑创作在纪念碑设计中占有重要的地位。雕塑的内容经由范文澜先生领导的小组认真推敲，并由中央审定，包括八个题材、十块浮雕，分别是焚烧鸦片、金田起义、武昌起义、五四运动、五卅运动、南昌起义、抗日战争及解放中国（支援前线—胜利渡江—欢迎人民解放军）。由画家勾画草稿，征询意见。最初设计的画面上曾出现洪秀全、林则徐等知名人物，还包括一些当时仍然健在的领袖人物，考虑到将来在碑前摆放花圈显得非常不恰当，于是转而着力表现群体。现在看来这一决策非常重要，如果用了某个人做了雕塑的主角，在“文革”时这个人也许就会遭遇麻烦。

八个题材的雕塑是由八位精选出来的雕塑家来完成的，他们都是老一代的有声望的雕塑家。其中包括王临乙先生，早在1943年我尚在大学读书时，就在重庆参观过他创作的“大禹治水”；刘开渠先生负责最长的一段，即“解放中国”；其他还有曾竹韶、滑田友、傅天仇等。曾老兼为雕塑、音乐大家，德高望重，去年刚刚辞世，享年104岁。当时在天安门广场专门盖了一座临时工棚，作为雕塑家工作室，早期的创作见解的分歧已成过去，大家共同进入理性的思维，互相观摩讨论，在风格上取得协调。在创作过程中，除了借鉴西方纪念碑的典范，还结队赴西安、洛阳龙门石窟等地参观鉴赏中国古代的雕刻遗产，并将一些雕刻精品复制下来，观摩学习，现藏于清华大学建筑学院的“昭陵四骏”复本，便是那时申请制作的。

雕塑的实际镌刻，有赖于相当数量的“艺匠”去完成。这类人才难得，最后遴选出一位琉璃厂做假古董的高手，由他授徒培养，那时做了一些放置在台上的毛主席像作为练习，梁先生家还获赠了一座。这批“艺匠”后来成为北京雕塑工厂的骨干。

值得一提的是，在纪念碑建设过程中，梁先生病了，就由我和莫宗江先生代表他参加薛子正秘书长召开的不定时的工作会议。一两次会后，莫先生对会议内容不感兴趣就不再去，由我代表参会。最初，我的主要任务是和雕塑家联系，除了讨论与创作主旨有关的要点外，也涉及一些设计细则。趁此机会，我不时去参观他们的创作，我对雕塑艺术的修养也由此得到了增长，让我终身受益。同时我也与雕塑家建立了深厚的友谊，后来刘开渠先生邀请我参加城市雕塑委员会，其实渊源于此。

人民英雄纪念碑浮雕

六、纪念碑的绿地规划

纪念碑的规划设计方案确定后，接下来的问题就是碑南的绿地规划，即正阳门南经中华门（原清代大清门，门匾为林徽因之父林长民所书），通过门洞，规划成一条壮观的甬道。规划吸取了中国传统纪念性建筑（如天坛、太庙等）绿地布局的特点，按 5 米 ×5 米的方格网种植松林，甬道左右各种植 7 行 44 排高低相仿的油松。当时，这些油松花了很大气力从北京远郊山区选定，并艰难地移植而来，配以座凳等。纪念碑落成后，这里成为一片林地，清晨或日落前最为引人入胜，可惜后来建造毛主席纪念堂时被拆除了。

七、历史经验的启发

人民英雄纪念碑在谋划之初，就希望能够尽快完成。当时百废待兴，需要克服重重困难，不断推进。但是，在整个工作过程中并没有急躁，在设计和建造的各个环节中，都注重质量、精益求精，历时九年方毕其功。在营建过程中也一直存在争议，在建筑界，基于新古典主义与现代建筑思潮的不同学术观点一直隐隐存在，例如有人批评它太一般、陈旧，这未免有失公允，如前文所述，纪念碑从内容到形式都有艰难的探索和创造过程。人民英雄纪念碑建成之后，有些其他纪念碑加以模仿，如井冈山纪念碑，但这不是原创者的过错。百家争鸣对学术、对建筑创作是必要的，一时难于下结论，允许充分争鸣，但是有些建设是有时间性的，不能无限止地争论下去，对于一些具有原则性的问题，一经决策就“定于一尊”，这也是必要的。如前所述，在纪念碑的基本方案确定之后，设计也一直在改进中，从战略原则到具体实践等各个方面都得到了改进。事实证明，这一系列的改动原则上都是正确的，事后的效果也是很好的。试想如果当时采用了高台基加三个门洞的方案，一个高台基堵在广场的中央，那么 1958 年天安门广场的改造就难于取得现有的效果。

当然，“定于一尊”也不能过早，如果在设计尚未成熟时就匆忙做决定，难免会留下遗憾。例如，碑顶的方案当时分歧很大，梁先生原本的意图是用中国传统的碑顶形式，借鉴了嵩阳书院碑、北海的琼岛春阴碑等传统碑额，并加以创造，但是一般的反映都认为太古。后来梁先生病了，直到病愈，未再过问纪念碑的事。后在刘开渠的主持下，选用了现在所使用的小屋顶的庑殿式的方案，此过程中由阮志大具体设计，还包括梁先生未确定下来的花纹等。在纪念碑落成之后，对于碑顶仍颇有争议。1959 年，吴晗副市长主持国庆工程审查时，特意请参会专家多留一天，提供碑顶改建方案，但最终也未得出满意的结果。我写此文时，遐想将纪念碑的碑顶设计为传统的碑额并辅以现实意义纹样，而不是盖上一个一般化的庑殿顶，可能会更加风度不凡。或许，这是由于后来薛子正同志调走，工期迫近所致。总之，“百家争鸣，定于一尊”，直到整个设计过程的完结，这可以说带有一定的规律性，并蕴含着指挥的艺术。

此外，我还要特别缅怀该项目的卓越领导人薛子正同志。人民英雄纪念碑兴建委员会由彭真担任主任，但主要的工作是在薛子正（当时为北京市政府秘书长，后任北京市副市长、中央统战部副部长）的领导下一一具体落实的。如前所述，建筑家与雕塑家一时意见不同，薛子正特意将时任杭州市副市长刘开渠调来，再未开大会，而是遇到

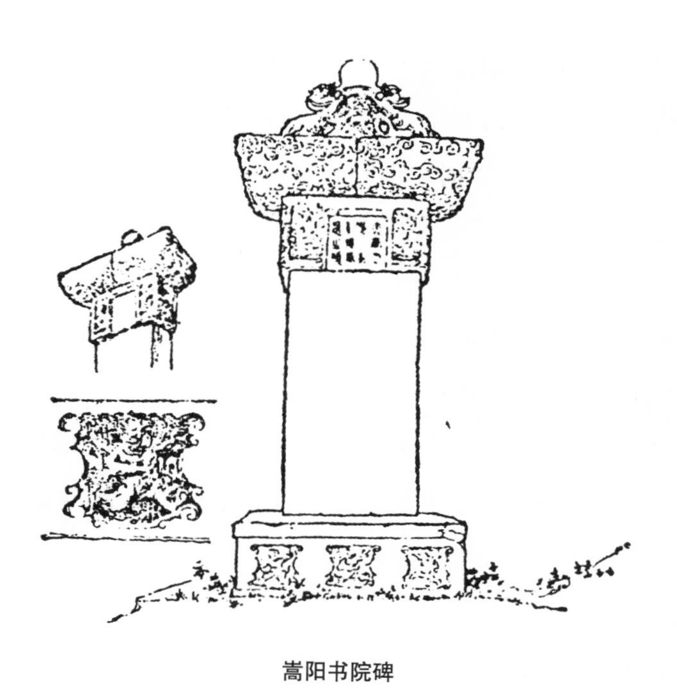

嵩阳书院碑

问题开小规模的会来讨论解决，推进工作，在一些细部处理上他还曾邀请其他专家参与意见（如曾专门邀请杨廷宝先生来京讨论）。他作为领导非常认真，处事也很得体，既广泛吸收意见，又不乏个人的果断决策。薛子正是我回国后接触到的第一位领导干部，对于作为年轻学人的我非常爱护，我至今感念。薛子正为人爽直，在一些具体问题上与梁先生难免见解不一，进行辩论，但是他非常精心地，可以说无微不至地照顾梁先生，二人建立了深厚的友谊。“文革”中，梁先生几乎已经失去了自由，一个晚上他专门去找薛子正，说：“彭真被划为黑帮，我想不通。”薛子正非常着急，劝梁先生：“这都什么时候了，你什么都不要说，什么人都不要找，赶紧回去。”第二天，薛自己也失去了自由。“文革”后期，薛子正被释，杨廷宝、陈占祥和我都曾去探望过他。这件事是他告诉我的，革命友谊之深，实根源于共同的事业。

人民英雄纪念碑是新中国成立之初难得的精品，细细品味，气壮山河的时代巨浪，都凝聚在史诗般的建筑与雕塑里，气象万千，今日思之仍激动不已，其中所蕴含的创作精神，形式与内容的统一，值得我们今天继续继承发扬，殷切希望中青年建筑工作者等能从中得到教益。

艺术

人居艺境

——《吴良镛书法·绘画·速写集》[1] 自序

2002年，在我80岁之际，编辑出版了《吴良镛画记》，包括水彩和速写各一册，涵盖从1944年至2000年创作的300余幅作品。转眼已过十余载，今年在各方盛情之下计划在中国美术馆举行“人居艺境——吴良镛建筑、绘画、书法作品展”，《吴良镛画记》也计划再版，希望在原有基础上增补绘画作品，并专门增加书法的内容。本想请名家作序，奈何时间匆忙，加之在盘点过去几十年的习作的过程中，也自有一番心得，录之于下，以为自序。

我出生于20世纪20年代，生长在美丽的江南古都金陵，在成长的过程中自觉不自觉地受到了那一时代中国传统文化艺术的陶冶，产生了对艺术的由衷热爱与追求。我的祖父与外祖父均经营缎业，在我幼时家道中落，但家庭仍旧保有深厚的文化基础，尤记得外祖父家中藏有不少名家大作，如吴昌硕、黄山寿等的书画。我的中学老师，如王敏时、羊达之、戴劲沉等亦都有深厚的人文积淀和书法功底。1940

① 中国建筑工业出版社2014年10月出版。

年，我进入重庆中央大学学习建筑，师从鲍鼎、谭垣、杨廷宝等诸位先生，绘画是建筑系的必修课，得到李剑晨等的指导。此外，当时艺术系有徐悲鸿、傅抱石、陈之佛等教授执教，他们画展最勤，我与艺术系班友交往甚密，时常出入教室，聆听教益，围观教授伏案示范，耳濡目染，兴趣盎然。战时的陪都重庆物质条件恶劣，生活艰苦，但当时文艺界人士麇集活跃，画展丰富多彩，我一般不会放过观赏机会，从中受益匪浅，至今记忆犹新。我看过吴作人在评论学生作业时的即兴表演，勾勒人体极为准确，线条之美，令人心生崇拜；我曾在村庄路边写生，居住于此的吕斯百正好路过，停下步来看我作画，随后还拿起我的画作夸奖了几句，给我莫大鼓励。徐悲鸿在沙坪坝对面的磐溪借用某大院创办美术研究院，陈列诸多名画，李剑晨曾带我专门拜谒，得徐先生亲自热情讲解。我第一次欣赏到齐白石的作品，徐先生还兴致盎然地向我们叙述他和齐白石的私人交往。现称为“金陵四大家”之一的胡小石开设“中国书学史”课程，我与其次子胡今闻同为中大同学，曾有幸前去聆听并目睹他临池挥毫的风采。1945 年，我在重庆看到李可染的第一次画展，1978 年我结识他后谈及此事，他非常高兴，因为此次画展已少有人提起，他连道：“我相信你是真正的艺术爱好者！”此外，还有张大千自敦煌归来举办的画展，常书鸿从法归国后将去敦煌前举办的画展，等等。这些艺术上的熏陶，我至今记忆犹新，存诸脑际并续有领悟，时代文化的耳濡目染决定了我一生对艺术的执着追求。

我几十年的艺术创作也分为不同的阶段，各有特点，在梳理这些作品时我发现，艺术追求最为旺盛的时期，恰恰也是学术追求、对人文的兴趣高涨的时期，例如我在重庆中央大学旁听了唐圭璋的“词选”、孙为霆的“元曲选”、宗白华的“美学”等课程。学问之大，宛如七宝楼台，呈现眼前，炫人眼目。现在看来最为满意的作品，往往创作于这些时候，是那一时期生命活力的迸发。在重庆读书期间，是我建筑学习的起步，也是艺术生涯的开端，有一张画名为“山村”，系我在大学最后一年自嘉陵江边所望山崖上的村舍，被遴选入 1944 年在重庆上清寺举办的第二届全国美展，这对我是极大的鼓舞。1946 年，我受梁思成先生之邀到清华大学建筑系任教，协助梁先生、林徽因先生筹备建系，这奠定了我一生的事业基础，在清华大学稳重宁静的学术环境中，我作画甚勤，收获亦多，并有好友汪国瑜、朱畅中等共同琢磨，间有钟爱之作品。1948—1950 年，经梁思成先生推荐，我得以在美国匡溪艺术学院（Cranbrook Academy of Art，今称克兰布鲁克艺术学院）从沙里宁师学习城市设计，匡溪艺院是一个包含多学科的综合艺术院校，有建筑系、雕塑系、设计系、纺织系、陶瓷系、金属工艺系、版画系等。在这种多元的艺术氛围中，我开始领会“建筑是空间在空间中的艺术”，关注公共空间与居住环境的领域，同时进修绘画、雕塑等，艺术修养与视野都得到提高。美国各地博物馆藏品之丰富更令我眼界大开，犹如进入象牙宝塔，这一时期的艺术创作也较多，留美两年共举行了三次画展。1950 年，我自美辗转归国，对自己而言是人生的一个大转型，在清华建筑系副系主任、系主任的职务上更多地从事教学、管理和规划设计实践工作，社会动荡，庶务繁忙，但仍偶拾画笔，并常与热爱艺术的青年教师共同交流。改革开放之后，各个领域都志气高昂，积极探索科学发展的方向，我认识到建筑学专业必然要向科学发展，否则将难以适应形势的要求。这一时期国际上的学术动态给予我很大的启发。1978 年在墨西哥召开的第 13 届国际建筑师大会，主题为“建筑与国家发展”；1981 年在波兰召开的第 14 届大会，主题为“建筑·人·环境”；等等。我认识到建筑不仅仅是空间、形象，它与国家、社会的发展，与每个人的生活息息相关。20 世纪 80 年代起，我渐次提出“广义建筑学”与“人居科学”，将“有序空间”与“宜居环境”作为学术追求，开展了从建筑、城市到区域的一系列规划设计实践，进行多学科交叉的融贯综合研究，逐渐理解到人居环境以人为中心，是大科学、大人文、大艺术的交织。此间亦常有机会到国内外讲学、开会，得以见到久已仰望的名都、胜地、文物建筑等，精神更为之一振，作品渐多，这时艺术创作的内容多样了一些，学术空间也扩大了一些。凡此种种，艺术的追求伴随着学术的追求共同前进，也正是我常所说的“志于道，游于艺”。

作为一个建筑师，我在对建筑与城乡的调查、访问、会议中，也逐渐摸索出一些自己的艺术创作方法。以速写而论，做学生时买不起相机，参观考察依赖画笔记录，后来有了相机，当然提供了诸多方便，却发现速写的过程中可以获得的启发更大，得到的体会也更为深刻。20 世纪 80 年代初我在德国时，德国朋友注意到我有两个照相机，两支钢笔，披挂上阵。1981 年我伴 Aga Kahn 代表团赴西安、新疆考察农村建筑，这是改革开放后国内首次举办的国际建筑学术活动，团员多国内外知名建筑师，活动内容很有意义，参观对象也极为精彩，重点在农村的建筑与文物建筑。我不放过这一学习机会，每到一处，先照相，然后作笔录（抄碑文，勾画要点、平面或细节等），再作速写，如果时间允许，还及时与别人交流心得。这一程序后来被同行的著名印度建筑师柯利亚注意到了，颇为赞许，我们后来也结为知交。此外，还有书法创作，记得我在中大时听过徐悲鸿讲书法艺术，他说学习书法不是一个字一个字地临帖，而是要挑好的帖里的有特点的字，把它欣赏够了，那么这个字的书体特色也就多少领会了。在我后来的书法创作中也常有感此语之精当。

十余年前出版的《吴良镛画记》，主要收录了我的水彩和速写作品，这次再版涉及的范围更广一些，内容更全一些。准备再版的过程于我而言是对过去几十年的绘画、书法作品进行一次盘点、再次发现的过程。翻检这些“陈年”的作品，好似回望曾经的经历、心境，三峡的激流险滩、云贵山中的浩渺云烟、阿尔卑斯山的郁郁苍林、西南少数民族的生活服饰……又一一映入眼帘，这些当年信马由缰般的随手之作，今天却带给我新的精神上的启发，不管是水彩、速写还是书法，似有一共同特点，往往与人的生活、人所居处的环境有密切关系，集市、街道、院落、村庄，等等，无不可入画，是以一颗虔诚的心，发现、体悟和表达生活中无处不在的美，技艺或不纯熟，作品或显粗糙，但是生活的美就在那里，在大自然中、在日常的生活环境中，它们激发出我无限的创作激情，使得我“不得不”凝之于笔端。

近十余年来，在既有的人居科学研究与实践之外，我着力于中国人居史的研究，通过对中国历史上人居环境的变迁和发展的研究，对艺术、美学与环境等又有些新的领悟，人居环境不只是物质建设，也是文化建设，既要创造物质空间，也要创造精神空间，这就要求人居环境的营建要有高超的美学境界，其中蕴藏着丰富的审美文化。人居环境的审美文化是各门类艺术的综合集成，可以中国古人常用之“艺文”一词强以概之。在我国历代的史书、方志中往往将当代有关图书典籍汇编起来，称为“艺文志”，最早见于《汉书》的“艺文志”以及历代志书中的“艺文志”都是那一时代各个艺术门类的综合呈现。宗白华曾有问曰：“美往何处寻？”古语有云“道不远人”，事实上“美亦不远人”，美就在我们的生活中，我们所居处的人居环境就是以人的生活为中心的美的欣赏和艺术创造，其中蕴含的艺术境界丰富、充实而又深远，从自然环境到人文环境，从个体人的生活到社会的运转，无所不包又无处不在，这已超出了建筑与艺术的并行学习，而是艺文的综合追求，多种艺术门类以生活为基础，相互交融、折射，聚焦于人居环境之中，在某一门类中有独到之心得，都可以相应地在人居建设中有所创造和展拓，这可以说是人居科学研究的一个新领域，其中尚有广阔的空间待我们去探索、发掘。

作为一名建筑学人，我向往美学的理论，但并无专门研究，而是以一种朴素的心情来探索它、发现它、勾画它，并将我的点滴体悟与社会大众以及各方面的专家共同分享、交流。现在，我虽已年逾九十，但仍坚守在教师的岗位上，以一种积极的精神面貌面向未来，随着年龄日增，愈觉得未来仍有无限的生机和激情，不断探索学术的新天地和艺术的新境界。未来的发展应超越学科边界，向人居的大千世界聚焦，形成“大科学、大人文、大艺术”交融的体系。愿与广大的建筑工作者、文艺工作者、青年学者一道，发现生活中的美，提炼中国美学精神，塑造中国人居环境的特色美，共同创造美丽中国，走向中华文化的伟大复兴！

学画断想[1]

建筑师习画原为职业之训练，但自我一进大学之门，就一方面学建筑，一方面学画。两种平行的训练充实了我的基础学习，至今未辍。

对我来说，习画是“读书”，行万里路，读大自然的巨著，读城市的巨著……我的习作不过是“读书画记”（pictorial notes）。

过去的习作大量散失了，但胸中却留下了美丽的心影，供我回味、咀嚼、遐想，作为美学的修养与蕴藏。

我习画是严肃的，有时是“五日一山，十日一水”。但作起画来，期望能“不以力就，须其自来”。

在学术的道路上，我对“真善美”统一的追求是始终不渝的。但求“笔墨当随时代”，画风不拘一格。

我习画无成，过去才打了一点基础，但仍在探索，仍在追求，思考变法，寄期望于未来——能在两种平行的训练上，找到交点，互为启发，有所创造。

---

① 本文原载于《建筑学报》1992年第7期。

《建筑学报》附记

今年4月下旬，吴良镛教授在清华大学举办了个人画展。吴先生习画逾半个世纪，其画艺在建筑界享有盛誉。过去在国外多次办过个人展，在国内这是第一次。吴先生将部分作品公诸同好，以画会友，交流切磋。本刊特选刊若干幅，供读者鉴赏。原拟请吴先生就建筑与绘画专拟一文，不巧的是，吴先生偶有不适，未能动笔。然仍扶病接待了我们，谈起绘画，显得兴致勃勃，见解独辟蹊径。

吴先生说，将绘画视为建筑师表现技能之训练，固然不错，然而却并不仅止于此。通过绘画，使人能更好地欣赏、更深地理解所描绘的对象，提高对建筑美、对自然与人工环境美的鉴赏力，这应是建筑教育的一部分。真正领略了自然环境、历史环境之美，领略前人的创作如何处理与自然、与周围环境的关系及其深层内涵，才能在创作新建筑时，自觉地开掘、完善原有环境之美，而决不是破坏它。现在有些不成熟的新建筑，为什么显得那样索然寡味？正因为设计者只搞了一些形体、符号的排列组合，而没有一种高层次的追求；或者虽有一些玄之又玄的“想象”，却未能具体化到环境的塑造上来。

建筑师的领域是宽阔的，大到城镇乡村，小到一器一物，都应给予关注，还应有哲学、社会学、文史、艺术……诸多方面的熏陶，以提高自己的境界，在创作上形成百花盛开的局面。

吴先生认为，举办建筑师绘画展览，对社会来说有推动各界关心建筑创作，欣赏建筑艺术的作用。中国虽有古老的建筑文化，但近代建筑学还是从 20 世纪二三十年代才开始的新兴事物，大家对它的认识并不充分。然而建筑又是这样一个独特的行业，它与每个人的生活环境密切相关，建筑事业的发展离不开全社会的关心与支持。我们应该创造更多的机会，增进建筑界与公众的交流与理解，吸引更多的人进入“建筑意境”的美妙世界。

学书小识[1]

书法在人居环境审美文化中占有独特之地位，是“处在哲学与造型艺术之间的一环”，既富哲理，又有艺文的美学境界。中国传统书法文化不仅存在于碑帖名作里，还分布在历史文化名城与村镇等人居环境中；它与人的生活联系在一起，无所不在，内容丰富多彩，从大自然山川中劲拔有力、气势万千的摩崖石刻，到城市建筑群中的碑记，街道牌坊上的铭记，商店建筑物的招牌，主体建筑物之匾额，居家厅堂书斋之题记，园林建筑物之亭榭题名与对联等等，其中既有对道德伦理之教导，又有文学抒情的艺文之美，比起绘画雕刻来，更抽象更空灵，有学者称之为“中华文化核心之核心，是中国灵魂特有的园地”。中国人居环境若失去了书法，就失去了文化特色；现代建筑学人若失去了书法的欣赏，即忽略了对中国文化特色之匠心及对传统文化抽象美、整体美的领悟与欣赏。

镛有幸自幼得父兄之教导，在亲友家见习到金陵诸大家的书法作品，在中学教育中王敏时、羊达之、戴劲沉老师的示范，可以说让我

① 本文为《吴良镛书法·绘画·速写集》书法卷自序。

接受了书法的启蒙。1940年，进入重庆中央大学建筑系学习，那时的中大人文荟萃，诸多艺术大家开设各类课程，我最爱前去旁听，在书法上亦得到了诸多点化，至今受益匪浅。现称为“金陵四大家”之一的胡小石开设“中国书学史”，我曾有幸前去聆听，胡小石师在课上综合分析叙述书法的演变，“书画同源而异流”，进而通贯每一时代的书法艺术风格变化，令我深为叹服，其次子胡今闻与我同为中大同学，我得以有幸目睹他临池挥毫的风采，耳濡目染，至今记忆犹新，存诸脑际并续有领悟。徐悲鸿此时亦在中大任教，在绘画外，我曾听他讲书法艺术，他说学习书法不必一个字一个字地临帖，而是要挑好的帖里的有特点的字，把它欣赏够了，那么这个字的书体特色也就多少心领神会了，再形之于笔，在我后来的书法创作中也常有感此语之精当。宗白华的美学课也升华了我对书法的认识，认识到“中国书法不像其他民族的文字，停留在作为符号的阶段，而成为表达民族美感的工具”，是民族文化的表征。并谓“我们可以从书法里的审美观念，再通于中国其他艺术，如绘画、建筑、文学、音乐、舞蹈、工艺美术等”。这些对建筑学人的启迪至今不忘。

诸师的讲席激发我对书学的欣赏，每有间隙，习书以为乐，并抓紧一切机会欣赏字，即如商店之店号、匾额等也不轻易放过。记得20世纪20年代，南京白下路上新启一家“××参茸行”，下署名“朱家骅”（当时国民政府掌管科学文化的官员），黑漆金字笔力雄健，仿佛光芒四射，后徐悲鸿在中大书法讲座时亦夸奖这个匾额，我高兴的是能与徐先生所见相同，并知此是书法家沙孟海所代笔。我热爱书法艺术，可惜的是平时专业工作繁重，时习时辍，但作为建筑师，我亦从专业素养中获得对书法的“一己之得”，建筑设计讲求各个部分的结构、布局、空间关系，书法创作似乎可以理解为用笔“设计字”，正如胡小石师所论述的，讲求“用笔、结体、布白”，结体要有构图、布白讲求平衡与动态，也就是信笔写来发舒字彼此之间的空间关系的美；与此同时，书法作品都有其展示的环境，室内、室外、匾额、楹联，各不相同，还要考虑与环境相匹配，怎样的环境写怎样的字，大有讲究。北京市曾有一位市长，有一些文化修养，他曾提出，在北京大街的立交桥中央请书法家题写街道名称，由某位规划家主其事，也曾在几条街道上做过试验，结果字似乎飘在建筑物上，说明其为书法家不懂“榜书”的传统，请看山海关城楼上，那“天下第一关”五个大字笔力遒健，似乎光芒四射，我曾特意到匾下观察，每个字黑的部分在“面积”、比例及笔画间空白的部分，一变常态，前人称构图“计白当黑”“虚实相生”，大有道理。

我在近期为中国美术馆展览所创作的《中国人居艺境》中，借鉴了传统的石门颂、张迁碑、曹全碑，以及马王堆帛书、泰山金刚经等，加以融会贯通，考虑到美术馆圆厅的大尺度的建筑环境，在造型设计中适当创新，在创作过程中可以说是胸中灵犀，心静如水，用笔如波澜壮阔，能否称“吾善养吾浩然之气”，我不敢说，至少我的心是陶醉在宽敞高大的美术馆展览大厅中，似手持巨笔，面壁挥毫，这时我早已走出“设计字”的过程，仿佛进入空谷中作摩崖观，写完仍不放心，将之按顺序平铺在清华大学主楼大厅地上，自二楼走廊俯瞰，心中才多少有底。最终形成了这样一幅长 30 多米，高 4 米多的长卷，作品完成后展示于美术馆圆厅，形成了整体的美学效果。

六年前因在南京工地上受暑，突发脑梗并肩手综合征，初已不能穿衣执筷，眼见窗外秋色满园，穷极无聊，心不能已，乃借书法消遣，铺卷行笔，及至对名碑帖，领会入神，物我两忘，写至关键处，屏住呼吸，似有气功之效果，不想书法之练习，渐释我因之得病的工程之难题与人事之愁慵，缓慢地有助于我肩手之康复，医生嘉许之，更感书法之功大矣哉！年届九旬，深惜用功不专，领会肤浅，我乃一建筑学人，无论专业之造诣、生活之乐趣、健康之恢复，得益于书道多矣。乃不计工拙收拾零散书法习作，结以为集，写“学书小识”聊充自序。

速写琐记[1]

在这本画记中，速写类的画具有多方面的内容：

一类纯属记录之类。勾画所见，作为技术上参考图用，有时绘画文字与建筑图兼而有之，这是建筑师以图代文字的一般工作方法。这类图在我平时笔记中最多，但在本集内遴选甚少。

一类是在风景名胜所作的“画记”。前人云“搜尽奇峰打草稿”，颇能说明作速写时的情怀，心之所感，信笔涂来，放浪不拘。今天看起来，图面本身倒显得含蓄，有些画意。这次整理旧稿，重新勾起了往日的回忆，原打算在闲暇时加以创作，可惜总没有时间再画出来。

一类是在参观建筑与博物馆时对一些建筑、雕塑的速写。当我每为观察到的对象造型之美所感动时，就及时勾画。作为建筑师，应该自觉训练对生活的兴趣，对事物的喜爱，对艺术造型的敏感。感觉到的东西，如不能加以上升，去理解它，也很容易随风而去，再也不会回来。诗情画意及与之相联想的建筑意如不能及时抓住，也是过目即忘，甚至失之交臂。因此，需要有感情的交流。回顾这一类画，尚能

① 本文为《吴良镛书法·绘画·速写集》速写卷自序。

引起我一些回忆，有幸每得其益。

我在速写中也陆续探索到一些工作方法：

20 世纪 80 年代初我在德国时，德国朋友注意到我有两个照相机，两支钢笔，披挂上阵。1981 年我伴 Aga Kahn 代表团赴西安、新疆考察农村建筑，这是改革开放后国内首次举办的国际建筑学术活动，团员多国内外知名建筑师，活动内容很有意义，参观对象也极为精彩，重点在农村的建筑与文物建筑。我不放过这一学习机会，每到一处，先照相，然后作笔录（抄碑文，勾画要点、平面或细节等），再作速写，如果时间允许，还及时与别人交流心得。这一程序后来被同行的人注意到了，颇为赞许。这仅是我个人的经历与工作方法，不是说别人要照我这样办，这里想强调的是，建筑师要有自己的建筑语言和表达方式，可以不拘一格，终会有独到之处。例如，赖特的建筑自成一宗，这不用多说，他的建筑画也独具一格，他认为照片是不可能完善地表达他的建筑空间的创造的（可能限于当时的建筑摄影条件）。我去 Teliecson，从他的一位弟子处我能看到他更多的建筑画稿，亲临其境，更深地体会到他独特的艺术匠心与空间创造。柯布西埃又有他的语言。1987 年在伦敦、巴黎，为纪念他，分别举行了内容不同的百年诞辰展。我有幸躬逢其盛，一饱眼福。其毕生工作之浩繁，建树之伟大，令我肃然起敬，当然还为他的才思、博大、速写的美感所打动。我想，建筑师若能从前贤处得到启发，发诸内心，勤于实践，忠于工作要求，创造自己的表达方式，久之定能有成。

一般说来，建筑师无意做画家，但不能没有对艺术的追求，心之所感触类旁通，可以丰富建筑师的修养与造诣。这次整理中，我浏览了过去积累的速写与草图，看到了自己的长处与不足。我并不泥古，现代的表现技术与工具、方式很多，应当欢迎这种进步，充分利用。并且，从进步的技术中也会追求到新的美学观，发掘新的艺术境界。建筑师首先在于培养文心与意匠，同时还要发挥一己的眼耳手脑的技巧（skill），它与现代技术（technology）相辅相成，做最好的工作，这一点非常重要。

作画之经历常有许多趣事，至今回味无穷。记得1948年初临匡溪每恋其湖滨风光，曾在初冬萧瑟的林木中引笔挥毫，画将成，水彩中似乎掺有糨糊，笔不能自由挥动，这时才醒悟画面已结冰凌，手指已冻僵，不能伸屈，仓促收兵，因此我对该画有说不出的感情。又，1979年与同伴乘火车自杭州赴宁波调查，路过绍兴，我见窗外水乡泽国应接不暇，便引纸濡笔，即兴写来。及抵宁波，车上乘客已走光，列车员问是否要继续回杭州，才恍然大悟，为纪念这一逸事，遂将此长卷一分为二，各持一半作为纪念。

作画中也不时有得意之笔，自得其乐。例如，我敬佩米开朗基罗由来已久。1946年来清华后，到琉璃厂见一大本米氏雕刻集，当时虽经济拮据，仍不惜高价购得，爱不释手。后读到罗曼·罗兰的米氏传，心更与之相通。1981年到意大利后，关于他的传说就更多了，特别在佛罗伦萨，米氏似无处不在。我曾在罗马圣彼得大教堂穹隆的石龛中，看到有一座米氏自雕像，可惜天色稍晚，不及细加端详。前几年在卢浮宫见其黑大理石像，分外亲切。当时未带速记本，急在展览说明书的空白处绘下，自信颇能得其神韵，今每见此画，如遇故人，不亦悦乎。

整理旧稿，浮想联翩，细审我的画记，以外出旅行所写为多。因旅行中能暂时摆脱日常琐务，每到长期向往之地，精神为之一振，笔也就更洒脱一些。但近年来画记减少了，并非无出差机会，而是苦于行动的节拍更为急促，工作的压力更重，机遇似乎受到限制，不能像以前那样利用晨昏及时偷闲，抢出一张张画来；虽年事渐高，还是要不时提醒自己，努力以自己的方式和形式，继续我的追求。

从“诗情画意”到“建筑意”

记得 1945 年初夏在重庆，那时我开始当梁先生的助手。一天黄昏我们正在谈话，梁先生忽然“走神”了，指着窗外的山城景色说：“你看，这是多么好的一幅水彩画！”我也转向窗外，彼此心心相印。但这不仅是一般的“风景如画”的迷人景色，而是建筑工作者对“建筑意”的共鸣。这里还得对“建筑意”做一些解释。大概是早在 30 年代，梁思成、林徽因先生曾仿照英文“Picturesque”创造出来的一个建筑名词“Architecturesque”，除了诗情画意以外，建筑还有一种特有的“建筑意”，即建筑艺术环境美的感染力。建筑师要自觉地从参观、“阅读”建筑，从通过建筑设计的构思中，培养和加深对这种“建筑意”的理解。而建筑画的训练与欣赏就有助于“建筑意”的修养与提高。

在建筑史上有名的建筑师是否都精于建筑绘画呢？因未做深入研究不敢臆断，按常理说，未必每人都是同样高超的。但是无论历史人物还是现代人中，确有不少建筑大师，他们的建筑画的艺术水平是很高的。1981 年我出访东柏林时曾幸运地看到为纪念德国古典建筑大师申克尔（Karl Friedrich Schinkel，1781—1841）诞生200周年的作品展览。这里且不说这位大师在60年的生涯中为建筑绘画、雕刻、工艺美术上的创作作出了多么巨大的贡献，但从他的建筑画的作品中，无论是实际工程，还是旅行写生，或者是理想中的建筑设计草图的游戏之笔等，使人很强烈地感到其建筑画本身也就是一件艺术品，并从他的建筑画中闪现出他的建筑创作意匠。

近代大师如赖特与沙里宁的建筑创作作品原件，我曾有幸见过，并拜见其人。我感到他们别具一格的建筑画的表达技巧与他们的建筑设计的意匠独运也是共通的。

赖特甚至认为，一般照片不能够表达出他的建筑创作中空间组合的奥妙构思。他发表的作品常以风格独创的建筑画为主。我想，参观他的实际建筑作品的有心人，如对照他的建筑画，当更增加理解他设计的建筑造型与空间环境构图的相互统一性，并可以领略这位建筑大师主要用他的建筑画来表达设计作品是有见地的。老沙里宁的建筑画也是有他个人风格的。他说自己年轻时也一度在建筑与绘画中彷徨，最终感到一个人不能同时兼为两者的大师而放弃了绘画，但他的绘画艺术、欣赏水平与技巧是很高的，有助于他对建筑及工艺美术的创作，并赋予建筑画以特殊的境界。他的建筑画特别能抓住建筑物及其环境的整体效果，画面上的统一与重点，与他设计中的建筑群规划构思是一致的。在总体中浑然一体，于细致处意味隽永。我曾较长时期居住在他所设计的克兰布鲁克艺术学院校园里，时隔30多年，每次翻到他的有关画页，仍记忆犹新。柯布西耶的建筑画也很有个人特色，据说他有一时期，每个星期日都用于绘画创作，我在纽约现代艺术馆看到他的几幅油画作品，是很有造诣的。他的绘画与他的建筑作品基于一种艺术观，同属于一个“形象世界”的体系中，这一点在朗香教堂设计中表现得最突出不过了。柯布西耶大量的建筑笔记中，建筑草图也是很有特色的。我并不鼓励青年学者机械地仿效他，但应当看到，他的建筑草图已成为一种“文字”符号、设计构思的语言。这里面叙述了他的设计构思和哲理。与他的这种表现方式相媲美的人物还有诺维斯基（M. Nowicki），二次大战后，他是代表波兰参加联合国大厦设计的建筑师，与梁先生是旧友。他那种奔放流畅的线条，独特的建筑创作构思，形象思维与逻辑思维的统一，使学生时代的我敬羡不已。可惜 1950 年因乘飞机在开罗遇难，这位才华横溢的建筑师过早结束了他的生命。印度昌迪城的总设计者，原是由他担任的，是由于他的夭折才转请柯布西耶担任。

在当代中国建筑师中，童寯、杨廷宝先生的建筑绘画集已出版了。他们磅礴精湛的建筑表现技巧是人所共知的，这里就不多说了。但是，梁思成先生的建筑素描作品留世不多，因此外人知之甚少。早年林徽因先生曾特别给我看到的一些也早散失了。在十年动乱时期，我从系馆阁楼上花了两天整理当年营造学社的资料，其中发现了梁先生一本 30 年代古建筑测绘笔记本，里面有许多铅笔速写，被他精湛的艺术所吸引，而另行存放了起来，可惜被当时的“积极分子”狂热地抢送到垃圾堆中了，此事至今仍令我感到心痛迷惘。梁先生多次自谦地说他不是才华横溢的人，但他的细铅笔画（或钢笔画）毫不苟且的严谨作风与刚劲有力的线条草图，达到朴实无华的境界，值得我们学习。

《建筑画》丛刊创办伊始，索文于余，原想写篇短文，未想到一写起来，过于芜杂，但概括起来，无非想说明，建筑画既是表达的工具，也可以达到一定的艺术性，对它的鉴赏可以提高建筑师的艺术修养，而对于有成就高水平的建筑师来说，他们的建筑画与他们的建筑观是统一的，互相渗透的，建筑学者如去细加玩味便可以从中有所发现。当然我们并不要求每一个初学者都立即能达到炉火纯青的地步，但应该知道有这样一种艺术的存在，并且是可以涉足的，但追求最终的目的还是搞好建筑设计创作，如何巧妙地表达出精湛设计构思，而不能舍本求末，拘泥于技巧。

哲思

人居理想　科学探索　未来展望[①]

一、人居理想的萌发与人居事业的起点

一个人的一生不能没有理想，立志是人一生不断前进的动力。要思考：我这一生到底想要做什么？想要有何作为？有何抱负和志趣？想要从事什么专业？立志往往并非一蹴而就，而是伴随着成长的经历、所见所闻所想而一步步顿悟、提升，当然，其中不可避免地会带有一定的偶然性。我之所以选择建筑事业作为一生的追求方向，是与我青少年时的成长经历有着密切关系的。

1922 年，我出生于南京一个普通职员家庭，当时国家正值内忧外患，中国大地战火连连，苦难深重。年少时，蚌埠的叔父经营亏损，不得不将南京的部分祖产典当，凄风苦雨中一家人被迫告别祖居。1937 年南京沦陷前，我先后到武汉、重庆合川求学，在江苏省办的寄读学校就学二年余。1940 年 6 月在合川参加大学统招考试，刚交完最后一科考卷，就听到防空警报响起，日本人的战机突然来袭。当时我

① 本文原载于《人类居住》2017 年第 4 期。

们赶紧躲到防空洞，一时间地动山摇，瓦砾、碎石、灰土不断在身边落下来。当我们从防空洞出来，火光冲天，大街小巷狼藉一片，合川大半座城都被大火吞噬，我敬爱的前苏州中学首席国文教员戴劲沉父子也不幸遇难了。这些痛苦的流亡经历，促使我内心燃起了战后重建家园的热火，成为日后发奋学习、报效祖国的强大动力。高考结束后，我怀着“从事建筑行业、立志修整城乡”的抱负，作别国立二中，走进了中央大学建筑系。

在中央大学求学期间，我受教于我国建筑教育先驱鲍鼎、谭垣、杨廷宝、刘敦桢、徐中、李剑晨等诸位先生。群贤学术上的言传身教和生活上的殷殷关切，至今令我感念；在四川的生活经历和学习所获培养了我学术思想的萌芽，基层人居环境建设、住宅研究与建设等都成为我始终关注的课题。对战后重建的憧憬和报效国家的热情，使得我逐渐树立了一生孜孜以求的“谋万家居”的宏大理想，对以后的事业和学术思想的发展影响深远。

抗日战争胜利后，1945 年 10 月我受梁思成先生之约赴清华大学协助筹办建筑系。1948 年，在梁思成先生的推荐下，我赴美国克兰布鲁克艺术学院（旧译匡溪艺术学院）跟随沙里宁学习建筑与城市设计。在美国留学期间，除家信及梁先生在清华解放前夕给我的一封信外，基本与国内失去联系，在学校只有我一个中国人，后来与在他校的留学生也失去联系，潜心蹲在象牙之塔中。但是有几件事促使我紧急回国。其一是朝鲜战争，讯息每日没完没了地广播，电影中附加着对朝鲜的狂轰滥炸；其二是梁先生和林先生要我回国。我收到一封林徽因口授罗哲文代笔的信，空白处有好多行歪歪斜斜的字，一看便知是林先生卧床亲笔加写的，大意是国内形势很好，百废待兴，赶紧回来参加新中国的工作。当时我正在小沙里宁的事务所工作，他得知此事，非常冷静，告诉我说："这件事对你是非常重要的，这取决于你未来的事业是放在东方还是放在西方。"事实上，当时，我的心早已回到东方了。

回国经历了一个非常艰辛的过程。当时，香港已对归国人员封锁，不办过境签证。我从留美同学蔡梅雪那里得到讯息，知道当时哈佛大学有一个中国留美科协，我联系到了当时的负责人侯祥麟（后来他也回到祖国，并担任过石油工业部副部长、石油科学研究院院长），询问如何办理归国手续，并匆匆办理。我乘坐邮轮"克利夫兰号"回国，同船的还有数学家华罗庚。"克利夫兰号"先停靠在九龙，需要再转铁路。当时仅允许我们登岸。下船之后，拎着自己尚可以手提的行李，在左右两排军警的押送下上火车。进入国境后，深圳服务员端来一碗放有一根香肠的热米饭款待，我顿时感到祖国的温暖之情。那时长期战乱的破坏随处可见，广州城破破烂烂，珠江大桥还横斜在珠江河道中间，让我深切地感受到了梁先生和林先生信中所言"百废待兴"的时代召唤。

如果说在美国读书时，头脑中还只有一个模糊的建设祖国的理想，那么，回国之后，看到"一穷二白""百废待兴"的祖国和那热火朝天的时代洪流，我的理想更为明确了。

二、人居环境科学的产生和发展

1. 从建筑到聚落："聚居论"的突破

中文"建筑"一词源自日语的翻译，在很长时期中，中国社会所认为的"建筑"等同于"房子"。中国学者对建筑学要义的探索从未停顿。1947 年，梁思成先生从美国回来，在建筑系的开学典礼上对第二班学生的讲演，提出两点：（1）"住者有其房"，有意识地把建筑的主要任务导向适宜居住的住宅。（2）"体形环境论"（physical environment），是指以物质空间环境为主体，从家居至整个城市及若干城市间的联系，是人类生活和工作的"舞台"，将建筑的概念从房子走向环境。解放初，建筑系也一度更名为"营建系"，内涵更为广阔。

当代的考古研究发现，自新石器时代，人类开始聚居在一起，建造房屋、从事耕作、饲养牲畜，并挖掘壕沟以保障安全，这就形成了聚落（settlement）。位于陕西西安市临潼区城北的姜寨遗址，就是典型的新石器时代的聚落遗址，聚落布局非常清晰，居住区的房屋围绕中心广场分布，房屋分为四组，均是较小的房屋围绕着一座较大的房屋，可能是四个家族的住所。东南部有一所大房子，是氏族公共活动场所。居住区外围还挖掘有壕沟，以保障安全。西安浐河畔的半坡遗址同样是新石器时期母系氏族的典型聚落遗址。1978 年，我赴墨西哥参加第 13 届国际建协世界建筑师大会，在墨西哥人类学博物馆中看到早期村寨的图纸，其与姜寨、半坡遗址的空间布局有很多相近之处，可以看到世界各地人类早期聚落的相近之点。这些聚落使我不禁联想起中学时在四川乡下居住的生活体验。林盘是成都平原地区的一种典型聚落模式，几户人家围绕起来，饲养一些牲畜，中间是竹林，外围是田地，这样就形成一个村落，今天成都郊区的村庄仍有这样的聚居的痕迹。

“聚落”的概念提醒我们，建筑学不能仅指房子，而需要触及本质，即以聚居（settlement）说明建筑，从单纯的房子拓展到人、到社会，从单纯的物质构成拓展到社会构成。聚落的认识是人居环境科学理论的一个最基本的启示点，也是我建立“广义建筑学”与“人居环境科学”的切入点。从中国问题出发，找到了这个启示点和切入点。这使得我们看问题的角度更高了，不再局限在建筑学本身的领域之中，而是与更多的相关领域、相关学科相交叉、融合。

2. 广义建筑学的构想

广义建筑学思想的提出是在1985年。当时，在自然科学基金的资助下，在清华大学召开了主题为“建筑学的未来”的讨论会，会议的第一天，大家各执一词，莫衷一是。于是，第三日，我提出尚在酝酿中的“广义建筑学”，未承想得到大家的普遍认可。1989年，《广义建筑学》一书正式出版。此书的撰写并未经历太长的时间，它可以说是改革开放初期，那个充满活力的时代的产物。当时，整个社会都充满了改革和创造的激情，也开始有条件到墨西哥、美国、西欧等地参观考察，并与各国的学者交流，这些都促使我不断对现实问题进行思考，开始想到：何不将建筑的诸要素进行分拆与综合，对传统意义上的建筑学进行扩展？想到这些，颇有一觉醒来豁然开朗的感觉。可以说如果没有社会的激情、改革的推进，就产生不了这样的思想和作品，今天，大的时代背景又不同，我们对于学术也应有新的思考与见解。[①]

3. 人居科学的产生与发展历程

人居环境科学的酝酿和发展经历了一个漫长的积累和探索过程，1982 年我在中科院技术科学部的大会上做了题为《住房·环境·城乡建设》的学术报告，现在看来其学术思想仍有一定的前瞻性，可以说是理论准备时期。1989 年，《广义建筑学》出版，提出“聚居论”，从单纯的房子拓展到人、到社会，理论得到进一步发展。1993 年，在中科院又做题为《我国建设事业的今天和明天》的学术报告，第一次提出“人居环境学”的概念。2001 年，《人居环境科学导论》一书出版，可谓初步建立了人居环境科学理论体系。2010 年，“人居环境科学”获得陈嘉庚科学奖，得到了科学界的肯定；2011 年，获得国家最高科技奖，可以说是得到了国家的肯定。可以不无自信地说，我们找出了一条道路，但是时代的任务还很艰巨，还要继续从事人居环境科学的理论实践，希冀得到新的发展。

人居环境（Human Settlements）是指包括乡村、集镇、城市、区域等在内的所有人类聚落及其环境。人居科学以人居环境为研究对象，是研究人类聚落及其环境的相互关系与发展规律的科学。它针对人居环境需求和有限空间资源之间的矛盾，遵循五项原则：社会、生

---

① 2014 年，在《广义建筑学》的中文版出版 25 周年之后，得益于意大利罗马大学 LucioBarbera 教授的努力，《广义建筑学》的意大利文版和英文版出版，可谓意外之喜，也说明了国际学术界对此书的进一步认可。

态、经济、技术、艺术；实现两大目标：有序空间（即空间及其组织的协调秩序），以及宜居环境（即适合生活生产的美好环境）。

在研究方法上，人居科学注重人类聚落及其环境的相互关系和组织原则，超越物质空间对象本身。包括：有机整体，即区域、城市和建筑各层次之间相互联系、相互作用；系统整体，即自然、社会、人、居住、支撑网络多系统交叉整合优于单一系统；生成整体，即人居环境是历史发展过程，各个阶段都具有相对整体性。

在学科体系上，人居科学以人为核心，拓展建筑学、城乡规划学、风景园林学三个学科，作为人居环境科学主导学科群，与相关学科有关部分交叉，形成学科体系。

三、以人为本，关怀居住

人居环境的核心是人，是最大多数的人民群众，人居环境与每个人的利益息息相关，人居环境科学是普通人的科学。《尚书》有云："民惟邦本，本固邦宁。"《管子》亦言："霸王之所始也，以人为本，本治则国固，本乱则国危。""以人为本"是中国传统文化的精华，也是人居环境科学的立足点，宏观层面上，国家战略与区域发展要以民为本；中观层面上，城乡建设要以人民群众的需求为出发点；微观层面上，广大群众也需要一个良好宜人的生活环境。

亨利·丘吉尔（Henry Stern Churchill）1945 年出版的《城市即人民》（*The city is the people*）一书，强调人是城市的核心，没有人城市就无从存在，应关注基本的邻里规划。1946年我应邀来清华，其间有机会了解到邻里单位的理论，很受启发，当读到《城市即人民》一书时，更是顿然领悟。又在学校旁听费孝通先生的《城市社会学》《乡村社会学》课程，经过多方阅读与思考，写出了归国后我关于城市规划的第一篇习作论文，萌发“完整社会单位的理论”的概念。

社区本身是一个社会学概念，社区规划与建设的出发点是基层居民的切身利益。在社会整体转型的今天，建设“完整社区”（integrated community）正是从微观角度出发，进行社会重组，通过对人的基本关怀，维护社会公平与团结，最终实现和谐社会的理想。例如，社区养老问题，残疾人康复问题，青年工作者的居住问题，等等。今天的中国已进入所谓“后单位”时代，由各事业单位的“大院”分头负责渐转向由社会负责，因此必须丰富社区的内涵，建设“完整社区”，承担综合功能，解决社会问题。

从中国当前的社区发展来看，主要是以房地产开发为主的建设经营模式，市场经济起主导作用。虽然发挥了很大作用，但也存在很多问题。美国学者凯瑟琳·鲍尔（Catherine Bauer）[①] 早在1934年出版的《近代住宅》（*Modern Housing*）一书中就指责当时住宅经营为“奢侈的投机”（the luxury of speculative），指出“不好的制度不能产生好的住房，但只有良好的制度也不一定能产生好的住房”[②]，“现代住房是用于居住的，而不是用于谋利的，房屋与社会设施一起作为综合性邻里

---

① 鲍尔教授是梁先生挚友，1950年，我在自美归国前去旧金山的加州大学伯克利分校（U C Berkeley）拜访她，她专门带我去参观地区主义建筑理论的重要人物 Greene 兄弟所做的住宅。

② Although it is not true that any social–economic order which could produce good housing would be ipso facto a good system, it is true that any arrangement which cannot do so is a reactionary and anti–social one.

单元的一部分按照现代方式来进行建造”[①]。从世纪初到现在，社会发生了巨大的变化，但仍要清醒地认识到市场经济并不是万能的，可以广泛借鉴国际建设“社会住宅”的成功经验，不能盲目遵循美国房地产的发展途径。

在我国，1945年林徽因即著文论战后住宅，1947年梁思成提出“住者有其房”是人民群众普遍的渴望。在社会转型的大背景下，我们更要思考如何利用自身的智慧来解决时代的问题，在住房建设中加强社会主义的内涵。在当前快速城市化的过程中，理论上说每增加一个城市人口，社会建设就要责无旁贷地加多一份责任和义务。住房及社区的多种基础设施建设需要投入更多的力量，但也不是没有新生的萌芽，社区规划还需要积极的倡导与规划，建立良好的居住环境秩序，促进人民安居，这是走向和谐社会的必由之路。

社区和住房问题是关系民众生存的关键问题，也是当今的社会热点问题，目前各个学科领域虽然做了许多工作，但往往缺乏整体的思想，有支离破碎之嫌。需要进行多学科融贯综合的研究，将社区与住房建设置于城市化与城乡统筹发展的宏观背景下来认识，在战略上整合它所涉及的多方面政策问题，在战术上需要在城市规划、建筑设计、园林设计所进行的物质空间规划建设的基础上，融合社会学、经济学、公共管理等领域的科学理论和研究方法，综合探讨住宅设计、环境塑造、生态治理、制度保障、社会组织等各方面问题，以实现良好住房、完整社区和和谐社会的共同营造。

---

① 彼得·霍尔（Peter Hall）《明日之城》中介绍鲍尔的学术观点。

四、长期研究的新方向：从京津冀区域空间发展研究到广义的京津冀

2017 年 4 月 1 日，中共中央、国务院决定设立雄安新区，是继深圳经济特区和上海浦东新区之后又一具有全国意义的新区，是“千年大计”“国家大事”。

我们对于这一地区的研究是逐步发展的。追溯起来，1958 年，建工部在青岛召开城市规划会议，刘秀峰部长号召要在全国推行“快速规划”。我们相应跟着形势与河北省建设厅联系，参加河北省副省长胡开明主持的河北省若干城市的规划竞赛，教师赵炳时、吴焕加、陈保荣等和我分别带领一组学生在保定、石家庄、承德、邯郸、邢台、宣化等地试做快速规划，我当时主持系务，为来往北京较为方便起见，选择参与保定规划。

在我们开展规划工作时，保定旧城尚完整繁荣，是居民的主要集中地。与此同时，京广铁路西部已经发展了一些大型工业企业，如印钞厂等。城市西部山区不仅地势险要，而且文化资源深厚，有“狼牙山五壮士”的故事，也有紫荆关等自古以来的雄关险隘。规划工作的任务之一是把旧城与跨过铁路即将发展的新区联系为一个整体。当时的工作是在市长郝铁民带领下在建设部干部合作下开展的，我带领着清华的五位同学一起工作[①]，对全区进行分析，对道路、绿地等都深入设计，对旧城保护、新区发展开展了全面规划。规划的方案也在不断地调整中，开始新区的道路网是斜向的，后来尊重当地的意见改为正南正北，最终的结果还是令人满意的，东西城有机联结，有广场、有

① 分别是吴光祖、郑光中、吴宗德、韩琪、邹燕。

新中心、有绿带，空间有序、疏密有致，形成了一个比较深入而实际的规划方案，并且对旧城的大慈阁、南大街、直隶公署及西部一亩泉等特色保护非常关心。

如果要对当时清华在保定的工作进行自我评定，在我数十年的学术人生中，除北京外，参与了不少地方的规划，有的建议可能得到了一定的采纳，有些局部地段，如深圳中心区建筑群等的设想基本上也得以实现，但处于关键时期的一个中等城市的规划能够得以较完整付诸实践的，并且有后继者持续完成的，唯有保定，这一经验值得认真总结。但是可惜的是，当我正在对保定专区继续深入调研时，被仓促召回学校，整份资料由于涉及保密，按照规定存放在资料室，拟回校后再觅时间继续做下去，可惜这份文件在“文革”中被勒令处理，我非常心痛。

在此期间，我们还去参观了白洋淀，一片泽国，真是太美了，芦苇丛丛，碧波荡漾，令人心旷神怡。当时有一部小说叫《新儿女英雄传》，记述的就是白洋淀一带的农民抗日活动。我们在白洋淀就是由当年的游击英雄刘博领着去的，他当时是县委成员。白洋淀旁边有一展览馆，陈列水产标本，记得里面有一个�鱼标本长近一米，足见当时生态环境之好，我们也被宴请吃鱼宴。“文革”后我曾再去白洋淀，彼时湖底龟裂，已经不复往昔的生机，新灌注了水，虽然当地的接待人热情地招待，也还能吃到鱼和一只小鳖，但那顿午餐让我内心凄凉，很不是滋味。

保定市城市规划总图（1958）

1978 年清华任命我重主系务后，在繁重的拨乱反正工作中，我以无比的热情，投入思考首都规划建设工作。清华建筑系一度组织教师，集体从事北京市总体规划研究。1979 年，我们第一次提出将京津唐地区融为一体的规划构思。将唐山纳入规划视野，在前一段时期内一些个案的基础上，我认识到对于北京的问题，还应该回到整体研究，才能找到出路。

1999 年面临国际建协第 20 届世界建筑师大会，我除了负责主旨报告外，又鼓足勇气提出“世纪之交走在十字路口的北京——对大北京地区概念性规划设计研究”这一课题。在 1999 年 6 月国际建协大会结束后，我们就将大会未能展出的展板及报告内容向当时建设部部长俞正声同志汇报。他特别来清华听取汇报后，认为这项工作很有意义，并表明他支持这一项研究，但提出将“大北京”改为“京津冀北”，于是，按此立题。后来，由于研究范围的扩大，称“京津冀”，作为国家自然科学基金和建设部基金项目开展研究。近十几年来，我们持续开展此项工作，取得了一系列的成果，出版了三期《京津冀地区城乡空间发展规划研究》报告，也逐渐得到学术界和全社会的认可。

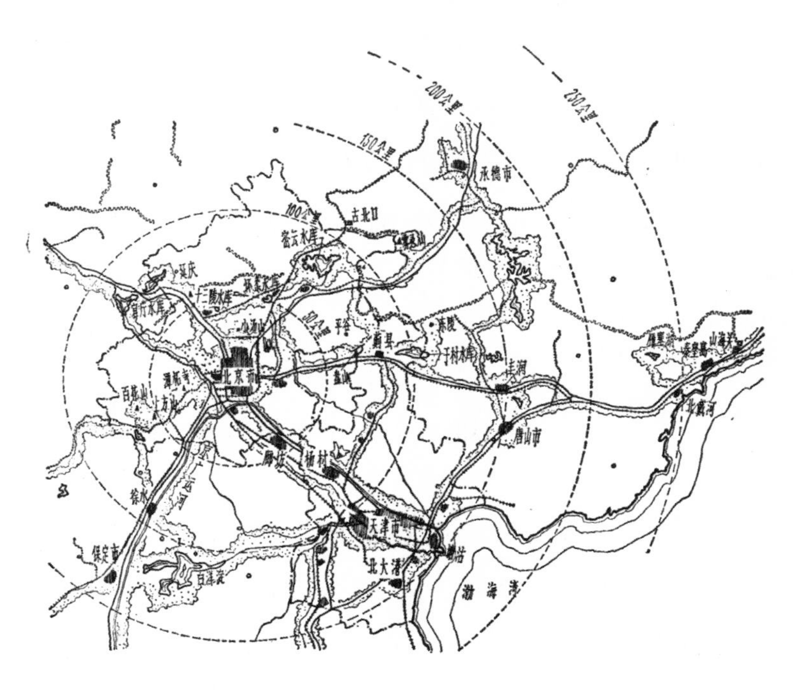

京津唐地区发展规划设想（1979）

在雄安新区的战略设想被提出之后，要进一步思考京津冀的发展。反过来，雄安新区也不是孤立的点，而要放在京津冀这个大背景下去看待、去研究。宜乎建立“广义的京津冀”的思想，实现“包容式”“融合式”的发展，充分考虑雄安与北京、天津的关系，三者相“容”、相“融”，化解矛盾，协同发展；同时要为河北的发展留有余地，不是从河北划出三个县来给新区，而是要充分考虑保定等的发展需求，从地区整体发展的角度来考虑问题，进行研究和规划，让每个地区都感到“有它自己”。

就新区规划而言，第一要从大处着眼，明确大的前提，包括：水、土地、生态环境的基本状况等，要将白洋淀的治理作为新城规划建设的前提；第二，要研究城乡布局现状，分析它合理和不合理的地方；第三，要遵循城市规划的科学原理，按照步骤，一步步来，这是无法跨越的，其中，城市设计当然至为重要，但是城市设计的开展不必过急，宜乎后期根据现实状况因地制宜；第四，启动区面积不宜过大，踏踏实实逐个把小片区做好……

五、新的时代使命：“一带一路”的畅想

2013 年中国国家主席习近平提出了“一带一路”倡议，旨在通过“丝绸之路经济带”和“21 世纪海上丝绸之路”的建设，促进沿线各国经济繁荣与区域经济合作，加强不同文明交流互鉴，促进世界和平发展，造福世界各国人民。这是对“人类命运共同体”的关怀、是“兼

济天下”的宏大战略构想，必将开辟新局面，开启新时代。

回想我的青年时代，在重庆大学读书之时就受到了“丝绸之路”的感召：作为学生在中央大学看到张大千自敦煌归来在重庆举办的展览；常书鸿自法国回国，在去敦煌前也举行了展览；吴作人也曾一度赴大西北；此外还有朱光潜、宗白华等大家关于敦煌的讲座……

一直到20世纪80年代，我获得了对这一地区深入了解的机会。1981年，我自西德访问归来，中东阿卡汉建筑基金会与中国建筑学会组织各国建筑学家沿着丝绸之路沿线考察，主题为“变化中的农村居住建设”，一个考察团队从北京到西安、经河西四郡再到乌鲁木齐、南疆，直到喀什，得以深入了解了这一地区的建筑与城市发展。1984年，我带领几位当时清华大学建筑学院的年轻教师到西北及东南沿海地区考察，经杭州、苏州到泉州、厦门。泉州正是历史上海上丝绸之路的起点，基于厦门大学庄为玑教授的指导，对建筑与城市历史进行调查，并进一步获得了对这一地区的整体印象。

“一带一路”是中共中央提出的宏大倡议，这必然会对中国及欧、亚、非相关地区的人居环境的发展带来新的挑战。从更宏观的战略来看，我们面临巨大的历史契机，对人居环境的发展而言，带来新路。在历史上，丝绸之路就不仅仅是一条商业贸易之路，更是东西方文化、艺术、科学、技术等进行相互交流的大动脉。

“一带一路”倡议是一个开放包容的体系，“一带一路”的研究应当是一个开放的系统。从空间上而言，应当放在沿线国家，乃至全球网络的大视野中；从时间上而言，要“向历史致敬”，亦向“未来拓路”。“一带一路”的人居环境发展也必然是一个综合的体系，在学科领域上不断拓展，在研究内容上不断充实，从经济的发展、社会的繁荣走向整体的美好的人居环境的创造。新的创造不是一天两天，而是以百年为期，可以预见，未来将会实现新的辉煌！

2017 年下半年党中央召开“十九大”，为未来一个时期全国各项事业的发展定下基调，“两个一百年”是全国各族人民的共同奋斗目标，在此征程中，人居环境事业应当是其中的重要内容。在文明发展的进程中有一点是始终不变的——社会要进步，人类要追求更加健康美好的生活。回顾历史，一个民族的发展始终是与美好的人居环境相伴随的，人居建设的最终目标是社会建设。我曾在《北京宪章》中提出“美好的人居环境与美好的人类社会共同创造”，就是意图将人居建设与社会进步的目标逐步统一起来，各种设施的建设无不源于美好的人居环境与和谐社会的基本要求。

如今，我虽已年逾九十五，但仍坚守在教师的岗位上，仍要求自己以一种积极的精神面貌面向未来，促使自己不断探索广阔的学术新天地，探寻哲理、问道古今，弘扬创新精神，向往民族复兴。当前我们正面临着一个大的时代，未来有无限的生机和激情。愿与广大学人一道共勉！让我们为实现中华民族伟大复兴的中国梦而奋斗！

“老骥伏枥志在千里，拙匠迈年豪情未已！”

总后记

时间过得真是很快，《九秩导师文集》好像就是昨天的事情，转眼间，今天就要忙《八秩导师文集》的编选出版了。

三十年间，我们一些导师进入了历史，尤其可痛的是，在2014年的9月9日晚9时，我们的创始院长汤一介先生，在教师节前夜，在院庆前夕，永远地告别了我们……

为了筹备中国文化书院院庆三十周年的节日，我们翻阅着一张又一张泛黄的照片，查阅着一条又一条昨天的消息，看着先生们熟悉的笑脸，回忆着如梦如烟的往事，我们的情感沉浸在历史的记忆里，我们如同要回家的孩子，寻找着我们的“大先生”，那个“可以领我们回家的人”。

孔子云：三十而立。

面临而立之年的中国文化书院，依然“脚踏大地，仰望星空”，三十年来，我们为“理想、梦想、现实与历史责任”而努力着，追求着，坚持着，我们不曾放弃过自己，力争做好中国文化传统的守望者，努力推动中西文化的对话。

这套《八秩导师文集》，相比《九秩导师文集》而言，似乎更容易执行。毕竟九秩导师中，很多先生都已经成为历史的过往。其子女后人，其学生弟子的寻找，真的不是一件容易的事，而书院同人坚持努力，有三年余，方有十五卷《九秩导师文集》的问世。

然而编选出版《八秩导师文集》，如同另起炉灶，过程艰辛，不必细言。自定议之日，依然延续《九秩导师文集》之定位，献礼“中国文化书院建院三十周年”，同期出版的还有《中国文化经纬丛书》20卷、《中国文化书院大事记》等，不揣浅陋，以“家底”示人，与海内外学术界文化界同人分享，其高义并非能简单地说，我们希图助力“中华民族文化的伟大复兴”……

三十年的生命历程，三十年的尘烟往事，我们仅以神圣的虔诚的名义，用我们的心、汗水、泪水，献给母院——永远的中国文化书院三十岁的生日，并以孩子们的名义，向先贤致敬，向先生致敬，向未来致敬！

《八秩导师文集》能够刊行，特别要感谢东方出版社的鼎力支持。也要感谢江力同志，这套文集的编辑历经两年，他从约稿、审定、编辑，做的工作最为辛苦。

谢谢为这套丛书著者付出辛劳、作出贡献的家属、亲友及学生们！

王守常

2014年12月12日